2021 国家注册消防工程师资格考试点石成金系列丛书

消防安全技术综合能力

王道七

罗　静　仝艳民　刘仁猛　编著

中国矿业大学出版社

·徐州·

内容提要

本书是对注册消防工程师资格考试"消防安全技术综合能力"科目教材和相关规范的提炼归纳与解释，在总结该科目历年考试真题的基础上，凝练出诸如民用建筑分类等119个重要考点，对"消防安全技术综合能力"科目知识点进行逐一破解，以帮助考生通过注册消防工程师资格考试。本书主要分为两部分：一是主要考点，共计119个；二是针对考点的主要题型，通过典型习题的练习，检验对知识点的掌握情况。

本书适合参加注册消防工程师资格考试的人员使用，还可供消防相关人员使用。

图书在版编目（ＣＩＰ）数据

消防安全技术综合能力·王道七/罗静，仝艳民，

刘仁猛编著 . —徐州：中国矿业大学出版社,2020.6（2021.7 重印）

ISBN 978－7－5646－4697－4

Ⅰ．①消… Ⅱ．①罗… ②仝… ③刘… Ⅲ．①消防—

安全技术—资格考试—自学参考资料 Ⅳ．①TU998.1

中国版本图书馆 CIP 数据核字（2020）第 107880 号

书　　名	消防安全技术综合能力·王道七
编　　著	罗　静　仝艳民　刘仁猛
责任编辑	黄本斌　耿东锋
出版发行	中国矿业大学出版社有限责任公司
	（江苏省徐州市解放南路　邮编221008）
营销热销	（0516）83884103　83885105
出版服务	（0516）83995789　83884920
网　　址	http：//www. cumtp. com　E-mail：cumtpvip@ cumtp. com
印　　刷	北京市密东印刷有限公司
开　　本	787 mm×1092 mm　1/16　印张 15　字数 374 千字
版次印次	2020 年 6 月第 1 版　2021 年 7 月第 2 次印刷
定　　价	46.00 元

（图书出现印装质量问题，本社负责调换）

本书编委会

主　　任：罗　静

副　主　任：仝艳民　刘仁猛

委　　员：李世友　谢　波　任　静　崔　飞
　　　　　徐艳英　陈　健　陈小平　赵瑞锋
　　　　　刘兆丰　刘云根

监　　制：方向丽

前言

　　2015 年，注册消防工程师资格考试终于开考了，这是对消防人的认可与致敬。对于热爱专业的消防人来讲，这更是激励我们在这个专业前行的动力。五年来，越来越多的人开始关注消防，越来越多的人开始重视消防，群死群伤的事故越来越少，这与"政府统一领导、部门依法监管、单位全面负责、公民积极参与"的消防工作原则是密不可分的。然而，注册消防工程师资格考试通过率相对于建筑类职业注册资格考试却低得多，这与消防工程的教育有莫大关系。截至 2020 年，国内开展消防工程专业本科教育的高校仅有 17 所，而消防又是涉及建筑、水、电、风、管理等方面的交叉专业，精通如此多专业知识的人才少之又少。知识储备不足、师资匮乏、培训效果不佳是阻碍参试人员取证的直接原因。鉴于此，我们专门针对注册消防工程师资格考试编写了"2021 国家注册消防工程师资格考试点石成金系列丛书"。我们以《消防安全技术实务》《消防安全技术综合能力》《消防安全案例分析》三册考试教材以及相关规范为基础，结合十多年消防工程专业教育的经验，为广大考生奉上一套专业、高效、适用的辅导书籍。

　　本丛书包括《消防安全案例分析·王道七》《消防安全技术实务·王道七》《消防安全技术综合能力·王道七》三册，"王道七"是广大受益考生给出的响亮名字。2015 年是注册消防工程师资格考试的第一年，在没有备考方向、没有历年试题参考的情况下，笔者在案例分析科目培训课程中，用了七道综合案例题将各考点进行了串联，并告诫考生"七道题才是王道"。在那一年，"王道七"囊括了案例分析考试科目 79% 的考点，在通过率不足 1% 的考试中，众多考生一次性通过了案例分析科目考试，以至于留下了"王道七"的江湖传说。"王道七"综合案例根据历年考情变化，在各位考生的殷切期盼下，我们将此公开出版。本丛书具有以下特点：

　　1. 千锤百炼，精练考点

　　大道至简，知易行难。本丛书选取了 2015—2020 年注册消防工程师资格考试的精华考点，将"消防安全案例分析"科目的考试要点凝练为七道考题，将"消防安全技术实务"和"消防安全技术综合能力"各凝练为 119 个考点。这些考点不是对知识点盲目的拼凑，而是经过多年实践的检验修正之后才正式公开出版的，力求让参加注册消防工程师资格考试的考生在学习上做到事半功倍。

　　2. 考学结合，以试为主

　　知行合一，得到功成。本丛书针对各科考点内容，专项编写了与真题水平相当的练习题，达到实战的目的。消防考试一讲即会，一做就错，为什么？主要问题是考生见过的出题套路少，临考时想起来的考点少，不是没有学过，而是不会用。因此，要想一次性通过考试，在明白考点的前提下，针对性的训练是很有必要的。需要注意的是，即使完全覆盖教材，试卷中也有超纲部分，这要注意临考心理，不畏惧，只要掌握了本丛书的考点内容，取得 72 分的通过成绩是不难的。

3. 苦中有乐，纸短情长

行者无疆，一览众山。本丛书是一套写给消防人的"情书"。注册消防工程师资格考试流传"三分天注定，七分靠打拼，剩下一百一十分全靠蒙"的段子，三年、三科，是一个磨炼人心智的考试。很多人被这场考试打击得信心全无，因此，在每一个考点前，笔者语重心长地写下了考点导语。我与众多考生交流过，他们中有的是工地上的项目经理，有的是全职带两个孩子的妈妈，甚至有的还在与病魔作斗争，他们通过考试的背后，都有一个共同的特点——坚持。参加注册消防工程师资格考试的人年纪大多在 33~45 岁之间，这也是人生最忙碌的黄金年龄。抓紧时间为自己充电，不要为低质量的社交浪费最宝贵的时间。只有自己足够强大，才有能力得到自己想要的东西。

本书共包括 3 篇。第 1 篇建筑防火部分、第 3 篇其他部分考点及配套习题由西南林业大学全艳民老师编写；第 2 篇建筑消防设施部分考点及配套习题由西南林业大学罗静老师编写；刘仁猛老师等对本书进行了审核，并提出了具体的修改意见。本书是供具有一定学习基础的考生使用的，建议在 9—10 月使用本书作为冲刺阶段复习资料。7—8 月，建议使用罗静老师等编著的《一级注册消防工程师资格考试历年真题（实务+综合+案例）及解析》作为基础阶段复习资料；10—11 月，建议使用罗静老师等编著的《一级注册消防工程师资格考试押题密卷》作为考前押题资料。

由于版面和水平所限，本书使用了一些精练语言，编写过程中，虽校正再三，仍难免存在疏漏之处，恳请广大读者批评指正。

2021 年 5 月

Contents 目 录

第 1 篇　建筑防火部分

第 3 篇　其他部分

第 *1* 篇
建筑防火部分

当你翻开这一页，我们的故事就开始了……

考点1　民用建筑分类

 当你翻开这一页，我们的故事就开始了……

名称	高层民用建筑		单、多层民用建筑
	一类	二类	
住宅建筑	建筑高度>54 m 的住宅建筑（包括设置商业服务网点的住宅建筑）	建筑高度>27 m，但≤54 m 的住宅建筑（包括设置商业服务网点的住宅建筑）	建筑高度≤27 m 的住宅建筑（包括设置商业服务网点的住宅建筑）
公共建筑	1. 建筑高度>50 m 的公共建筑。 2. 24 m 以上任一楼层建筑面积>1 000 m² 的商店、展览、电信、邮政、财贸金融建筑和其他多种功能组合的建筑。 3. 医疗建筑、重要公共建筑、独立建造的老年人照料设施。 4. 省级及以上的广播电视和防灾指挥调度建筑、网局级和省级电力调度。 5. 藏书大于 100 万册的图书馆、书库	除住宅建筑和一类高层公共建筑外的其他高层民用建筑	1. 建筑高度>24 m 的单层公共建筑。 2. 建筑高度≤24 m 的其他民用建筑

注：（1）商业服务网点：设置在住宅建筑的首层或首层及二层，每个分隔单元建筑面积不大于300 m² 的商店、邮政所、储蓄所、理发店等小型营业性用房。

（2）老年人照料设施：床位总数（可容纳老年人总数）大于或等于20床（人），为老年人提供集中照料服务的公共建筑，包括老年人全日照料设施和老年人日间照料设施

建筑高度计算	1. 建筑屋面为坡屋面时，建筑高度应为建筑室外设计地面至其檐口与屋脊的平均高度
	2. 建筑屋面为平屋面（包括有女儿墙的平屋面）时，建筑高度应为建筑室外设计地面至其屋面面层的高度
	3. 同一座建筑有多种形式的屋面时，建筑高度应按上述方法分别计算后，取其中最大值
	4. 对于台阶式地坪，当位于不同高程地坪上的同一建筑之间有防火墙分隔，各自有符合规范规定的安全出口，且可沿建筑的两个长边设置贯通式或尽头式消防车道时，可分别计算各自的建筑高度。否则，应按其中建筑高度最大者确定该建筑的建筑高度
	5. 局部突出屋顶的瞭望塔、冷却塔、水箱间、微波天线间或设施、电梯机房、排风和排烟机房以及楼梯出口小间等辅助用房占屋面面积比例不大于 1/4 者，可不计入建筑高度
	6. 对于住宅建筑，设置在底部且室内高度不大于 2.2 m 的自行车库、储藏室、敞开空间，室内外高差或建筑的地下或半地下室的顶板面高出室外设计地面的高度不大于 1.5 m 的部分，可不计入建筑高度
建筑层数计算	建筑层数应按建筑的自然层数计算
	下列空间可不计入建筑层数： 1. 室内顶板面高出室外设计地面的高度不大于 1.5 m 的地下或半地下室； 2. 设置在建筑底部且室内高度不大于 2.2 m 的自行车库、储藏室、敞开空间； 3. 建筑屋顶上突出的局部设备用房、出屋面的楼梯间等

经典例题

1. 某住宅建筑，标准层建筑面积为 400 m²，平屋面的标高为 53.6 m，室外设计地面标高为 -0.2 m，建筑首层室内地面标高为 1.5 m，顶层设有高度为 2.2 m，建筑面积为 100 m² 的排烟机房，该住宅建筑的高度为(　　) m。

A. 55.3　　　　　　B. 55.4　　　　　　C. 56.9　　　　　　D. 53.8

2. 某建筑地上 18 层，每层建筑面积为 2 000 m²，首层至三层划分为 200~320 m² 的小商铺，建筑四层至十八层为住宅，每层建筑面积为 2 000 m²，建筑屋面为平屋面，局部突出屋顶的辅助用房面积为 250 m²，高度为 4 m。建筑室外设计地面标高为 -0.2 m，首层室内地面标高为 +0.2 m，屋面面层的标高为 49.8 m，下列关于该建筑的说法正确的是(　　)。

A. 该建筑为一类高层住宅建筑　　　　B. 该建筑为二类高层公共建筑
C. 该建筑为一类高层公共建筑　　　　D. 该建筑为二层高层住宅建筑

3. 下列建筑属于二类高层公共建筑的是(　　)。

A. 建筑高度为 40 m，层高 3 m，一层至二层为商场，三层及以上为住宅，每层建筑面积均为 1 200 m² 的建筑

B. 建筑高度为 32 m 的门诊楼

C. 建筑高度为 30 m 的学生宿舍，每层建筑面积均为 1 200 m²

D. 综合楼，地上 8 层，层高 5 m，使用性质为酒店和办公，每层建筑面积均为 1 000 m²

E. 建筑高度为 27 m 的商店建筑，地上 9 层，层高 3 m，每层建筑面积均为 1 500 m²

【答案】1. D　2. B　3. ACD

考点 2　生产场所火灾危险性

只是因为在实务中多看了你一眼，再也没能忘掉你容颜。

类别		生产的火灾危险性特征	举　例
生产的火灾危险性类别	甲类	1. 闪点 < 28 ℃ 的液体	闪点小于 28 ℃ 的油品和有机溶剂的提炼、回收或洗涤部位及其泵房，橡胶制品的涂胶和胶浆部位，二硫化碳的粗馏、精馏工段及其应用部位，青霉素提炼部位，原料药厂的非那西汀车间的烃化、回收及电感精馏部位，皂素车间的抽提、结晶及过滤部位，冰片精制部位，农药厂乐果厂房，敌敌畏的合成厂房，磺化法糖精厂房，氯乙醇厂房，环氧乙烷、环氧丙烷工段，苯酚厂房的磺化、蒸馏部位，焦化厂吡啶工段，胶片厂片基车间，汽油加铅室，甲醇、乙醇、丙酮、丁酮异丙醇、醋酸乙酯、苯等的合成或精制厂房，集成电路工厂的化学清洗间(使用闪点小于 28 ℃ 的液体)，植物油加工厂的浸出车间，白酒液态法酿酒车间、酒精蒸馏塔，酒精度 38 度及以上的勾兑车间、灌装车间、酒泵房，白兰地蒸馏车间、勾兑车间、灌装车间、酒泵房

类别	生产的火灾危险性特征	举　例
甲类	2. 爆炸下限<10%的气体	乙炔站，氢气站，石油气体分馏（或分离）厂房，氯乙烯厂房。乙烯聚合厂房，天然气、石油伴生气、矿井气、水煤气或焦炉煤气的净化（如脱硫）厂房压缩机室及鼓风机室，液化石油气灌瓶间，丁二烯及其聚合厂房，醋酸乙烯厂房，电解水或电解食盐厂房，环己酮厂房，乙基苯和苯乙烯厂房，化肥厂的氢氮气压缩厂房，半导体材料厂使用氢气的拉晶间，硅烷热分解室
	3. 常温下能自行分解或在空气中氧化能导致迅速自燃或爆炸的物质	硝化棉厂房及其应用部位，赛璐珞厂房。黄磷制备厂房及其应用部位，三乙基铝厂房，染化厂某些能自行分解的重氮化合物生产厂房，甲胺厂房，丙烯腈厂房
	4. 常温下受到水或空气中水蒸气的作用，能产生可燃气体并引起燃烧或爆炸的物质	金属钠、钾加工厂房及其应用部位，聚乙烯厂房的一氧二乙基铝部位，三氯化磷厂房，多晶硅车间三氯氢硅部位，五氧化二磷厂房
	5. 遇酸、受热、撞击、摩擦、催化以及遇有机物或硫黄等易燃的无机物，极易引起燃烧或爆炸的强氧化剂	氯酸钠、氯酸钾厂房及其应用部位，过氧化氢厂房，过氧化钠、过氧化钾厂房，次氯酸钙厂房
	6. 受撞击、摩擦或与氧化剂和有机物接触时能引起燃烧或爆炸的物质	赤磷制备厂房及其应用部位，五硫化二磷厂房及其应用部位
	7. 在密闭设备内操作温度不小于物质本身自燃点的生产	洗涤剂厂房石蜡裂解部位，冰醋酸裂解厂房
乙类	1. 闪点≥28℃，且<60℃的液体	闪点大于或等于28℃至小于60℃的油品和有机溶剂的提炼、回收、洗涤部位及其泵房，松节油或松香蒸馏厂房及其应用部位，醋酸酐精馏厂房，己内酰胺厂房，甲酚厂房，氯丙醇厂房，樟脑油提取部位，环氧氯丙烷厂房，松针油精制部位，煤油灌桶间
	2. 爆炸下限≥10%的气体	一氧化碳压缩机室及净化部位，发生炉煤气或鼓风炉煤气净化部位，氨压缩机房
	3. 不属于甲类的氧化剂	发烟硫酸或发烟硝酸浓缩部位，高锰酸钾厂房，重铬酸钠（红矾钠）厂房

（左侧纵排：生产的火灾危险性类别）

续表

类别	生产的火灾危险性特征	举例
乙类	4. 不属于甲类的易燃固体	樟脑或松香提炼厂房，硫黄回收厂房，焦化厂精萘厂房
	5. 助燃气体	氧气站，空分厂房
	6. 能与空气形成爆炸性混合物的浮游状态的粉尘、纤维、闪点≥60 ℃的液体雾滴	铝粉或镁粉厂房，金属制品抛光部位，煤粉厂房、面粉厂的碾磨部位，活性炭制造及再生厂房，谷物筒仓的工作塔，亚麻厂的除尘器和过滤器室
丙类	1. 闪点≥60 ℃的液体	闪点大于或等于60 ℃的油品和有机液体的提炼、回收工段及其抽送泵房，香料厂的松油醇部位和乙酸松油脂部位，苯甲酸厂房，苯乙酮厂房，焦化厂焦油厂房，甘油、桐油的制备厂房，油浸变压器室，机器油或变压油灌桶间，润滑油再生部位，配电室（每台装油量大于60 kg设备），沥青加工厂房，植物油加工厂的精炼部位
	2. 可燃固体	煤、焦炭、油母页岩的筛分、转运工段和栈桥或储仓。木工厂房，竹、藤加工厂房，橡胶制品的压延、成型和硫化厂房，针织品厂房。纺织、印染、化纤生产的干燥部位，服装加工厂房，棉花加工和打包厂房，造纸厂备料、干燥车间，印染厂成品厂房，麻纺厂粗加工车间，谷物加工房，卷烟厂的切丝、卷制、包装车间，印刷厂的印刷车间，毛涤厂选毛车间，电视机、收音机装配厂房，显像管厂装配工段烧枪间，磁带装配厂房，集成电路工厂的氧化扩散间、光刻间，泡沫塑料厂的发泡、成型、印片压花部位，饲料加工厂房，畜（禽）屠宰、分割及加工车间，鱼加工车间
丁类	1. 对不燃烧物质进行加工，并在高温或熔化状态下经常产生强辐射热、火花或火焰的生产	金属冶炼、锻造、铆焊、热轧、铸造、热处理厂房
	2. 利用气体、液体、固体作为燃料或将气体、液体进行燃烧作其他用的各种生产	锅炉房，玻璃原料熔化厂房，灯丝烧拉部位，保温瓶胆厂房，陶瓷制品的烘干、烧成厂房，蒸汽机车库，石灰焙烧厂房，电石炉部位，耐火材料烧成部位，转炉厂房，硫酸车间焙烧部位，电极煅烧工段，配电室（每台装油量小于或等于60 kg的设备）
	3. 常温下使用或加工难燃烧物质的生产	难燃铝塑材料的加工厂房，酚醛泡沫塑料的加工厂房，印染厂的漂炼部位，化纤厂后加工润湿部位
戊类	常温下使用或加工不燃烧物质的生产	制砖车间，石棉加工车间，卷扬机室，不燃液体的泵房和阀门室，不燃液体的净化处理工段，除镁合金外的金属冷加工车间，电动车库，钙镁磷肥车间（焙烧炉除外），造纸厂或化学纤维厂的浆粕蒸煮工段，仪表、器械或车辆装配车间，氟利昂厂房，水泥厂的轮窑厂房，加气混凝土厂的材料准备、构件制作厂房

（生产的火灾危险性类别）

续表

厂房及其防火分区的火灾危险性分类	类别判定	情景描述
	按火灾危险性较大的部分确定	同一座厂房或厂房的任一防火分区内有不同火灾危险性生产时
	按实际情况确定	当生产过程中使用或产生易燃、可燃物的量较少，不足以构成爆炸或火灾危险时
	按火灾危险性较小的部分确定	1. 火灾危险性较大的生产部分占本层或本防火分区建筑面积的比例<5%
		2. 丁、戊类厂房内的油漆工段<10%，且发生火灾事故时不足以蔓延至其他部位或火灾危险性较大的生产部分采取了有效的防火措施
		3. 丁、戊类厂房内的油漆工段，当采用封闭喷漆工艺，封闭喷漆空间内保持负压、油漆工段设置可燃气体探测报警系统或自动抑爆系统，且油漆工段占所在防火分区建筑面积的比例≤20%

经典例题

1. 某二级耐火等级的单层木器厂房，建筑面积为 10 000 m²，设有一间建筑面积为 460 m² 的喷漆间，以及一间建筑面积为 50 m² 的中间仓库（储存有甲苯稀释剂和油漆），并按规定进行了防火分隔，该厂房的火灾危险性为(   )。

A. 甲类   B. 乙类   C. 丙类   D. 丁类

2. 某单层粮食加工厂，建筑面积为 1 000 m²，设有谷物粗加工房 300 m²，谷物筒仓工作塔 100 m²，该厂房的火灾危险性应为(   )。

A. 甲类   B. 乙类   C. 丙类   D. 丁类

3. 某餐具厂主要生产陶瓷餐具、不锈钢餐具和一次性 PP 聚丙烯餐具。下列说法中，错误的有(   )。

A. 陶瓷餐具烧成厂房的火灾危险性为戊类

B. 陶瓷餐具仓库的火灾危险性为戊类

C. 不锈钢餐具抛光车间的火灾危险性为乙类

D. 不锈钢餐具铸造车间的火灾危险性为乙类

E. 一次性 PP 聚丙烯餐具仓库的火灾危险性为丁类

【答案】1. C   2. B   3. ADE

考点3 储存场所火灾危险性

有本好书，就好像有人撑腰，做什么题底气都会足一点，比如这个点。

储存物品的火灾危险性类别	类别	储存物品的火灾危险性特征	储存物品的火灾危险性分类举例
	甲类	1. 闪点 < 28 ℃ 的液体	乙烷、戊烷、环戊烷、石脑油、二硫化碳、苯、甲苯、甲醇、乙醇、乙醚、蚁酸甲酯、醋酸甲酯、硝酸乙酯、汽油、丙酮、丙烯、酒精度38度及以上的白酒

续表

类别	储存物品的火灾 危险性特征	储存物品的火灾危险性分类举例
甲类	2. 爆炸下限＜10%的气体，受到水或空气中水蒸气的作用能产生爆炸下限＜10%气体的固体物质	乙炔、氢、甲烷、环氧乙烷、水煤气、液化石油气、乙烯、丙烯、丁二烯、硫化氢、氯乙烯、电石、碳化铝
	3. 常温下能自行分解或在空气中氧化能导致迅速自燃或爆炸的物质	硝化棉、消化纤维胶片、喷漆棉、火胶棉、赛璐珞棉、黄磷
	4. 常温下受到水或空气中水蒸气的作用，能产生可燃气体并引起燃烧或爆炸的物质	金属钾、钠、锂、钙、锶，氢化锂、氢化钠、四氢化锂铝
	5. 遇酸、受热、撞击、摩擦以及与有机物或硫黄等易燃的无机物，极易引起燃烧或爆炸的强氧化剂	氯酸钾、氯酸钠、过氧化钾、过氧化钠、硝酸铵
	6. 受撞击、摩擦或与氧化剂和有机物接触时能引起燃烧或爆炸的物质	赤磷、五硫化二磷、三硫化二磷
乙类	1. 闪点≥28 ℃，但＜60 ℃的液体	煤油、松节油、丁烯醇、异戊醇、丁醚、醋酸丁酯、硝酸戊酯、乙酰丙酮、环己胺、溶剂油、冰醋酸、樟脑油、蚁酸
	2. 爆炸下限≥10%的气体	氨气、一氧化碳
	3. 不属于甲类的氧化剂	硝酸铜、铬酸、亚硝酸钾、重铬酸钠、铬酸钾、硝酸、硝酸汞、硝酸钴、发烟硫酸、漂白粉
	4. 不属于甲类的易燃固体	硫黄、镁粉、铝粉、赛璐珞板（片）、樟脑、萘、生松香、硝化纤维漆布、硝化纤维色片
	5. 助燃气体	氧气、氟气、液氯
	6. 常温下与空气接触能缓慢氧化，积热不散引起自燃的物品	漆布及其制品，油布及其制品，油纸及其制品，油绸及其制品

储存物品的火灾危险性类别

续表

	类别	储存物品的火灾危险性特征	储存物品的火灾危险性分类举例
储存物品的火灾危险性类别	丙类	1. 闪点 ≥ 60 ℃ 的液体	动物油、植物油、沥青、蜡、润滑油、机油、重油，闪点大于等于 60 ℃ 的柴油，糠醛，白兰地成品库
		2. 可燃固体	化学、人造纤维及其织物，纸张，棉、毛、丝、麻及其织物，谷物，面粉，粒径大于或等于 2 mm 的工业成型硫黄，天然橡胶及其制品，竹、木及其制品，中药材，电视机、收录机等电子产品，计算机房已录数据的磁盘储存间，冷库中的鱼、肉间
	丁类	难燃烧物品	自熄性塑料及其制品，酚醛泡沫塑料及其制品，水泥刨花板
	戊类	不燃烧物品	钢材、铝材、玻璃及其制品，搪瓷制品，陶瓷制品，不燃气体，玻璃棉、岩棉、陶瓷棉、硅酸铝纤维、矿棉、石膏及其无纸制品，水泥、石、膨胀珍珠岩

	类别判定	情景描述
仓库及其防火分区的火灾危险性分类	按火灾危险性最大的物品确定	同一座仓库或仓库的任一防火分区内储存不同火灾危险性物品时
	按丙类确定	丁、戊类储存物品仓库的火灾危险性，当可燃包装重量大于物品本身重量的 1/4 或可燃包装体积大于物品本身体积的 1/2

经典例题

1. 下列说法中错误的是(　　)。

A. 赛璐珞片的储存火灾危险性为乙类

B. 漂白粉的储存火灾危险性为乙类

C. 蜡的储存火灾危险性为丙类 2 项

D. 面粉的储存火灾危险性为丙类 2 项

2. 某仓库储存有相同规格的玻璃棉制品，并采用气泡膜和泡沫箱进行包装，包装后的成品每件重 14 kg，其中气泡膜和泡沫箱的质量为 1.2 kg，该仓库的火灾危险性为(　　)。

A. 戊类　　　　　B. 乙类　　　　　C. 丙类　　　　　D. 丁类

3. 下列储存物品中，火灾危险性类别属于乙类的有(　　)。

A. 石脑油　　　　B. 油绸　　　　C. 润滑油　　　　D. 丁醚　　　　E. 冰醋酸

【答案】1. C　2. A　3. BDE

考点 4　建筑耐火等级与构件耐火极限

　　确认过眼神，就在实务中遇到了对的点。

建筑性质		最低耐火等级	名　　称
建筑耐火等级	厂房耐火等级	二级	（1）高层厂房，甲、乙类厂房。 （2）使用或产生丙类液体的厂房和有火花、赤热表面、明火的丁类厂房。 （3）使用特殊贵重的机器、仪表、仪器等设备或物品的建筑。 （4）锅炉房。 （5）油浸变压器室、高压配电装置室。 （6）丙、丁、戊类地下半地下厂房（包括地下或半地下室）
		三级	（1）建筑面积≤300 m² 的独立甲、乙类单层厂房。 （2）单、多层丙类厂房和多层丁、戊类厂房。 （3）建筑面积≤500 m² 的单层丙类厂房或建筑面积≤1 000 m² 的单层丁类厂房。 （4）燃煤锅炉房且锅炉的总蒸发量≤4 t/h
	仓库耐火等级	二级	（1）高架仓库、高层仓库、甲类仓库（甲类 3、4 项仓库为一级耐火等级）、多层乙类仓库和储存可燃液体的多层丙类仓库。 （2）储存特殊贵重的机器、仪表、仪器等设备或物品的建筑。 （3）粮食筒仓。 （4）丙、丁、戊类地下半地下仓库（包括地下或半地下室）
		三级	（1）单层乙类仓库，单层丙类仓库，储存可燃固体的多层丙类仓库和多层丁、戊类仓库。 （2）粮食平房仓库
	民用建筑耐火等级	一级	地下或半地下建筑（室）和一类高层建筑
		二级	单、多层重要公共建筑和二类高层建筑
		三级	除木结构建筑外的老年人照料设施
	汽车库、修车库的建筑耐火等级	一级	（1）地下、半地下和高层汽车库。 （2）甲、乙类物品运输车的汽车库、修车库。 （3）Ⅰ类汽车库、修车库
		二级	Ⅱ、Ⅲ类汽车库、修车库
		三级	Ⅳ类汽车库、修车库

<table>
<tr><td rowspan="2" colspan="2">构件名称</td><td colspan="4">耐火等级</td></tr>
<tr><td>一级</td><td>二级</td><td>三级</td><td>四级</td></tr>
<tr><td rowspan="5">墙</td><td>防火墙</td><td>不燃性 3.00</td><td>不燃性 3.00</td><td>不燃性 3.00</td><td>不燃性 3.00</td></tr>
<tr><td>承重墙</td><td>不燃性 3.00</td><td>不燃性 2.50</td><td>不燃性 2.00</td><td>难燃性 0.50</td></tr>
<tr><td>楼梯间和前室的墙，电梯井的墙</td><td>不燃性 2.00</td><td>不燃性 2.00</td><td>不燃性 1.50</td><td>难燃性 0.50</td></tr>
<tr><td>疏散走道两侧的隔墙</td><td>不燃性 1.00</td><td>不燃性 1.00</td><td>不燃性 0.50</td><td>难燃性 0.25</td></tr>
<tr><td>非承重外墙，房间隔墙</td><td>不燃性 0.75</td><td>不燃性 0.50</td><td>难燃性 0.50</td><td>难燃性 0.25</td></tr>
<tr><td colspan="2">柱</td><td>不燃性 3.00</td><td>不燃性 2.50</td><td>不燃性 2.00</td><td>难燃性 0.50</td></tr>
<tr><td colspan="2">梁</td><td>不燃性 2.00</td><td>不燃性 1.50</td><td>不燃性 1.00</td><td>难燃性 0.50</td></tr>
<tr><td colspan="2">楼板</td><td>不燃性 1.50</td><td>不燃性 1.00</td><td>不燃性 0.75</td><td>难燃性 0.50</td></tr>
<tr><td colspan="2">屋顶承重构件</td><td>不燃性 1.50</td><td>不燃性 1.00</td><td>难燃性 0.50</td><td>可燃性</td></tr>
<tr><td colspan="2">疏散楼梯</td><td>不燃性 1.50</td><td>不燃性 1.00</td><td>不燃性 0.75</td><td>可燃性</td></tr>
<tr><td colspan="2">吊顶（包括吊顶格栅）</td><td>不燃性 0.25</td><td>难燃性 0.25</td><td>难燃性 0.15</td><td>可燃性</td></tr>
</table>

注：表中数字单位为 h

（1）二级耐火等级建筑内采用不燃材料的吊顶，其耐火极限不限。

（2）甲、乙类厂房和甲、乙、丙类仓库内的防火墙，其耐火极限不应低于 4.00 h。

（3）一、二级耐火等级单层厂房（仓库）的柱，其耐火极限分别不应低于 2.50 h 和 2.00 h。

（4）采用自动喷水灭火系统全保护的一级耐火等级单、多层厂房（仓库）的屋顶承重构件，其耐火极限不应低于 1.00 h。

（5）除甲、乙类仓库和高层仓库外，一、二级耐火等级建筑的非承重外墙，当采用不燃性墙体时，其耐火极限不应低于 0.25 h；当采用难燃性墙体时，不应低于 0.50 h。

（6）4 层及 4 层以下的一、二级耐火等级丁、戊类地上厂房（仓库）的非承重外墙，当采用不燃性墙体时，其耐火极限不限。

（7）二级耐火等级厂房（仓库）内的房间隔墙，当采用难燃性墙体时，其耐火极限应提高 0.25 h。

（8）二级耐火等级多层厂房和多层仓库内采用预应力钢筋混凝土的楼板，其耐火极限不应低于 0.75 h。

（9）一、二级耐火等级厂房（仓库）的上人平屋顶，其屋面板的耐火极限分别不应低于 1.50 h 和 1.00 h。

（10）一、二级耐火等级厂房（仓库）的屋面板应采用不燃材料。

（11）以木柱承重且墙体采用不燃材料的厂房（仓库），其耐火等级可按四级确定

左栏表头：建筑构件耐火极限　厂房和仓库建筑构件的燃烧性能和耐火极限　一般情况　特殊情况

续表

构件名称		耐火等级			
		一级	二级	三级	四级
墙	防火墙	不燃性 3.00	不燃性 3.00	不燃性 3.00	不燃性 3.00
	承重墙	不燃性 3.00	不燃性 2.50	不燃性 2.00	难燃性 0.50
	非承重外墙	不燃性 1.00	不燃性 1.00	不燃性 0.50	可燃性
	楼梯间、前室的墙，电梯井的墙，住宅建筑单元之间的墙和分户墙	不燃性 2.00	不燃性 2.00	不燃性 1.50	难燃性 0.50
	疏散走道两侧的隔墙	不燃性 1.00	不燃性 1.00	不燃性 0.50	难燃性 0.25
	房间隔墙	不燃性 0.75	不燃性 0.50	难燃性 0.50	难燃性 0.25
柱		不燃性 3.00	不燃性 2.50	不燃性 2.00	难燃性 0.50
梁		不燃性 2.00	不燃性 1.50	不燃性 1.00	难燃性 0.50
楼板		不燃性 1.50	不燃性 1.00	不燃性 0.50	可燃性
屋顶承重构件		不燃性 1.50	不燃性 1.00	可燃性 0.50	可燃性
疏散楼梯		不燃性 1.50	不燃性 1.00	不燃性 0.50	可燃性
吊顶（包括吊顶格栅）		不燃性 0.25	难燃性 0.25	难燃性 0.15	可燃性

注：表中数字单位为 h

民用建筑构件的燃烧性能和耐火极限 一般情况

特殊情况

（1）建筑高度大于 100 m 的民用建筑，其楼板的耐火极限不应低于 2.00 h。

（2）一、二级耐火等级建筑的上人平屋顶，其屋面板的耐火极限分别不应低于 1.50 h 和 1.00 h。

（3）二级耐火等级建筑内采用难燃性墙体的房间隔墙，其耐火极限不应低于 0.75 h；当房间的建筑面积不大于 100 m² 时，房间隔墙可采用耐火极限不低于 0.50 h 的难燃性墙体或耐火极限不低于 0.30 h 的不燃性墙体。

（4）二级耐火等级多层住宅建筑内采用预应力钢筋混凝土的楼板，其耐火极限不应低于 0.75 h。

（5）二级耐火等级建筑内采用不燃材料的吊顶，其耐火极限不限。

（6）三级耐火等级的医疗建筑，中小学校的教学建筑，老年人照料设施，托儿所、幼儿园的儿童用房和儿童游乐厅等儿童活动场所的吊顶，应采用不燃材料；当采用难燃材料时，其耐火极限不应低于 0.25 h。

（7）二级和三级耐火等级建筑内门厅、走道的吊顶应采用不燃材料。

（8）以木柱承重且墙体采用不燃材料的建筑，其耐火等级可按四级确定

经典例题

1. 对工业建筑进行防火检查时，应注意检查工业建筑的火灾危险性、耐火等级和建筑面积，在检查的下列工业建筑中，可以采用三级耐火等级的是（　　）。

A. 建筑面积为 900 m² 的总蒸发量为 3.5 t/h 的燃气锅炉房

B. 建筑面积为 1 000 m² 的单层乙类仓库

C. 建筑面积为 500 m² 的储存特殊贵重的仪器设备的建筑

D. 建筑面积为 1 900 m² 的两层保温瓶胆厂房

2. 某单层钢材厂房，因生产需要在厂房靠外墙最低的位置设置了一座储存油漆的中间仓库，则厂房可采用（　　）耐火等级。

A. 三级　　　　　　　　　　　　B. 二级

C. 一级　　　　　　　　　　　　D. 四级

3. 对建筑进行防火检查时，应注意检查建筑的火灾危险性、耐火等级和建筑面积，在检查的下列建筑中，必须采用一级耐火等级的是（　　）。

A. 45 m 的宿舍楼

B. 某地下丙类库房

C. 某住宅半地下室的自行车库

D. 每层建筑面积均为 5 000 m² 的 5 层 24 m 综合性超市

4. 一建筑高度为 30 m 的省级广播电视楼，主体建筑投影外设置有建筑高度为 12 m 的裙房，层数为两层，裙房内主要性质是商店、咖啡厅等。裙房与主体建筑之间采用防火墙进行了严格分隔，则该裙房的耐火等级最低可采用（　　）级。

A. 一　　　　　　　　　　　　B. 二

C. 三　　　　　　　　　　　　D. 四

5. 某单层空分厂房，平屋面可上人，设计图纸上显示耐火等级为一级，消防救援机构对该厂房构件的耐火性能进行检查，结果如下：厂房柱的耐火极限为 2.50 h，楼板采用预应力钢筋混凝土，耐火极限 0.75 h，钢结构屋顶承重构件的耐火极限为 1.00 h，吊顶采用玻璃棉装饰吸声板，耐火极限 0.25 h，防火墙的耐火极限为 3.00 h，厂房内设有自动喷水灭火系统全保护，则该厂房的下列建筑构件中，不满足该厂房耐火等级要求的是（　　）。

A. 预应力混凝土楼板

B. 柱

C. 钢结构屋顶承重构件

D. 玻璃棉装饰吸声板吊顶

E. 防火墙

【答案】1. B　2. B　3. C　4. A　5. ADE

考点 5　最多允许层数与耐火等级适应性

很多东西放到时间里去看就能看清楚。要么越走越远，要么越走越近。

建筑性质	建筑场所	耐火等级	最多允许层数
厂房	甲类	二级	宜采用单层，不得采用高层
	乙类	二级	6 层
	丙类	三级	2 层
	丁、戊类	三级	3 层
		四级	1 层
仓库	甲类	一、二级	应采用单层
	乙类	一、二级	乙 1、3、4 项为 3 层；乙 2、5、6 项为 5 层
		三级	1 层
	丙类	一、二级	丙 1 项 5 层
		三级	丙 1 项 1 层；丙 2 项 3 层
	丁、戊类	三级	3 层
		四级	1 层
民用建筑	多层建筑	三级	5 层
		四级	2 层
	商店建筑、医院和疗养院的住院部分、教学建筑、食堂、菜市场	三级	2 层
		四级	1 层
	独立建造的老年人照料设施	二级	建筑高度不宜大于 32 m，不应大于 54 m
		三级	2 层

经典例题

1. 某焦化厂精萘厂房的耐火等级为二级，则其建筑层数不应大于(　　)层。

A. 3　　　　　　　　B. 4　　　　　　　　C. 5　　　　　　　　D. 6

2. 下列关于建筑层数和耐火等级的说法，正确的是(　　)。

A. 甲类仓库只能建造单层

B. 乙类仓库的耐火等级为一级时，其层数可不限

C. 建筑面积为 500 m²，使用丙类液体的两层丙类厂房，其耐火等级可为三级

D. 某独立建造的电影院耐火等级为三级时，其层数最多为 5 层

3. 对下列建筑层数进行检查, 其中允许建6层的是(　　)。

A. 耐火等级为三级的公共建筑

B. 耐火等级为三级的金属热轧厂房

C. 耐火等级为一级的工业蜡储存仓库

D. 耐火等级为二级的橡胶制品储存仓库

【答案】1. D　2. A　3. D

考点6　城市总体消防安全布局

 生活从来都不会亏待努力的人, 而你要做的, 就是用最少的悔恨面对过去, 用最少的浪费面对现在, 用最多的梦想面对未来。

场所	消防安全总体布局和总平面布局
易燃易爆场所	(1) 易燃易爆物品的工厂、仓库, 甲、乙、丙类液体储罐区, 液化石油气储罐区, 可燃、助燃气体储罐区, 可燃材料堆场等, 布置在城市 (区域) 的边缘或相对独立的安全地带, 并位于城市 (区域) 全年最小频率风向的上风侧
	(2) 散发可燃气体、可燃蒸气和可燃粉尘的工厂和大型液化石油气储存基地布置在城市全年最小频率风向的上风侧
	(3) 大中型石油化工企业、石油库、液化石油气储罐站等, 沿城市、河流布置时, 布置在城市河流的下游, 并采取防止液体流入河流的可靠措施
	(4) 一级加油站、一级加气站、一级加油加气合建站和CNG加气母站布置在城市建成区和中心区域以外的区域
	(5) 装运液化石油气和其他易燃易爆化学物品的专用码头、车站布置在城市或港区的独立安全地段。装运液化石油气和其他易燃易爆化学物品的专用码头, 与其他物品码头之间的距离不小于最大装运船舶长度的2倍, 距主航道的距离不小于最大装运船舶长度的1倍
	(6) 乙炔站等遇水容易发生火灾爆炸的企业, 严禁布置在可能被水淹没的地方
汽车库、修车库、停车场	汽车库、修车库、停车场远离易燃、可燃液体或可燃气体的生产装置区和贮存区; 汽车库与甲、乙类厂房、仓库分开建造
城市消防站	城市消防站的布置结合城市交通状况和各区域的火灾危险性进行合理布局; 街区道路布置和市政消火栓的布局能满足灭火救援需要, 街区道路中心线间距离一般在160 m以内, 市政消火栓沿可通行消防车的街区道路布置, 间距不得大于120 m

续表

棚户区	对于耐火等级低的建筑密集区和棚户区，要结合改造工程，拆除一些破旧房屋，建造一、二级耐火等级的建筑；对一时不能拆除重建的，可划分占地面积不大于 2 500 m² 的分区，各分区之间留出不小于 6 m 的通道或设置高出建筑屋面不小于 50 cm 的防火墙
石油化工企业	（1）企业区域规划：可能散发可燃气体的工艺装置、罐组、装卸区或全厂性污水处理场等设施，宜布置在人员集中场所及明火或散发火花地点的全年最小频率风向的上风侧；在山区或丘陵地区，必须避免布置在窝风地带
	（2）主要出入口：厂区主要出入口不少于两个，并必须设置在不同方位
	（3）企业消防站：消防站的设置位置应便于消防车迅速通往工艺装置区和罐区，宜位于生产区全年最小频率风向的下风侧，且避开工厂主要人流道路
火力发电厂	（1）厂区选址：厂址应布置在厂区地势较低的边缘地带，安全防护设施可以布置在地形较高的边缘地带。对于布置在厂区内的点火油罐区，其围栅高度不小于 1.8 m。当利用厂区围墙作为点火油罐区的围栅时，实体围墙的高度不小于 2.5 m
	（2）主要出入口：厂区的出入口不少于两个，其位置应便于消防车出入。主厂房、点火油罐区及储煤场周围设置环形消防车通道
钢铁冶金企业	（1）厂区选址：储存或使用甲、乙、丙类液体，可燃气体，明火或散发火花以及产生大量烟气、粉尘、有毒有害气体的车间，必须布置在厂区边缘或主要生产车间、职工生活区全年最小频率风向的上风侧
	（2）围墙的设置：煤气罐区四周均须设置围墙，实地测量罐体外壁与围墙的间距。当总容积≤200 000 m³ 时，罐体外壁与围墙的间距不宜小于 15.0 m；当总容积>200 000 m³ 时，不宜小于 18.0 m
	（3）储罐的间距：净距均不得小于 2.0 m
	（4）管道的敷设：高炉煤气、发生炉煤气、转炉煤气和铁合金电炉煤气的管道不能埋地敷设。氧气管道不得与燃油管道、腐蚀性介质管道以及电缆、电线同沟敷设。动力电缆不得与可燃、助燃气体和燃油管道同沟敷设

经典例题

某石油化工企业的厂区设置有办公区、动力设备用房、消防站、甲和乙类液体储罐、液化烃储罐、全厂性高架火炬、散发可燃气体的工艺装置。下列关于该工厂总平面布局的做法中，正确的是(　　)。

A. 全厂性的高架火炬设置在生产区全年最小频率风向的上风侧

B. 采用架空电力线路进出厂区的总变电所布置在厂区中心

C. 消防站位于生产区全年最小频率风向的上风侧

D. 散发可燃气体的工艺装置和罐组布置在人员集中场所全年最小频率风向的下风侧

【答案】A

考点 7　防火间距

 向日葵能经历了风雨，站在阳光下更显灿烂，那是因为楼与楼之间存在防火间距。

建筑性质	情况	名称			甲类厂房 单、多层 一、二级	乙类厂房（仓库）单、多层 一、二级	单、多层 三级	高层 一、二级	丙、丁、戊类厂房（仓库）单、多层 一、二级	单、多层 三级	单、多层 四级	高层 一、二级	民用建筑 裙房，单、多层 一、二级	三级	四级	高层 一类	高层 二类
厂房的防火间距	厂房之间及与乙、丙、丁、戊类仓库的防火间距	甲类厂房	单、多层	一、二级	12	12	14	13	12	14	16	13	25			50	
		乙类厂房	单、多层	一、二级	12	10	12	13	10	12	14	13					
			单、多层	三级	14	12	14	15	12	14	16	15					
			高层	一、二级	13	13	15	13	13	15	17	13					
		丙类厂房	单、多层	一、二级	12	10	12	13	10	12	14	13	10	12	14	20	15
			单、多层	三级	14	12	14	15	12	14	16	15	12	14	16	25	20
			单、多层	四级	16	14	16	17	14	16	18	17	14	16	18		
			高层	一、二级	13	13	15	13	13	15	17	13	13	15	17	20	15
		丁、戊类厂房	单、多层	一、二级	12	10	12	13	10	12	14	13	10	12	14	15	13
			单、多层	三级	14	12	14	15	12	14	16	15	12	14	16	18	15
			单、多层	四级	16	14	16	17	14	16	18	17	14	16	18		
			高层	一、二级	13	13	15	13	13	15	17	13	13	15	17	15	13
		室外变、配电站	变压器总油量/t	≥5,≤10	25	25	25	25	12	15	20	12	15	20	25	20	
				>10,≤50					15	20	25	15	20	25	30	25	
				>50					20	25	30	20	25	30	35	30	

续表

建筑性质	情况	防火间距/m
	厂房之间及与乙、丙、丁、戊类仓库的防火间距	注：（1）甲、乙类厂房与重要公共建筑的防火间距≥50 m；与明火或散发火花地点≥30 m。 （2）单、多层戊类厂房之间及与戊类仓库的防火间距可按本表的规定减少 2 m，与民用建筑的防火间距等同民用建筑执行。 （3）为丙、丁、戊类厂房服务而单独设置的生活用房应按民用建筑确定，与所属厂房的防火间距不应小于 6 m。 （4）同一座 U 形或山形厂房相邻两翼之间的防火间距，按前表确定；但当厂房的占地面积小于每个防火分区最大允许建筑面积时，其防火间距可为 6 m

	情况		
厂房的防火间距	厂房之间（或丙、丁、戊类厂房与丙、丁、戊类仓库之间）防火间距减小	**防火间距**	**情形描述**
		防火间距不限，但甲类厂房之间不应小于 4 m	相邻较高一面外墙为防火墙
			相邻两座高度相同的一、二耐火等级建筑中相邻任一侧外墙为防火墙且屋顶的耐火极限不低于 1.00 h
		防火间距减少 25%	两座丙、丁、戊类厂房相邻两面外墙均为不燃性墙体，无外露的可燃性屋檐，每面外墙上的门、窗、洞口面积之和各不大于外墙面积的 5%，且门、窗、洞口不正对开设
		甲、乙类厂房之间的防火间距不应小于 6 m，丙、丁、戊类厂房之间的防火间距不应小于 4 m	两座一、二级耐火等级的厂房，相邻较低一面外墙为防火墙且较低一座厂房的屋顶无天窗，屋顶的耐火极限不低于 1.00 h
			两座一、二级耐火等级的厂房，相邻较高一面外墙的门、窗等开口部位设置甲级防火门、窗或防火分隔水幕或按规定设置防火卷帘

		防火间距	**情景描述**
	丙、丁、戊类厂房与民用建筑的防火间距减小	防火间距不限	丙、丁、戊类厂房与民用建筑的耐火等级均为一、二级，较高一面外墙为无门、窗、洞口的防火墙
			丙、丁、戊类厂房与民用建筑的耐火等级均为一、二级，高出相邻较低一座建筑屋面 15 m 及以下范围内的外墙为无门、窗、洞口的防火墙
		不应小于 4 m	丙、丁、戊类厂房与民用建筑的耐火等级均为一、二级，相邻较低一面外墙为防火墙且屋顶无天窗，屋顶耐火极限不低于 1.00 h
			丙、丁、戊类厂房与民用建筑的耐火等级均为一、二级，相邻较高一面外墙为防火墙，且墙上门、窗等开口部位设置甲级防火门、窗或防火分隔水幕或按规定设置防火卷帘

建筑性质	情况	防火间距/m				

		名　称	甲类仓库（储量/t）			
			甲类储存物品第3、4项		甲类储存物品第1、2、5、6项	
			≤5	>5	≤10	>10
仓库的防火间距	甲类仓库之间及与其他建筑的防火间距	高层民用建筑、重要公共建筑	50			
		裙房、其他民用建筑、明火或散发火花地点	30	40	25	30
		甲类仓库	20	20	20	20
		厂房和乙、丙、丁、戊类仓库　一、二级	15	20	12	15
		厂房和乙、丙、丁、戊类仓库　三级	20	25	15	20
		厂房和乙、丙、丁、戊类仓库　四级	25	30	20	25
		电力系统电压为35～500 kV且每台变压器容量不小于10 MV·A的室外变、配电站，工业企业的变压器总油量大于5 t的室外降压变电站	30	40	25	30
		厂外铁路线中心线	40			
		厂内铁路线中心线	30			
		厂外道路路边	20			
		厂内道路路边　主要	10			
		厂内道路路边　次要	5			

注：甲类仓库之间的防火间距，当第3、4项物品储量不大于2 t，第1、2、5、6项物品储量不大于5 t时，不应小于12 m，甲类仓库与高层仓库的防火间距不应小于13 m

建筑性质	情况	名　称		乙类仓库			丙类仓库				丁、戊类仓库			
				单、多层		高层	单、多层			高层	单、多层			高层
				一、二级	三级	一、二级	一、二级	三级	四级	一、二级	一、二级	三级	四级	一、二级
	乙、丙、丁、戊类仓库之间及与民用建筑的防火间距	乙、丙、丁、戊类仓库	单、多层 一、二级	10	12	13	10	12	14	13	10	12	14	13
			单、多层 三级	12	14	15	12	14	16	15	12	14	16	15
			单、多层 四级	14	16	17	14	16	18	17	14	16	18	17
			高层 一、二级	13	15	13	13	15	17	13	13	15	17	13

续表

建筑性质	情况	防火间距/m												
仓库的防火间距	乙、丙、丁、戊类仓库之间及与民用建筑的防火间距	名称			乙类仓库			丙类仓库				丁、戊类仓库			
					单、多层		高层	单、多层			高层	单、多层			高层
					一、二级	三级	一、二级	一、二级	三级	四级	一、二级	一、二级	三级	四级	一、二级
		民用建筑	裙房,单、多层	一、二级	25			10	12	14	13	10	12	14	13
				三级				12	14	16	15	12	14	16	15
				四级				14	16	18	17	14	16	18	17
			高层	一类	50			20	25	25	20	15	18	18	15
				二类				15	20	20	15	13	15	15	13

注：（1）单、多层戊类仓库之间的防火间距，可按本表的规定减少 2 m。
（2）除乙类第 6 项物品外的乙类仓库，与民用建筑的防火间距不宜小于 25 m，与重要公共建筑的防火间距不应小于 50 m，与铁路、道路等的防火间距不宜小于甲类仓库与铁路、道路等的防火间距

建筑性质	情况	防火间距	情景描述
仓库的防火间距	乙、丙、丁、戊类仓库的防火间距减小	丙类仓库不应小于 6 m，丁、戊类仓库不应小于 4 m	两座丙、丁、戊类仓库的相邻外墙均为防火墙
		防火间距不限	两座仓库相邻较高一面外墙为防火墙，且两座仓库总占地面积不大于规范要求的一个仓库的总占地面积
			相邻两座高度相同的一、二级耐火等级建筑中相邻任一侧外墙为防火墙，且屋顶的耐火极限不低于 1.00 h，且两座仓库总占地面积不大于规范要求的一个仓库的总占地面积
	一、二级丁、戊类仓库与民用建筑的防火间距	防火间距不限	丁、戊类仓库与民用建筑的耐火等级均为一、二级时，较高一面外墙为无门、窗、洞口的防火墙，或比相邻较低一座建筑屋面高 15 m 及以下范围内的外墙为无门、窗、洞口的防火墙
		防火间距不应小于 4 m	丁、戊类仓库与民用建筑的耐火等级均为一、二级时，相邻较低一面外墙为防火墙，且屋顶无天窗或洞口、屋顶耐火极限不低于 1.00 h
			丁、戊类仓库与民用建筑的耐火等级均为一、二级时，相邻较高一面外墙为防火墙，且墙上开口部位采取了防火措施

建筑性质	情况	防火间距/m					

民用建筑的防火间距

民用建筑之间的防火间距

建筑类别		高层民用建筑	裙房和其他民用建筑		
		一、二级	一、二级	三级	四级
高层民用建筑	一、二级	13	9	11	14
裙房和其他民用建筑	一、二级	9	6	7	9
	三级	11	7	8	10
	四级	14	9	10	12

注：(1) 相邻建筑物通过连廊、天桥或底部的建筑物等连接，其防火间距不应小于本表的规定（对于通过裙房、连廊或天桥连接的建筑物，需将该相邻建筑视为不同的建筑来确定防火间距。对于回字形、U形、L形建筑等，两个不同防火分区的相对外墙之间也要有一定的间距，一般不小于6 m，以防止火灾蔓延到不同分区内。本注中的"底部的建筑物"，主要指如高层建筑通过裙房连成一体的多座高层建筑主体的情形，在这种情况下，尽管在下部的建筑是一体的，但上部建筑之间的防火间距，仍需按两座不同建筑的要求确定）。

(2) 除高层民用建筑外，数座一、二级耐火等级的住宅建筑或办公建筑，当建筑物的占地面积总和不大于2 500 m² 时，可成组布置，但组内建筑物之间的间距不宜小于4 m；组与组或组与相邻建筑物的防火间距不应小于本表的规定。

(3) 民用建筑与单独建造的终端变电站（通常是指10 kV降压至380 V的最末一级变电站，这些变电站的变压器大致在630~1 000 kV·A之间）的防火间距，可根据变电站的耐火等级按照本表的规定确定；民用建筑与10 kV及以下的预装式变电站的防火间距不应小于3 m。

(4) 民用建筑与燃油、燃气或燃煤锅炉房的防火间距，可将锅炉房视为丁类厂房来确定有关防火间距，但民用建筑与单台蒸发量不大于4 t/h的燃煤蒸汽锅炉房或单台额定热功率不大于2.8 MW的燃煤热水锅炉房的防火间距，可将锅炉房视为民用建筑来确定

防火间距减小

防火间距	情形描述
防火间距不限	两座建筑相邻较高一面外墙为防火墙
	两座建筑相邻较高的建筑，高出相邻较低一座一、二级耐火等级建筑的屋面15 m及以下范围内的外墙为防火墙
	相邻两座高度相同的一、二级耐火等级建筑中相邻任一侧外墙为防火墙，屋顶的耐火极限不低于1.00 h
防火间距减少25%	相邻两座单、多层建筑，当相邻外墙为不燃性墙体且无外露的可燃性屋檐，每面外墙上无防火保护的门、窗、洞口不正对开设且该门、窗、洞口的面积之和不大于外墙面积的5%
对于单、多层建筑不应小于3.5 m，对于高层建筑不应小于4 m	相邻两座建筑中较低一座建筑的耐火等级不低于二级，相邻较低一面外墙为防火墙且屋顶无天窗，屋顶的耐火极限不低于1.00 h
	相邻两座建筑中较低一座建筑的耐火等级不低于二级且屋顶无天窗，相邻较高一面外墙高出较低一座建筑的屋面15 m及以下范围内的开口部位设置甲级防火门、窗，或设置符合规定的防火分隔水幕或防火卷帘
不应减小	建筑高度 H>100 m的民用建筑与相邻建筑的防火间距，当符合规范允许减小的条件时，仍不应减小

经典例题

1. 一级耐火等级的高层金属制品抛光厂房与一级耐火等级的高层民用建筑的防火间距不应小于(　　)m。

A. 60 　　　　　　　B. 50 　　　　　　　C. 40 　　　　　　　D. 30

2. 某二级耐火等级的高层空分厂房与建筑高度为16 m的单层铆焊厂房之间的防火间距不宜小于(　　)m。

A. 12 　　　　　　　B. 13 　　　　　　　C. 50 　　　　　　　D. 30

3. 某一级耐火等级的多层钙镁磷肥厂房与建筑高度为30 m的二级耐火等级普通写字楼之间的防火间距不应小于(　　)m。

A. 9 　　　　　　　B. 25 　　　　　　　C. 50 　　　　　　　D. 13

4. 下列关于工业建筑之间的防火间距的说法，不正确的是(　　)。

A. 两座建筑高度相同、建筑面积均为1 000 m²的甲类厂房相邻，相邻外墙均为防火墙，屋顶耐火极限均为1.00 h，两座厂房之间的防火间距不应小于4 m

B. 两座耐火等级均为二级的丙类、丁类厂房，较高的丁类厂房与丙类厂房相邻一侧的外墙高出丙类厂房15 m及以下范围为防火墙，两座厂房之间的防火间距可以不限

C. 某乙类厂房与甲类厂房相邻，耐火等级均为二级，较低的甲类厂房与乙类厂房相邻外墙为防火墙，屋顶无天窗且耐火极限为1.00 h，则两座厂房之间的防火间距不应小于6 m

D. 某乙类厂房与丙类仓库相邻，耐火等级均为二级，较高乙类厂房与丙类仓库相邻外墙设置了符合要求的防火水幕，则两座建筑之间的防火间距不应小于6 m

E. 某丁类厂房与乙类厂房相邻，两座厂房相邻外墙均为不燃性墙体，无可燃性屋檐，所开门、窗、洞口不正对，每面外墙门、窗、洞口面积之和均不大于其外墙面积的5%，则两座厂房的防火间距可降低25%

【答案】1. B　2. D　3. A　4. BDE

考点8　消防救援设施

当你不知道该做什么的时候，就把手头的每件小事都做好；当你不知道该怎么开始时，就把离你最近的那件事情做好!

分类	项目	内　容
消防车道	设置环形消防车道或沿两个长边设置消防车道的场所	1. 高层民用建筑。 2. 座位数>3 000个的体育馆。 3. 座位数>2 000个的礼堂。 4. 占地面积>3 000 m²的商店建筑、展览建筑。 5. 高层厂房。 6. 占地面积>3 000 m²的甲、乙、丙类厂房。 7. 占地面积>1 500 m²的乙、丙类仓库

续表

分类	项目	内 容
消防车道	设置穿过建筑物的消防车道或环形消防车道的场所	1. 沿街长度>150 m。 2. 总长度>220 m
	设置进入内院或天井的消防车道的场所	有封闭内院或天井的建筑物，当内院或天井的短边长度>24 m
	消防车道技术参数	1. 车道的净宽度和净空高度均不应小于4.0 m。 2. 转弯半径应满足消防车转弯的要求：普通消防车9 m；登高车12 m；特种车16~20 m。 3. 消防车道与建筑之间不应设置妨碍消防车操作的树木、架空管线等障碍物。 4. 消防车道靠建筑外墙一侧的边缘距离建筑外墙不宜小于5 m。 5. 消防车道的坡度不宜大于8%。 6. 环形消防车道至少应有两处与其他车道连通。尽头式消防车道应设置回车道或回车场，回车场的面积不应小于12 m×12 m；对于高层建筑，不宜小于15 m×15 m；供重型消防车使用时，不宜小于18 m×18 m
	消防车道检查方法	1. 车道路面净高净宽允许负偏差不得大于规定值的5%。 2. 不规则回车场以消防车可以利用场地的内接正方形为回车场地或根据实际设置情况进行消防车通行试验，满足消防车回车的要求。 3. 查阅施工记录、消防车通行试验报告，核查消防车通道设计承受荷载

分类	项目	内 容		
消防登高操作场地	消防登高操作场地技术参数	建筑高度	H>50 m	24 m<H≤50 m
		布置	连续布置	连续或分段布置
		宽	≥10 m	
		长	≥max（一个长边，20 m，建筑的1/4周长）	≥max（一个长边，15 m，建筑的1/4周长）； 分段布置间距：≤30 m
		距外墙	5 m≤间距≤10 m	
		坡度	≤3%	
		其他要求	1. 消防车登高操作场地范围内的裙房进深≤4 m。 2. 建筑物与消防车登高操作场地相对应的范围内，应设置直通室外的楼梯或直通楼梯间的入口	

分类	项目	内 容
	消防登高操作场地检查方法	1. 消防车登高操作场地长度、宽度测量值的允许负偏差不得大于规定值的5%。 2. 查阅施工记录、消防车登高操作试验报告，核查消防车登高场地设计承受荷载。 3. 当消防车登高场地设置在建筑红线外时，还需查验是否取得权属单位的同意，确保消防登高场地正常使用
消防救援窗	设置场所	厂房、仓库、公共建筑的外墙应在每层的适当位置设置可供消防救援人员进入的窗口
	技术参数	1. 消防救援窗的净高度和净宽度均不应小于1.0 m。 2. 消防救援窗下沿距室内地面不宜大于1.2 m。 3. 消防救援窗之间间距不宜大于20 m且每个防火分区不应少于2个，设置位置应与消防车登高操作场地相对应。 4. 窗口的玻璃应易于破碎，并应设置可在室外易于识别的明显标志

经典例题

1. 消防车道是指供消防车灭火通行时的道路，下列场所应设置环形车道的是(　　)。

A. 座位数为 3 000 个的单层体育馆

B. 建筑面积 2 000 m² 的多层植物油仓库

C. 占地面积 2 000 m² 的单层植物油浸出厂房

D. 建筑高度为 30 m 的公共建筑

2. 某高层综合楼建筑，建筑高度为 80 m，沿长边布置消防车登高面。在对其进行检查时获取的下列检查结果中，不正确的是(　　)。

A. 消防登高面对应部位设置了长 12 m、宽 6 m、高 5 m 的门廊

B. 场地两个长边距建筑外墙分别为 8 m 和 20 m

C. 场地下面设有管道，能承受重型消防车的压力

D. 设置登高面的一侧设有直通防烟楼梯间的入口

3. 某建筑高度为 52 m 的住宅，沿周边设置环形消防车道，下列关于该住宅消防救援设施的布置，不符合规定的是(　　)。

A. 沿一个建筑长边的底边连续布置消防车登高操作场地

B. 消防车登高操作场地及其下面的建筑结构、管道和暗沟等，能承受重型消防车的压力

C. 未在消防车登高操作场地对应面的外墙上设置消防救援窗

D. 连续布置消防车登高操作场地确有困难，可间隔布置，且间隔距离为 30 m

E. 消防车登高操作场地对应的一侧设有汽车库出入口

【答案】1. D　2. A　3. DE

考点 9　厂房与仓库平面布置

 关于平面布置，题目略长，不宜仓促；套路不深，何必当真。

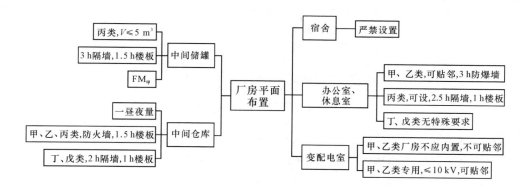

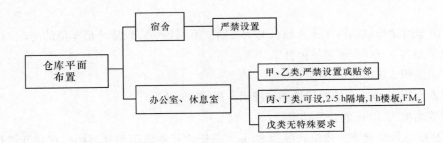

场所	内容	要求
厂房平面布局	宿舍	员工宿舍严禁设置在厂房内
	办公室、休息室	办公室、休息室不应设置在甲、乙类厂房内。可贴邻，耐火等级二级，3.00 h 的防爆墙与厂房分隔，独立的安全出口
		办公室、休息室设置在丙类厂房内时，应采用 2.50 h 的防火隔墙和 1.00 h 的楼板、乙级防火门与其他部位分隔，并应设置至少 1 个独立安全出口
	中间仓库	甲、乙类中间仓库应靠外墙布置，其储量不宜超过 1 昼夜的需要量
		甲、乙、丙类中间仓库应采用防火墙和 1.50 h 不燃性楼板、$FM_甲$ 与其他部位分隔
		丁、戊类中间仓库应采用 2.00 h 防火隔墙和 1.00 h 楼板、$FM_乙$ 与其他部位分隔
	丙类液体中间储罐	厂房内的丙类液体中间储罐应设置在单独房间内，其容量 ≤5 m^3，3.00 h 防火隔墙和 1.50 h 楼板、$FM_甲$ 与其他部位分隔
	变、配电站	变、配电站不应设置在甲、乙类厂房内或贴邻，且不应设置在爆炸性气体、粉尘环境的危险区域内
		供甲、乙类厂房专用的 10 kV 及以下的变、配电站，当采用无门、窗、洞口的防火墙分隔时，可一面贴邻。乙类厂房的配电站确需在防火墙上开窗时，应采用甲级防火窗
仓库平面布局	宿舍	员工宿舍严禁设置在仓库内
	办公室、休息室	办公室、休息室等严禁设置在甲、乙类仓库内，也不应贴邻
		办公室、休息室设置在丙、丁类仓库内时，应采用 2.50 h 防火隔墙和 1.00 h 楼板、$FM_乙$ 与其他部位分隔，并设置独立的安全出口

经典例题

　　1. 某食用油加工厂，拟新建一座单层大豆油浸出车间，其耐火等级为二级，车间需设置与生产配套的浸出溶剂中间仓库、分控制室、办公室和专用 10 kV 变电所。对该厂房进行总平面布局和平面布置时，不正确的有(　　)。

　　A. 容积 5 m³ 的丙类液体储罐设置在专用房间内，采用耐火极限 3.00 h 的防火隔墙和 1.50 h 的楼板与其他部位分隔，房间门采用甲级防火门

　　B. 中间仓库在厂房内靠外墙布置，并采用防火墙和耐火极限不低于 1.50 h 的不燃性楼板与其他部位分隔

　　C. 办公室设置在厂房内，并与其他区域之间采用防火墙分隔

　　D. 车间专用 10 kV 变电所贴邻厂房建造，并采用防火墙与厂房分隔，防火墙上设置了耐火极限 1.50 h 的观察窗

　　E. 分控制室贴邻厂房外墙设置，并采用耐火极限为 4.00 h 的防火墙与厂房分隔

　　2. 下列场所的安全出口应全部独立设置的有(　　)。

　　A. 与乙类厂房贴邻的办公室、休息室

　　B. 设置在丙类厂房内的办公室、休息室

　　C. 设置在丙类仓库内的办公室、休息室

　　D. 设置在高层建筑内的儿童活动用房

　　E. 设置在民用建筑内的影剧院

　　3. 在某次消防安全检查中，检查人员对以下场所进行了各项检查，下列选项中符合规范要求的有(　　)。

　　A. 某氯酸钾生产厂房贴邻建造了办公室和休息室，办公室和休息室的建筑耐火等级经测定为二级，采用了耐火极限为 3.00 h 的防爆墙与厂房分隔，并设置了独立的安全出口

　　B. 某服装加工厂房内部设置工人休息室，休息室采用耐火极限为 2.00 h 的防火隔墙和耐火极限为 1.00 h 的楼板与其他部位隔开，并采用乙级防火门与厂房连通

　　C. 某储存乙醇的仓库，为了方便工人午间休息，贴邻建造了一个休息室，采用耐火极限为 3.00 h 的防爆墙与仓库分隔

　　D. 某谷物储存仓库，办公管理用房采用耐火极限为 2.00 h 的防火隔墙和耐火极限为 1.00 h 的楼板与其他部位分隔并设置了一个独立的安全出口，另一个出口采用甲级防火门与仓库连通

　　E. 某高锰酸钾厂房的专用 10 kV 配电站与厂房贴邻设置，并采用无门、窗、洞口的防火墙与厂房分隔

　　[答案]　1. CD　2. ACD　3. AE

考点 10　民用建筑平面布置

刚刚对你一见钟情，希望你给我机会，让你对我日久生情。

场所	检查内容	要求
营业厅、展览厅	设置层数	不应设置在地下三层及以下楼层
		设置在三级耐火等级建筑内的应在首层或二层；独立设置时建筑不应超过 2 层
		设置在四级耐火等级建筑内的应在首层；独立设置时建筑不应超过 1 层
	商品种类	甲、乙类不得在地下、半地下经营，严禁附设在民用建筑内
	防火分隔	地下商业营业厅总建筑面积>20 000 m² 时，应采用无门、窗、洞口的防火墙以及 2.00 h 的楼板进行分隔；对确需局部连通的相邻区域，采取下沉式广场、防火隔间、避难走道和防烟楼梯间等措施
托儿所、幼儿园的儿童用房和儿童游乐厅等其他儿童活动场所	设置层数	不应设置地下、半地下，宜独立设置
		设在一、二级耐火等级建筑的首层、二层、三层；独立设置时建筑不应超过 3 层
		设在三级耐火等级建筑的首层、二层；独立设置时建筑不应超过 2 层
		设在四级耐火等级建筑的首层；独立设置时建筑应为单层
	安全出口	设置在高层建筑内时，应设置独立的安全出口和疏散楼梯
		设置在单、多层建筑内时，宜设置单独的安全出口和疏散楼梯
	防火分隔	设置在其他民用建筑内时，采用 2.00 h 的不燃烧体墙和 1.00 h 的楼板、乙级防火门隔开
老年人照料设施	建筑层数、建筑高度或所在楼层位置的高度	宜独立设置；与其他建筑上、下组合时，老年人照料设施宜设置在建筑的下部
		独立建造的一、二级耐火等级建筑，高度不宜大于 32 m，不应大于 54 m
		独立建造的三级耐火等级建筑，不应超过 2 层
		老年人公共活动用房、康复与医疗用房设置在地下、半地下时，应设置在地下一层每间用房的建筑面积不应大于 200 m²，且使用人数不应大于 30 人
	房间要求	老年人公共活动用房、康复与医疗用房设置在地下一层和地上四层及以上，每间用房的建筑面积≤200 m² 且使用人数≤30 人
	防火分隔	设置在其他民用建筑内时，采用 2.00 h 的不燃烧体墙和 1.00 h 的楼板、乙级防火门

场所	检查内容	要　　求
医院和疗养院住院部分	设置层数	不应设置地下、半地下
		设在三级耐火等级建筑的首层、二层；独立设置的建筑不应超过 2 层
		设在四级耐火等级建筑的首层；独立设置的建筑应为单层
	防火分隔	相邻护理单元之间应采用 2.00 h 的防火隔墙、乙级防火门分隔，设置在走道上的防火门应为常开防火门
教学建筑、食堂、菜市场	设置层数	小学教学楼的主要教学用房不得设置在 4 层以上
		中学教学楼的主要教学用房不得设置在 5 层以上
		设在三级耐火等级建筑的首层、二层；独立设置的建筑不应超过 2 层
		设在四级耐火等级建筑的首层；独立设置的建筑应为单层
剧场、电影院、礼堂	设置层数	在地下或半地下时，宜在地下一层，不得在地下三层及以下楼层
		在一、二级耐火等级的建筑内时，观众厅宜布置在首层、二层或三层
		在三级耐火等级的建筑内时，不得布置在三层及以上楼层
		宜设置在独立的建筑内；采用三级耐火等级建筑时，不应超过 2 层
	观众厅	设置在一、二级耐火等级建筑内，在四层及以上楼层时，每个观众厅的建筑面积不宜大于 400 m²，且一个厅、室的疏散门不少于 2 个
	防火分隔	至少设置 1 个独立的安全出口和疏散楼梯，并采用 2.00 h 的防火隔墙和甲级防火门分隔
	消防设施	设置在高层建筑内时，应设置火灾自动报警系统及自动喷水灭火系统等自动灭火系统
会议厅、多功能厅等人员密集场所	设置层数	布置在一、二级耐火等级建筑内时，宜布置在首层、二层或三层；设置在地下或半地下时，宜设置在地下一层，不应设置在地下三层及以下楼层
		设置在三级耐火等级的建筑内时，不应布置在三层及以上楼层
	面积要求	布置在一、二级耐火等级建筑除首层、二层和三层以外的其他楼层时，一个厅、室的疏散门不应少于 2 个，且建筑面积不宜大于 400 m²
	消防设施	设置在高层建筑内时，应设置火灾自动报警系统和自动喷水灭火系统等自动灭火系统
歌舞娱乐放映游艺场所	设置层数	不应布置在地下二层及以下楼层
		宜布置在一、二级耐火等级建筑物内的首层、二层或三层的靠外墙部位
		不宜布置在袋形走道的两侧或尽端
		在地下一层时，地下一层地面与室外出入口地坪的高差 $\Delta H \leqslant 10$ m
	面积要求	设置在地下或 4 层及以上楼层时，一个厅、室的建筑面积 $\leqslant 200$ m²
	防火分隔	应采用 2.00 h 的防火隔墙和 1.00 h 的不燃性楼板、乙级防火门分隔

场所	检查内容	要　求
除商业服务网点外，住宅建筑与其他使用功能的建筑合建	住宅部分与非住宅部分之间防火分隔	多层建筑：应采用2.00 h无门、窗、洞口的防火隔墙和1.50 h的不燃性楼板完全分隔
		高层建筑：应采用无门、窗、洞口的防火墙和2.00 h的不燃性楼板完全分隔
		建筑外墙上、下层开口之间应设置高度≥1.2 m的实体墙或挑出宽度≥1.0 m、长度不小于开口宽度的防火挑檐
	安全出口与疏散楼梯	住宅部分与非住宅部分的安全出口和疏散楼梯应分别独立设置。为住宅部分服务的地上车库设置独立的疏散楼梯或安全出口；当地下车库与地上部分共用楼梯间时，在首层采用2.00 h的防火墙和乙级防火门将地上地下连通部分分隔，并应设置明显的标志
	其他要求	住宅部分和非住宅部分的安全疏散、防火分区和室内消防设施配置，可根据各自的建筑高度分别按照有关住宅建筑和公共建筑的规定执行；该建筑的其他防火设计应根据建筑的总高度和建筑规模按有关公共建筑的规定执行
设置商业服务网点的住宅建筑	居住部分与商业服务网点之间防火分隔	应采用2.00 h且无门、窗、洞口的防火隔墙和1.50 h的不燃性楼板完全分隔
		住宅部分和商业服务网点部分的安全出口和疏散楼梯应分别独立设置
	商业服务网点中每个分隔单元之间防火分隔	商业服务网点中每个分隔单元之间应采用2.00 h且无门、窗、洞口的防火隔墙相互分隔
		当每个分隔单元任一层建筑面积>200 m² 时，该层应设置2个安全出口或疏散门。每个分隔单元内的任一点至最近直通室外的出口的直线距离不应大于有关公共建筑中多层其他建筑位于袋形走道两侧或尽端的疏散门至最近安全出口的最大直线距离
燃油或燃气锅炉房	设置部位	贴邻民用建筑时，该专用房间（锅炉房）的耐火等级不应低于二级，应采用防火墙分隔，且不应贴邻人员密集场所
		民用建筑内时，不应布置在人员密集场所的上一层、下一层或贴邻
	设置层数	应设置在首层或地下一层的靠外墙部位
		常（负）压燃油或燃气锅炉，可设置在地下二层或屋顶上。设置在屋顶上的常（负）压燃气锅炉，距离通向屋面的安全出口≥6 m
		采用相对密度（与空气密度的比值）≥0.75的可燃气体为燃料的锅炉，不得设置在地下或半地下
	防火分隔	应采用2.00 h的防火隔墙和1.50 h的不燃性楼板、甲级防火门、窗分隔
	疏散门	应直通室外或安全出口
	储油间	锅炉房内设置的储油间总储存量≤1 m³，且储油间应采用3.00 h的防火隔墙、甲级防火门与锅炉间分隔
	燃料供给管道	在进入建筑物前和设备间内的管道上均应设置自动和手动切断阀；储油间的油箱密闭且设置通向室外的通气管，通气管设置带阻火器的呼吸阀，油箱的下部设置防止油品流散的设施
	消防设施	应设置火灾报警装置、独立的通风系统和与建筑规模相适应的灭火设施；建筑内其他部位设置自动喷水灭火系统时，其也要相应设置；燃气锅炉房应设置爆炸泄压设施

续表

场所	检查内容	要　求
燃油或燃气锅炉房	储油罐	当设置中间罐时，中间罐的容量≤1 m³，并应设置在一、二级耐火等级的单独房间时，房间门应为甲级防火门
油浸变压器室	设置部位	贴邻民用建筑时，该专用房间的耐火等级不应低于二级，应采用防火墙分隔，且不应贴邻人员密集场所
		民用建筑内时，不应布置在人员密集场所的上一层、下一层或贴临
	设置层数	应设置在首层或地下一层的靠外墙部位
	防火分隔	应采用2.00 h的防火隔墙和1.50 h的不燃性楼板、甲级防火门、窗分隔
	疏散门	应直通室外或安全出口
	变压器容量	油浸变压器的总容量≤1 260 kV·A，单台容量≤630 kV·A
	消防设施	油浸变压器、多油开关室、高压电容器室，设置火灾报警装置、防止油品流散的设施和与建筑规模相适应的灭火设施；对于油浸变压器，应设置能储存变压器全部油量的事故储油设施
柴油发电机房	设置层数	不应布置在人员密集场所的上一层、下一层或贴邻
		宜布置在建筑物的首层及地下一、二层
	防火分隔	应采用2.00 h的防火隔墙和1.50 h的不燃性楼板、甲级防火门分隔
	储油间	储油间总储存量≤1 m³，且储油间应采用3.00 h的防火隔墙、甲级防火门与发电机间分隔
	燃料供给管道	在进入建筑物前和设备间内的管道上均应设置自动和手动切断阀；储油间的油箱密闭且设置通向室外的通气管，通气管设置带阻火器的呼吸阀，油箱的下部设置防止油品流散的设施
	消防设施	应设置火灾报警装置、与柴油发电机容量和建筑规模相适应的灭火设施，当建筑内其他部位设置自动喷水灭火系统时，机房内应设置自动喷水灭火系统
瓶装液化石油气瓶组间	与所服务建筑的间距	应设置独立的瓶组间
		当总容积≤1 m³，且采用自然气化方式供气时，瓶组间可贴邻所服务建筑
	消防设施	瓶组间应设置可燃气体浓度报警装置；总出气管道上设置紧急事故自动切断阀
供民用建筑内使用的丙类液体储罐	设置中间罐	中间罐的容量≤1 m³，并设置在一、二级耐火等级的单独房间内，房间门应采用甲级防火门

续表

场所	检查内容	要求
消防控制室	设置部位	单独建造，建筑物的耐火等级不应低于二级
		宜设置在建筑物的地下一层或首层的靠外墙部位，远离电磁场干扰较强及其他可能影响消防控制设备工作的设备用房
	防火分隔	采用 2.00 h 的隔墙和 1.50 h 的楼板、乙级防火门与其他部位隔开
	疏散门	直通室外或安全出口
	设施	为避免被淹或进水受到影响，必须设置挡水门槛；如设置在地下，还应设置排水沟等防淹措施
消防水泵房	设置部位	单独建造，建筑物的耐火等级不应低于二级
		不应设置在地下三层及以下或地下室内地面与室外出入口地坪高差 $\Delta H > 10$ m 的楼层内
	防火分隔	采用 2.00 h 的隔墙和 1.50 h 的楼板、甲级防火门与其他部位隔开
	疏散门	直通室外或安全出口
	设施	为避免被淹或进水受到影响，必须设置挡水门槛，如设置在地下时，还应设置排水沟等防淹措施

经典例题

1. 消防救援机构对下列场所进行消防安全检查，检查结果中符合规范要求的是(　　　　)。

A. 某附设在建筑内的第四层的儿童游乐厅，采用耐火极限为 2.00 h 的防火隔墙和 1.00 h 的楼板与其他场所或部位分隔，墙上设置的门为乙级防火门

B. 某 KTV 厅、室之间采用耐火极限为 2.00 h 的防火隔墙和 1.00 h 的不燃性楼板分隔

C. 某高层住宅的居住部分和其底部设置的商业服务网点之间采用耐火极限为 2.00 h 且无门、窗、洞口的防火隔墙和 1.00 h 的不燃性楼板完全分隔

D. 某高层建筑，其住宅部分与商场之间采用耐火极限为 3.00 h 且无门、窗、洞口的防火隔墙和耐火极限为 2.00 h 的不燃性楼板完全分隔

2. 某商业广场，地上 5 层，地下 2 层，每层建筑面积为 3 200 m²，首层为商场，二层为儿童游乐场、剧场，三层为电影院，四层为餐饮场所，五层为老年人康复中心，地下一层为 KTV，受业主委托消防服务机构对该商业建筑进行防火检查，结果如下，其中不符合现行国家

技术标准的是(　　)。

　　A. KTV 采用耐火极限为 2.0 h 的防火隔墙划分多个建筑面积为 200 m² 的厅、室

　　B. 老年人康复中心每间用房的建筑面积为 200 m²，使用人数为 20 人

　　C. 电影院采用耐火极限为 2.0 h 的防火隔墙分隔成多个建筑面积为 500 m² 的厅、室

　　D. 儿童游乐场采用耐火极限为 2.0 h 的防火隔墙与剧场部位分隔，连通处开设乙级防火门

　　3. 某建筑高度为 36 m 的住宅建筑的首层设有面积不大于 300 m² 的诊所、理发店等小型营业性用房，该建筑的平面布置、安全疏散等不符合规范规定的是(　　)。

　　A. 住宅部分与诊所之间应采用无门、窗、洞口的防火墙和耐火极限不低于 2.00 h 的不燃性楼板完全分隔

　　B. 诊所和理发店之间应采用耐火极限不低于 2.00 h 且无门、窗、洞口的防火隔墙相互分隔

　　C. 住宅部分的疏散楼梯应单独设置

　　D. 诊所内任一点至最近直通室外的出口的直线距离不应大于 22 m

　　4. 下列场所分隔所用的防火墙或防火隔墙，可开设门、窗、洞口的是(　　)。

　　A. 甲类仓库的防火分区之间

　　B. 某民用建筑，商场部分与住宅部分之间

　　C. 住宅建筑的商业服务网点和居住部分之间

　　D. 乙类厂房与贴邻建造的 10 kV 专用变、配电站之间

　　E. 附设在民用建筑内的锅炉房与其他房间之间

　　5. 某一级耐火等级的商场，地上 4 层，地下 2 层，每层建筑面积为 5 200 m²，层高均为 5.2 m，地上部分均为商业营业厅，地下一层为超市。对民用建筑实施防火检查时，检查人员应注意查看特殊功能场所，下列不能设在地下二层的场所有(　　)。

　　A. 电影院

　　B. 歌舞娱乐场所

　　C. 柴油发电机房

　　D. 消防水泵房

　　E. 会议厅、多功能厅

【答案】1. B　2. D　3. A　4. DE　5. BCD

考点 11　汽车库、修车库平面布置

 和消防的这场恋爱才刚刚开始，来吧，汽车库、修车库，作为你漫长爱恋的基石。

检查内容	要　　求
为车库服务的附属建筑	建筑规模：甲类物品库房贮存量≤1.0 t；乙炔发生器间总安装容量≤5.0 m³/h，乙炔气瓶库贮存量≤5 个标准钢瓶；非封闭喷漆间≤1 个车位，封闭喷漆间≤2 个车位；充电间和其他甲类生产场所的建筑面积≤200 m²
	与车库分隔：与汽车库、修车库之间采用防火墙隔开，并设置直通室外的安全出口
车库内的附属设施	地下、半地下汽车库内不得设置修理车位、喷漆间、充电间、乙炔间及甲类和乙类物品库房
	汽车库、修车库内不得设置汽油罐、加油机、液化石油气或液化天然气储罐、加气机
与汽车库组合建造的其他建筑功能	汽车库不应与火灾危险性为甲、乙类的厂房、仓库贴邻或组合建造。如汽车库设置在托儿所、幼儿园、中小学校的教学楼、老年人建筑、病房楼等建筑内时，需检查其是否只设置在建筑的地下部分，并采用 2.00 h 的楼板与其他部位完全分隔；汽车库的安全出口和疏散楼梯与其他部位应分别独立设置
与修车库组合建造的其他建筑功能	Ⅰ类修车库应单独建造；Ⅱ、Ⅲ、Ⅳ类修车库可设置在一、二级耐火等级建筑的首层或其贴邻，但不得与甲、乙类厂房、仓库、明火作业的车间或托儿所、幼儿园、中小学校的教学楼、老年人建筑、病房楼及人员密集场所组合建造或贴邻

经典例题 ⸺⸺⸺⸺⸺⸺⸺⸺⸺⸺⸺⸺⸺⸺⸺⸺⸺⸺⸺⸺⸺⸺⸺⸺⸺⸺

　　某汽车库建在住宅的地下第一、二层，消防技术服务机构对该场所进行防火检查，下列检查结果中，不符合现行国家消防技术标准的是（　　　）。

　　A. 汽车库采用 2.00 h 的楼板与住宅部分分隔

　　B. 汽车库的安全出口与住宅部位分别独立设置

　　C. 汽车库内设置了修理车位

　　D. 汽车库内设置了充电间

　　E. 汽车库内设置了洗车房

　　【答案】CD

考点 12　人防工程平面布置

最美的不是下雨天，是曾与你一起躲在人防工程里。

场所	检查内容	要　　求
人防工程	不允许设置的场所或设施	不得使用和储存液化石油气、相对密度≥0.75 的可燃气体
		不应使用甲、乙类液体燃料
		不应设置油浸电力变压器和其他油浸电气设备
		不应设置儿童活动场所和残障人士活动场所
地下商店	设置层数	地下商店营业厅不得设置在地下三层及以下
	商品种类	营业厅经营和储存商品的火灾危险性不得为甲、乙类
歌舞娱乐放映游艺场所	与其他部位的防火分隔	采用 2.00 h 的不燃烧体墙和 1.50 h 的楼板、乙级防火门应与其他场所隔开
	疏散距离	布置在袋形走道的两侧或尽端时，最远房间的疏散门至最近安全出口的距离≤9 m
	设置部位	歌舞娱乐放映游艺场所不得布置在地下二层及以下层。当设置在地下一层时，室内地面与室外出入口地坪的高差 $\Delta H \leqslant 10$ m
	房间布局	一个厅、室的建筑面积≤200 m²；建筑面积>50 m² 的厅、室，疏散出口不少于 2 个；厅、室隔墙上的门应为乙级防火门
医院病房	设置部位	人防工程内的医院病房不得设置在地下二层及以下层，设置在地下一层时，室内地面与室外出入口地坪的高差 $\Delta H \leqslant 10$ m
消防控制室	设置部位	设置在地下一层，并邻近直接通向地面的安全出口。当地面建筑设有消防控制室时，可与地面建筑消防控制室合用
	与建筑其他部位的防火分隔	采用 2.00 h 的隔墙和 1.50 h 的楼板应与其他部位隔开
柴油发电机房	储油间的设置	储油间墙上应设置常闭的甲级防火门，并应设置高 150 mm 的不燃烧、不渗漏的门槛，地面不得设置地漏
	与电站控制室的防火分隔	与电站控制室之间的连接通道处设置一道常闭甲级防火门，二者之间的密闭观察窗达到甲级防火窗性能

经典例题

1. 对某人防工程中的歌舞娱乐场所进行检查，下列不符合要求的是(　　)。

A. 采用耐火极限不低于 2.00 h 的不燃烧体墙和耐火极限不低于 1.00 h 的楼板与其他场所隔开，必须在墙上开设的门须为乙级防火门

B. 布置在袋形走道两侧或尽端时，最远房间的疏散门至最近安全出口的距离不大于 9 m

C. 设置在地下一层时，室内地面与室外出入口地坪高差不大于 10 m

D. 建筑面积大于 50 m² 的厅、室，疏散出口不少于 2 个

2. 对某地下人防工程的平面布置进行防火检查，下列检查结果不符合现行国家消防技术标准的是(　　)。

A. 地下一层 1 个建筑面积 50 m² 的娱乐室，设置 1 个疏散门

B. 地下二层设置以相对密度为 0.6 的可燃气体为燃料的负压锅炉房

C. 地下一层设置病房，室内外高差小于 10 m

D. 地下一层设置油浸电力变压器，变压器室之间设置了耐火极限不低于 2.00 h 的防火隔墙

【答案】1. A　2. D

考点 13　消防电梯

 一分钟很短，但也可以做很多事情，比如坐上消防电梯到顶层。

	场所分类	设置消防电梯条件
设置消防电梯的场所	公共建筑	1. 一类高层。 2. 建筑高度 $H>32$ m 的二类高层。 3. 五层及以上且总建筑面积>3 000 m²（包括设置在其他建筑内五层及以上楼层）的老年人照料设施
	住宅建筑	建筑高度 $H>33$ m
	地下或半地下建筑（室）	1. 地上部分设置消防电梯的建筑。 2. 埋深>10 m 且总建筑面积>3 000 m² 的其他地下或半地下建筑（室）
	高层厂房（仓库）	建筑高度 $H>32$ m 且设置电梯
可不设置消防电梯的场所	高层厂房（仓库）	1. 建筑高度 $H>32$ m 且设置电梯，任一层工作平台上的人数≤2 人的高层塔架。 2. 局部建筑高度 $H>32$ m，且局部高出部分的每层建筑面积≤50 m² 的丁、戊类厂房

续表

消防电梯的设置要求	消防电梯数量	消防电梯应分别设置在不同防火分区内，且每个防火分区不应少于 1 台
	消防电梯前室	除设置在仓库连廊、冷库穿堂或谷物筒仓工作塔内的消防电梯外，消防电梯应设置前室
		前室宜靠外墙设置，并应在首层直通室外或经过长度≤30 m 的通道通向室外
		1. 单独前室的使用面积≥6.0 m²，前室的短边≥2.4 m。 2. 与防烟楼梯间合用的前室使用面积：公共建筑、高层厂房（仓库）≥10.0 m²；住宅建筑≥6.0 m²。 3. 楼梯间的共用前室与消防电梯的前室合用时，合用前室的使用面积≥12.0 m²，且短边≥2.4 m
		除前室的出入口、前室内设置的正压送风口和本规范规定的户门外，前室内不应开设其他门、窗、洞口
		前室或合用前室的门应采用乙级防火门，不应设置卷帘
	消防电梯井	消防电梯井、机房与相邻电梯井、机房之间应设置 2.00 h 的防火隔墙、甲级防火门
		消防电梯的井底应设置排水设施，排水井的容量≥2 m³，排水泵的排水量≥10 L/s。消防电梯间前室的门口宜设置挡水设施
	消防电梯技术参数	1. 应能每层停靠。 2. 电梯的载重量≥800 kg。 3. 电梯从首层至顶层的运行时间不宜大于 60 s。 4. 电梯的动力与控制电缆、电线、控制面板应采取防水措施。 5. 在首层的消防电梯入口处应设置供消防队员专用的操作按钮。 6. 电梯轿厢的内部装修应采用不燃材料。 7. 电梯轿厢内部应设置专用消防对讲电话

经典例题

1. 下列建筑中，不需要设置消防电梯的是（　　　）。

A. 某焦化厂焦油厂房，建筑高度为 33 m 且未设置电梯

B. 建筑高度为 33 m 且设置电梯的高层塔架，每层工作平台上的人数均为 2 人

C. 某建筑高度为 25 m 的门诊大楼的地下汽车库

D. 某建筑高度为 31 m 的办公楼，地下三层为汽车库，层高 3 m，每层建筑面积为 1 200 m²

E. 某独立建造的商店，地下 2 层，层高 5 m，总建筑面积为 3 100 m²

2. 消防电梯是火灾情况下运送消防器材和消防人员的专用消防设施。根据现行国家工程建设消防技术标准对消防电梯进行防火检查中，下列符合标准要求的是（　　　）

A. 消防电梯前室的建筑面积为 6 m²，前室的门采用乙级防火门

B. 消防电梯井、机房与相邻其他电梯井、机房之间采用耐火极限不低于 2 h 的防火隔墙隔开，隔开墙上的门采用乙级防火门

C. 消防电梯轿厢面积为 3 m²，载重量不小于 800 kg

D. 消防电梯排水井的容量不小于 2 m³，排水泵的排水量不大于 10 L/s

E. 消防电梯在首层经过 20 m 长的走道通向室外

3. 下列关于消防电梯的说法中，错误的是(　　)。

A. 应在每层的消防电梯入口处设置供消防队员专用的操作按钮

B. 消防电梯应能每层停靠

C. 电梯的动力与控制电缆、电线、控制面板应采取防水措施

D. 电梯轿厢的内部装修采用不燃材料或难燃材料

E. 住宅建筑的消防电梯与防烟楼梯间前室合用，其使用面积不应小于 6 m²

【答案】1. ABDE　2. CE　3. AD

考点 14　防火分区面积划分

 转身离开，表格写不出来，耐火等级和防火分区相爱，那不是意外。

场所	项目	防火分区要求						
		生产的火灾危险性类别	厂房的耐火等级	最多允许层数/层	每个防火分区的最大允许建筑面积/m²			
					单层厂房	多层厂房	高层厂房	地下或半地下厂房
厂房	一般要求	甲	一级	宜采用单层	4 000	3 000	—	—
			二级		3 000	2 000	—	—
		乙	一级	不限	5 000	4 000	2 000	—
			二级	6	4 000	3 000	1 500	—
		丙	一级	不限	不限	6 000	3 000	500
			二级	不限	8 000	4 000	2 000	500
			三级	2	3 000	2 000	—	—
		丁	一、二级	不限	不限	不限	4 000	1 000
			三级	3	4 000	2 000	—	—
			四级	1	1 000	—	—	—
		戊	一、二级	不限	不限	不限	6 000	1 000
			三级	3	5 000	3 000	—	—
			四级	1	1 500	—	—	—

续表

场所	项目	防火分区要求
厂房	特殊要求	1. 甲类厂房只能用防火墙分隔（不允许采用防火卷帘、防火分隔水幕）。 2. 除甲类厂房外的一、二级耐火等级厂房，当其防火分区的建筑面积大于本表规定，且设置防火墙确有困难时，可采用防火卷帘或防火分隔水幕分隔。 3. 除麻纺厂房外，一级耐火等级的多层纺织厂房和二级耐火等级的单、多层纺织厂房，其每个防火分区的最大允许建筑面积可按本表的规定增加 0.5 倍，但厂房内的原棉开包、清花车间与厂房内其他部位之间均应采用耐火极限不低于 2.50 h 的防火隔墙分隔，需要开设门、窗、洞口时，应设置甲级防火门、窗。 4. 一、二级耐火等级的单、多层造纸生产联合厂房，其每个防火分区的最大允许建筑面积可按本表的规定增加 1.5 倍。一、二级耐火等级的湿式造纸联合厂房，当纸机烘缸罩内设置自动灭火系统，完成工段设置有效灭火设施保护时，其每个防火分区的最大允许建筑面积可按工艺要求确定。 5. 一、二级耐火等级卷烟生产联合厂房内的原料、备料及成组配方、制丝、储丝和卷接包、辅料周转、成品暂存、二氧化碳膨胀烟丝等生产用房应划分独立的防火分隔单元，当工艺条件许可时，应采用防火墙进行分隔。其中制丝、储丝和卷接包车间可划分为一个防火分区，且每个防火分区的最大允许建筑面积可按工艺要求确定，但制丝、储丝及卷接包车间之间应采用耐火极限不低于 2.00 h 的防火隔墙和 1.00 h 的楼板进行分隔。 6. 厂房内的操作平台、检修平台，当使用人数少于 10 人时，平台的面积可不计入所在防火分区的建筑面积内
	防火分区面积加倍	厂房内设置自动灭火系统时，每个防火分区的最大允许建筑面积可增加 1.0 倍。厂房内局部设置自动灭火系统时，其防火分区的增加面积可按该局部面积的 1.0 倍计算
		当丁、戊类的地上厂房内设置自动灭火系统时，每个防火分区的最大允许建筑面积不限

场所	项目	储存物品的火灾危险性类别		仓库的耐火等级	最多允许层数/层	每座仓库的最大允许占地面积和每个防火分区的最大允许建筑面积/m²						
						单层仓库		多层仓库		高层仓库		地下或半地下仓库
						每座仓库	防火分区	每座仓库	防火分区	每座仓库	防火分区	防火分区
仓库	一般要求	甲	3、4 项	一级	1	180	60	—	—	—	—	—
			1、2、5、6 项	一、二级	1	750	250	—	—	—	—	—
		乙	1、3、4 项	一、二级	3	2 000	500	900	300	—	—	—
				三级	1	500	250	—	—	—	—	—
			2、5、6 项	一、二级	5	2 800	700	1 500	500	—	—	—
				三级	1	900	300	—	—	—	—	—

续表

场所	项目	防火分区要求									
		储存物品的火灾危险性类别		仓库的耐火等级	最多允许层数/层	每座仓库的最大允许占地面积和每个防火分区的最大允许建筑面积/m²						
						单层仓库		多层仓库		高层仓库		地下或半地下仓库
						每座仓库	防火分区	每座仓库	防火分区	每座仓库	防火分区	防火分区
仓库	一般要求	丙	1 项	一、二级	5	4 000	1 000	2 800	700	—	—	150
				三级	1	1 200	400	—	—	—	—	—
			2 项	一、二级	不限	6 000	1 500	4 800	1 200	4 000	1 000	300
				三级	3	2 100	700	1 200	400	—	—	—
		丁		一、二级	不限	不限	3 000	不限	1 500	4 800	1 200	500
				三级	3	3 000	1 000	1 500	500	—	—	—
				四级	1	2 100	700	—	—	—	—	—
		戊		一、二级	不限	不限	不限	不限	2 000	6 000	1 500	1 000
				三级	3	3 000	1 000	2 100	700	—	—	—
				四级	1	2 100	700	—	—	—	—	—
	特殊要求	1. 仓库内的防火分区之间必须采用防火墙分隔，甲、乙类仓库内防火分区之间的防火墙不应开设门、窗、洞口；地下或半地下仓库（包括地下或半地下室）的最大允许占地面积，不应大于相应类别地上仓库的最大允许占地面积。 2. 一、二级耐火等级的煤均化库，每个防火分区的最大允许建筑面积不应大于 12 000 m²。 3. 独立建造的硝酸铵仓库、电石仓库、聚乙烯等高分子制品仓库、尿素仓库、配煤仓库、造纸厂的独立成品仓库，当建筑的耐火等级不低于二级时，每座仓库的最大允许占地面积和每个防火分区的最大允许建筑面积可按本表的规定增加 1.0 倍。 4. 一、二级耐火等级粮食平房仓库的最大允许占地面积不应大于 12 000 m²，每个防火分区的最大允许建筑面积不应大于 3 000 m²；三级耐火等级粮食平房仓库的最大允许占地面积不应大于 3 000 m²，每个防火分区的最大允许建筑面积不应大于 1 000 m²。 5. 一、二级耐火等级且占地面积不大于 2 000 m² 的单层棉花库房，其防火分区的最大允许建筑面积不应大于 2 000 m²。 6. 一、二级耐火等级冷库的最大允许占地面积和防火分区的最大允许建筑面积，应符合现行国家标准《冷库设计规范》（GB 50072—2010）的规定。 7. 石油库区内的桶装油品仓库应符合现行国家标准《石油库设计规范》（GB 50074—2014）的规定										
	防火分区面积加倍	仓库内设置自动灭火系统时，除冷库的防火分区外，每座仓库的最大允许占地面积和每个防火分区的最大允许建筑面积增加 1.0 倍										

续表

场所	项目	防火分区要求
物流建筑	一般要求	1. 当建筑功能以分拣、加工等作业为主时，应按本规范有关厂房的规定确定，其中仓储部分应按中间仓库确定。 2. 当建筑功能以仓储为主或建筑难以区分主要功能时，应按本规范有关仓库的规定确定，但当分拣等作业区采用防火墙与储存区完全分隔时，作业区和储存区的防火要求可分别按本规范有关厂房和仓库的规定确定

当建筑功能以仓储为主或建筑难以区分主要功能时，当分拣等作业区采用防火墙与储存区完全分隔且符合下表条件时，除自动化控制的丙类高架仓库外，储存区的防火分区最大允许建筑面积和储存区部分建筑的最大允许占地面积如下所示：

物流建筑 — 特殊要求

储存物品的或者危险性	储存区的耐火等级	最多允许层数	建筑内全部设置自动喷水灭火系统和自动报警系统时储存区最大允许占地面积和每个防火分区的最大允许建筑面积/m²						
			单层		多层		高层		地下或半地下
			占地面积	防火分区	占地面积	防火分区	占地面积	防火分区	防火分区
储存除可燃液体、棉、麻、丝、毛及其他纺织品、泡沫塑料凳物品外的丙类物品	一级	不限	24 000	6 000	19 200	4 800	16 000	4 000	1 200
丁	一、二级	不限	不限	12 000	不限	6 000	19 200	4 800	2 000
戊	一、二级	不限	不限	不限	不限	8 000	24 000	6 000	4 000

民用建筑 — 一般要求

名称	耐火等级	允许建筑高度或层数	防火分区的最大允许建筑面积/m²	备注
高层民用建筑	一、二级	按规范确定	1 500	对于体育馆、剧场的观众厅，防火分区的最大允许建筑面积可适当增加
单、多层民用建筑	一、二级	按规范确定	2 500	
	三级	5 层	1 200	—
	四级	2 层	600	—
地下或半地下建筑（室）	一级	—	500	设备用房的防火分区最大允许建筑面积不应大于1 000 m²

场所	项目	防火分区要求
民用建筑	特殊要求	1. 裙房与高层建筑主体之间设置防火墙时，裙房的防火分区可按单、多层建筑的要求确定。 2. 防火分区之间应采用防火墙分隔，确有困难时，可采用防火卷帘等防火分隔设施分隔。 3. 建筑内设置自动扶梯、敞开楼梯等上、下层相连通的开口时，其防火分区的建筑面积应按上、下层相连通的建筑面积叠加计算；当叠加计算后的建筑面积大于规定时，应划分防火分区。 4. 建筑内设置中庭时，其防火分区的建筑面积应按上、下层相连通的建筑面积叠加计算；当叠加计算后的建筑面积大于规定时，应符合相关要求
	防火分区加倍	当建筑内设置自动灭火系统时，可按本表的规定增加 1.0 倍；局部设置时，防火分区的增加面积可按该局部面积的 1.0 倍计算
		一、二级耐火等级建筑内的商店营业厅、展览厅，当设置自动灭火系统和火灾自动报警系统并采用不燃或难燃装修材料时，其每个防火分区的最大允许建筑面积应符合下列规定： 1. 设置在高层建筑内时，不应大于 4 000 m^2。 2. 设置在单层建筑或仅设置在多层建筑的首层内时，不应大于 10 000 m^2。 3. 设置在地下或半地下时，不应大于 2 000 m^2

场所	项目	耐火等级	单层汽车库	多层、半地下汽车库	地下、高层汽车库
汽车库、修车库	汽车库一般要求	一、二级	3 000 m^2	2 500 m^2	2 000 m^2
		三级	1 000 m^2	不允许	不允许

场所	项目	防火分区要求
汽车库、修车库	汽车库特殊要求	1. 敞开式、错层式、斜楼板式汽车库的上下连通层面积应叠加计算，防火分区面积不大于规定值的 2.0 倍。 2. 室内有车道且有人员停留的机械式汽车库，其防火分区最大允许建筑面积减少 35%。 3. 汽车库内设有自动灭火系统时，其防火分区面积不大于规定值的 2.0 倍
	汽车库、修车库其他要求	1. 甲、乙类物品运输车的汽车库、修车库，每个防火分区的最大允许建筑面积不应大于 500 m^2。 2. 修车库每个防火分区的最大允许建筑面积不应大于 2 000 m^2。当修车部位与相邻使用有机溶剂的清洗和喷漆工段采用防火墙分隔时，每个防火分区的最大允许建筑面积不应大于 4 000 m^2

场所	项目	层数/层	防火墙间的允许建筑长度/m	防火墙间的每层最大允许建筑面积/m^2
木结构建筑	一般要求	1	100	1 800
		2	80	900
		3	60	600

场所	项目	防火分区要求
木结构建筑	防火分区加倍	1. 设自动灭火系统时，防火墙的允许长度和分区面积可扩大 1 倍。 2. 对于丁、戊类地上厂房，防火墙间的每层最大允许建筑面积不限

续表

场所	项目	防火分区要求
防火分区的防火检查注意事项	人防工程	溜冰馆的冰场、游泳馆的游泳池、射击馆的靶道区、保龄球馆的球道区等，其面积可不计入防火分区面积；水泵房、污水泵房、水库、厕所、盥洗间等无可燃烧的房间面积可不计入防火分区的面积；避难走道不划分防火分区
	开口部位	建筑内设置自动扶梯、敞开楼梯、传送带、中庭等开口部位时，其防火分区的建筑面积应将上下相连通的建筑面积叠加计算；同样，对于敞开式、错层式、斜楼板式的汽车库，其上下连通层的防火分区面积也需要叠加计算
	特殊厅室	对于一些机场候机楼的候机厅，体育馆、剧院的观众厅，展览建筑的展厅等有特殊功能要求的区域，其防火分区最大允许建筑面积，可适当放宽
	检查方法	对于功能复杂的建筑工程，检查时要注意涵盖不同使用功能的楼层，其中歌舞娱乐放映游艺场所等人员密集场所必须检查。防火分区建筑面积测量值的允许正偏差不得大于规定值的 5%

经典例题

1. 一座占地面积 3 500 m^2，存储石蜡的二级耐火等级多层仓库，其防火分区的建筑面积最大为(　　) m^2。

A. 1 500 　　　　　B. 1 400 　　　　　C. 700 　　　　　D. 950

2. 某高层图书物流建筑，一级耐火等级，分拣加工区和仓储区之间用防火墙分隔，建筑内部全部设置自动喷水灭火和火灾自动报警系统。下列不符合现行国家技术标准的是(　　)。

A. 分拣加工作业区的防火分区面积可为 5 000 m^2

B. 分拣加工作业区的占地面积可不限

C. 仓储区的防火分区面积最大允许为 4 000 m^2

D. 仓储区的占地面积最大允许为 8 000 m^2

3. 某大型地下商场共 2 层，每层建筑面积为 7 000 m^2，地下二层室内地面与室外出入口地坪高差为 11 m，地下商场均设有火灾自动报警系统和自动灭火系统，装修材料均采用不燃或难燃材料，下列关于该商场消防设计的说法中，符合规定的是(　　)。

A. 该商场疏散楼梯间采用封闭楼梯间

B. 该商场营业厅墙面和顶棚均采用 A 级装修材料，地面采用 B_1 级装修材料

C. 该商场的建筑构件均采用不燃性构件，其中承重墙的耐火极限为 2.50 h

D. 该商场每层划分为 4 个防火分区

4. 某综合楼，耐火等级为一级，主楼地上 6 层，裙房地上 3 层，地下 2 层，每层层高 4.3 m。裙房共三层均为餐饮场所，与主体建筑之间采用防火墙分隔。主楼首层为商场营业厅，二至六层为歌舞娱乐场所，地下一层为设备用房，地下二层为复式汽车库，建筑内部装修材料全部采用不燃材料，并设有自动喷水灭火系统和火灾自动报警系统保护。消防救援机构对该综合楼进行防火检查，下列结果，不符合现行国家技术标准的是(　　)。

A. 主楼首层按照建筑面积 10 000 m^2 划分防火分区

B. 地下二层按照建筑面积 4 000 m^2 划分防火分区

C. 裙房每层按照建筑面积 4 000 m^2 划分防火分区

D. 地下一层按照建筑面积 2 000 m^2 划分防火分区

E. 主楼地上三层按照建筑面积 3 000 m² 划分防火分区

【答案】 1. B　2. D　3. D　4. AB

考点 15　　防火分隔构件

失去比得不到更可怕，因为它多了一个过程叫曾经。

分隔构件	项目	分　隔　要　求
防火墙	设置要求	1. 防火墙应直接设置在建筑的基础或框架、梁等承重结构上，框架、梁等承重结构的耐火极限不应低于防火墙的耐火极限。防火墙应从楼地面基层隔断至梁、楼板或屋面板的底面基层。 2. 当高层厂房（仓库）屋顶承重结构和屋面板的耐火极限低于 1.00 h，其他建筑屋顶承重结构和屋面板的耐火极限低于 0.50 h 时，防火墙应高出屋面 0.5 m 以上。 3. 防火墙横截面中心线水平距离天窗端面小于 4.0 m，且天窗端面为可燃性墙体时，应采取防止火势蔓延的措施。 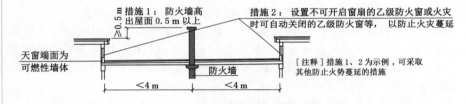 4. 建筑外墙为难燃性或可燃性墙体时，防火墙应凸出墙的外表面 0.4 m 以上，且防火墙两侧的外墙均应为宽度均不小于 2.0 m 的不燃性墙体，其耐火极限不应低于外墙的耐火极限。 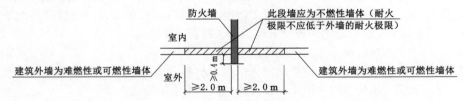 5. 建筑外墙为不燃性墙体时，防火墙可不凸出墙的外表面，紧靠防火墙两侧的门、窗、洞口之间最近边缘的水平距离不应小于 2.0 m；采取设置乙级防火窗等防止火灾水平蔓延的措施时，该距离不限。 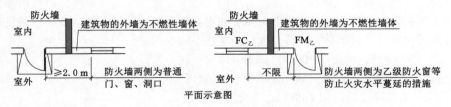

续表

分隔构件	项目	分　隔　要　求
防火墙	设置要求	6. 建筑内的防火墙不宜设置在转角处，确需设置时，内转角两侧墙上的门、窗、洞口之间最近边缘的水平距离不应小于 4.0 m；采取设置乙级防火窗等防止火灾水平蔓延的措施时，该距离不限。 7. 防火墙上不应开设门、窗、洞口，确需开设时，应设置不可开启或火灾时能自动关闭的甲级防火门、窗。 8. 可燃气体和甲、乙、丙类液体的管道严禁穿过防火墙。防火墙内不应设置排气道。 9. 管道不宜穿过防火墙。确需穿过时，应采用防火封堵材料将墙与管道之间的空隙紧密填实，穿过防火墙处的管道保温材料，应采用不燃材料。当管道为难燃及可燃材料时，应在防火墙两侧的管道上采取防火措施
防火墙	防火检查方法	1. 测量防火墙两侧的门、窗洞口之间最近边缘水平距离，距离测量值的允许负偏差不得大于规定值的 5%。 2. 沿防火墙现场检查管道敷设情况、墙体上嵌有箱体的部位，核查防火封堵材料、保温材料产品与市场准入文件、消防设计文件的一致性
防火门	设置要求	1. 设置在建筑内经常有人通行处的防火门宜采用常开防火门。常开防火门应能在火灾时自行关闭，并应具有信号反馈的功能。 2. 除允许设置常开防火门的位置外，其他位置的防火门均应采用常闭防火门。常闭防火门应在其明显位置设置"保持防火门关闭"等提示标识。 3. 除管井检修门和住宅的户门外，防火门应具有自行关闭功能。双扇防火门应具有按顺序自行关闭的功能。 4. 防火门应能在其内外两侧手动开启。 5. 设置在建筑变形缝附近时，防火门应设置在楼层较多的一侧，并应保证防火门开启时门扇不跨越变形缝。 6. 防火门关闭后应具有防烟性能。 7. 甲、乙、丙级防火门的耐火极限分别是 1.5 h、1.0 h、0.5 h
防火门	防火检查方法	1. 查看防火门的外观，使用测力计测试其门扇开启力，防火门门扇开启力不得大于 80 N。 2. 开启防火门，查看关闭效果。从门的任意一侧手动开启，能自动关闭。当装有反馈信号时，开、关状态信号能反馈到消防控制室。 3. 触发常开防火门一侧的火灾探测器，发出模拟火灾报警信号，观察防火门动作情况及消防控制室信号显示情况。 4. 将消防控制室的火灾报警控制器或消防联动控制设备处于手动状态，消防控制室手动启动常开防火门电动关闭装置，观察防火门动作情况及消防控制室信号显示情况

续表

分隔构件	项目	分 隔 要 求
防火窗	设置要求	设置在防火墙、防火隔墙上的防火窗，应采用不可开启的窗扇或具有火灾时能自行关闭的功能
	防火检查方法	1. 现场手动启动活动式防火窗的窗扇启闭控制装置，窗扇能灵活开启，并完全关闭，无卡阻现象。 2. 触发活动式防火窗任一侧的火灾探测器发出模拟火灾报警信号，观察防火窗动作情况及消防控制室信号显示情况。 3. 将消防控制室的火灾报警控制器或消防联动控制设备处于手动状态，消防控制室手动启动活动式防火窗电动关闭装置，观察防火窗动作情况及消防控制室信号显示情况。 4. 切断活动式防火窗电源，加热温控释放装置，使其热敏感元件动作，观察防火窗动作情况，用秒表测试关闭时间。活动式防火窗在温控释放装置动作后 60 s 内能自动关闭
防火卷帘	设置要求	1. 替代防火墙的防火卷帘应满足隔热性和完整性，不满足隔热性时两侧设冷却水幕，水量按火灾持续时间 3 h 计算。 2. 疏散走道的卷帘应有延时下降功能，两侧均设启闭装置，电动和手动控制。 3. 需在火灾时自动降落的防火卷帘，应具有信号反馈功能。 4. 具有防火防烟密封措施。 5. 不宜采用侧向卷帘，防火卷帘应具有火灾时靠自重自动关闭功能。 6. 卷帘的耐火极限：普通型钢质 2.0 h；复合型钢质 4.0 h
	长度要求	除中庭外的防火卷帘设置长度要求： 1. 分隔部位≤30 m，卷帘长度≤10 m。 2. 分隔部位宽度>30 m 时，卷帘长度不大于分隔部位宽度的 1/3，且≤20 m
	防火检查方法	1. 查看防火卷帘外观，检查周围是否存放商品或杂物。手动启动防火卷帘，观察防火卷帘运行平稳性能以及与地面的接触情况。使用秒表、卷尺测量卷帘的启、闭运行速度。使用声级计在距卷帘表面的垂直距离 1 m、距地面的垂直距离 1.5 m 处水平测量卷帘启、闭运行的噪声。 2. 拉动手动速放装置，观察防火卷帘是否具有自重恒速下降功能。 3. 在控制室手动启动消防控制设备上的防火卷帘控制装置，观察防火卷帘远程启动情况。 4. 对防火卷帘控制器进行通电功能、备用电源、火灾报警功能、故障报警功能、自动控制功能、手动控制功能和自重下降功能测试，检查是否满足要求

	检查方法	现场检查
防火卷帘控制器测试	通电功能	将防火卷帘控制器与消防控制室的火灾报警控制器或消防联动控制设备、相关的火灾探测器、卷门机等连接并通电，防火卷帘控制器应处于正常工作状态
	备用电源	切断防火卷帘控制器的主电源，观察电源工作指示灯变化情况和防火卷帘是否发生误动作。再切断卷门机主电源，使用备用电源供电，使防火卷帘控制器工作 1 h，用备用电源启动速放控制装置，防火卷帘应能完成自重垂降，降至下限位
	火灾报警功能	使火灾探测器组发出火灾报警信号，防火卷帘控制器应能发出声、光报警信号

续表

分隔构件	项目	分　隔　要　求		
防火卷帘	防火检查方法	防火卷帘控制器测试	检查方法	现场检查
			故障报警功能	任意断开电源一相或对调电源的任意两相，手动操作防火卷帘控制器按钮，或断开火灾探测器与防火卷帘控制器的连接线，防火卷帘控制器均应能发出故障报警信号
			自动控制功能	分别使火灾探测器组发出半降、全降信号，当防火卷帘控制器接收到火灾报警信号后，控制分隔防火分区的防火卷帘应由上限位自动关闭至全闭。防火卷帘控制器接到感烟火灾探测器的报警信号后，控制防火卷帘应自动关闭至中位（1.8 m）处停止，接到感温火灾探测器的报警信号后，应继续关闭至全闭。防火卷帘半降、全降的动作状态信号应反馈到消防控制室
			手动控制功能	手动操作防火卷帘控制器上的按钮和手动按钮盒上的按钮，应可以控制防火卷帘的上升、下降、停止
			自重下降功能	切断卷门机电源，按下防火卷帘控制器下降按钮，防火卷帘应在防火卷帘控制器的控制下，依靠自重下降至全闭
分隔水幕	设置要求	1. 雨淋式喷头，不少于 3 排。 2. 水幕宽度不宜小于 6 m。 3. 供水强度不应小于 2 L/（s·m）		
防火阀	设置位置	1. 穿越防火分区处。 2. 穿越通风空调机房的隔墙和楼板处。 3. 穿越重要或火灾危险性较大的隔墙和楼板处。 4. 穿越防火分隔处的变形缝两侧。 5. 竖向风管与每层水平风管交接处的水平管段上。 6. 公共建筑浴室、卫生间、厨房的竖向排风管，设 70 ℃ 的防火阀；公共建筑厨房的排油烟管道，设 150 ℃ 的防火阀		
	使用功能	管道内阻火，达到一定温度时，自动关闭		

续表

分隔构件	项目	分　隔　要　求
防火阀	安装要求	1. 通风、空气调节系统的风管，在穿越防火分区处，穿越通风、空气调节机房的房间隔墙和楼板处，穿越重要或火灾危险性大的房间隔墙和楼板处，穿越防火分隔处的变形缝两侧以及竖向风管与每层的水平风管交接处的水平管段上都要设置防火阀。当建筑内每个防火分区的通风、空气调节系统均独立设置时，水平风管与竖向总管的交接处可不设置防火阀。 2. 公共建筑的浴室、卫生间和厨房的竖向风管，应采取防止回流措施，并宜在支管上设置防火阀。 3. 公共建筑内厨房的排油烟管道，在与竖向风管连接的支管处设置防火阀。 4. 设置防火阀处的风管要设置单独的支吊架，在防火阀两侧各 2.0 m 范围内的风管及其绝热材料采用不燃材料。安装防火阀时，安装部位要设置方便维护的检修口。 5. 阀门顺气流方向关闭，防火分区隔墙两侧的防火阀距墙端面不大于 200 mm
排烟防火阀	设置位置	1. 安装在排烟系统管道上，280 ℃时自动关闭。 2. 排烟管进入排烟机房处。 3. 穿越防火分区的排烟管道上。 4. 排烟系统的支管上
	防火检查方法	1. 排烟防火阀平时呈开启状态，火灾时当管道内气体温度达到 280 ℃时自动关闭，在一定时间内能满足耐火稳定性和耐火完整要求，起阻火隔烟作用的阀门。 2. 通常安装在排烟风机入口处、与垂直排烟风管连接的水平风管和负担多个防烟分区排烟系统的排烟支管上。 3. 安装在排烟风机入口处的排烟阀，需要与排烟风机联锁，即当该排烟阀关闭时，排烟风机能停止运转

经典例题

1. 某消防检测单位对商场设置在中庭处的防火卷帘进行检查，下列检测方法及检测结果不符合规范要求的是(　　)。

A. 使用声级计在距卷帘表面的水平距离 1 m、距地面的垂直距离 1.5 m 处水平测量卷帘启闭运行的噪声

B. 测得的卷帘启闭运行的平均噪声为 90 dB

C. 防火卷帘门机具有依靠防火卷帘恒速下降的功能，操作臂力为 65 N

D. 防火分隔部位的宽度为 72 m 时，防火卷帘的宽度为 30 m

2. 对某图书仓库进行防火检查，获取的下列信息不符合现行国家工程建设消防技术标准

的是(　　)。

    A. 防火墙耐火极限为 3.00 h，设置火灾时能自动关闭的甲级防火门、窗

    B. 首层靠墙外侧的疏散门采用卷帘门

    C. 转角附近设置防火墙，内转角两侧墙上的门、窗、洞口之间最近边缘的水平距离 4.0 m

    D. 活动式防火窗在温控释放装置动作后 60 s 内自动关闭

    3. 以下对防火阀安装的说法，错误的有(　　)。

    A. 公共建筑的浴室和卫生间的竖向排风管未采取防止回流措施，在支管上需设置防火阀

    B. 设置防火阀处的风管要设置单独的支吊架，在防火阀两侧各 1.0 m 范围内的风管及其绝热材料采用不燃材料

    C. 阀门顺气流方向关闭，防火分区隔墙两侧的防火阀距墙端面不小于 200 mm

    D. 公共建筑内厨房的排油烟管道与竖向排风管连接的支管处设置的防火阀，公称动作温度为 150 ℃

    E. 防火阀平时处于关闭状态，可手动开启，也可与火灾报警系统联动自动开启

【答案】 1. B　2. A　3. ABCE

考点 16　防烟分区

 你若不想做，会找到一个借口；你若想做，会找到一个方法；你若要排烟，会先设定一个防烟分区。

检查内容	具 体 要 求
防烟分区划分	1. 设置排烟系统的场所或部位应划分防烟分区，不设排烟设施的部位可不划分防烟分区。 2. 防烟分区不应跨越防火分区
	1. 采用隔墙等形式封闭的分隔空间，该空间宜作为一个防烟分区。 2. 有特殊用途的场所应单独划分防烟分区。 3. 封闭区域宜作为一个防烟分区。 4. 设置排烟设施的建筑内，敞开楼梯和自动扶梯穿越楼板的开口部应设置挡烟垂壁等设施

续表

检查内容	具 体 要 求
防烟分区的面积	公共建筑、工业建筑防烟分区的最大允许面积，及其长边最大允许长度如下所示： 空间净高（*H*）／最大允许面积/m²／长边最大允许长度 *H*≤3.0 m／500／24 m 3.0 m<*H*≤6.0 m／1 000／36 m *H*>6.0 m／2 000／60 m；具有自然对流条件时，不应大于 75 m 1. 公共建筑、工业建筑中的走道宽度不大于 2.5 m 时，其防烟分区的长边长度不应大于 60 m。 2. 当空间净高>9 m 时，防烟分区之间可不设置挡烟设施。 3. 汽车库、修车库的防烟分区面积宜≤2 000 m²
挡烟设施	1. 挡烟垂壁：用不燃材料制成，垂直安装在建筑顶棚、横梁或吊顶下，能在火灾时形成一定的蓄烟空间的挡烟分隔设施，下垂高度距离顶棚面 50 cm 以上。 2. 结构梁：当建筑横梁的高度超过 50 cm 时，也可作为挡烟设施使用
防火检查方法	1. 测量挡烟垂壁的搭接宽度。卷帘式挡烟垂壁挡烟部件由两块或两块以上织物缝制时，搭接宽度≥100 mm。宽度测量值的允许正偏差不得大于规定值的 5%。 2. 测量挡烟垂壁边沿与建筑物结构表面的最小距离，此距离不得大于 60 mm。测量值的允许正偏差不得大于规定值的 5%。 3. 使用秒表、卷尺测量挡烟垂壁的电动下降的或机械下降的运行速度和时间。卷帘式挡烟垂壁的运行速度≥0.07 m/s；翻板式挡烟垂壁的运行时间<7 s。挡烟垂壁设置限位装置，当其运行至上、下限位时，能自动停止。 4. 采用加烟的方法使感烟探测器发出模拟火灾报警信号，或由消防控制中心发出控制信号，观察防烟分区内的活动式挡烟垂壁是否能自动下降至挡烟工作位置。 5. 切断系统供电，观察挡烟垂壁是否能自动下降至挡烟工作位置。 6. 测量最大防烟分区的面积，测量值的允许正偏差不得大于设计值的 5%

经典例题

1. 某服装加工厂房，二级耐火等级，地上 3 层，地下 1 层，每层室内净空高为 6.2 m，每层建筑面积为 6 000 m²，按照国家规定设有相应的消防设施，消防救援机构对该厂房进行防火检查，结果如下，其中不符合现行国家技术标准的是(   )。

A. 厂房地上部分每层划分为 1 个防火分区

B. 地上三层防火分区之间采用耐火极限为 3.0 h 的防火墙分隔

C. 厂房地下部分划分为 4 个防烟分区

D. 厂房首层因运输需要，防火分区之间采用耐火极限为 3.0 h 的防火卷帘分隔

2. 下列场所中，关于防烟分区的说法，错误的是(   )。

A. 某商业中心，建筑高度为 24 m，室内空间净高为 5.5 m，其防烟分区最大允许面积为 1 000 m²

B. 某停车位为 151 个的地下车库，室内空间净高为 4.5 m，其防烟分区最大允许面积为 2 000 m²

C. 某办公建筑，建筑高度为 50 m，室内空间净高为 3.0 m，其防烟分区最大允许面积为 1 000 m²

D. 某高层电石炉厂房，室内空间净高为 9.5 m，防烟分区之间可不设置挡烟设施

【答案】 1. C　2. C

考点 17　有顶商业步行街构造

 当你的钱包还撑不起你的欲望时，可以去逛逛商业步行街，然后默默地清空购物车。

检查内容	设置要求
步行街两侧建筑	1. 步行街两侧建筑的耐火等级不应低于二级。 2. 步行街两侧建筑相对面的最近距离均不应小于《建筑设计防火规范》对相应高度建筑的防火间距要求且 ≥9 m。 3. 步行街的长度不宜大于 300 m 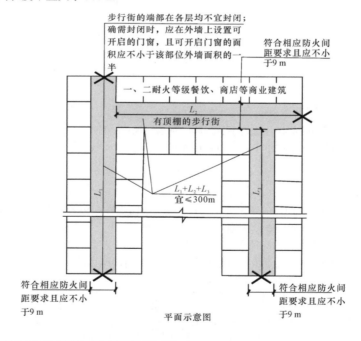 平面示意图
两侧建筑的商铺	1. 步行街两侧建筑的商铺之间应设置 2.00 h 的防火隔墙，每间商铺的建筑面积不宜大于 300 m²。 2. 步行街两侧建筑的商铺，其面向步行街一侧的围护构件的耐火极限不应低于 1.00 h，并宜采用实体墙，其门、窗应采用乙级防火门、窗；当采用防火玻璃墙（包括门、窗）时，其耐火隔热性和耐火完整性不应低于 1.00 h；当采用耐火完整性不低于 1.00 h 的非隔热性防火玻璃墙（包括门、窗）时，应设置闭式自动喷水灭火系统进行保护

续表

检查内容	设置要求
两侧建筑的商铺	3. 相邻商铺之间面向步行街一侧应设置宽度不小于 1.0 m、耐火极限不低于 1.00 h 的实体墙 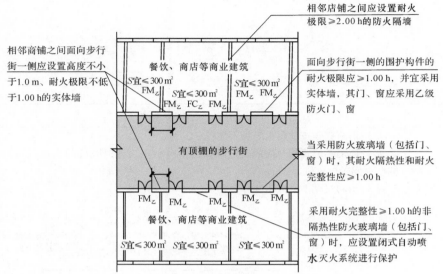
步行街的端部	步行街的端部在各层均不宜封闭，确需封闭时，应在外墙上设置可开启的门窗，且可开启门窗的面积不应小于该部位外墙面积的一半
回廊和连接天桥	1. 当步行街两侧的建筑为多层时，每层面向步行街一侧的商铺均应设置防止火灾竖向蔓延的措施；设置回廊或挑檐时，其出挑宽度不应小于 1.2 m。 2. 步行街两侧的商铺在上部各层需设置回廊和连接天桥时，应保证步行街上部各层楼板的开口面积不应小于步行街地面面积的 37%，且开口宜均匀布置 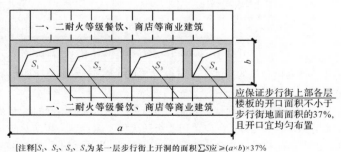

续表

检查内容	设置要求
	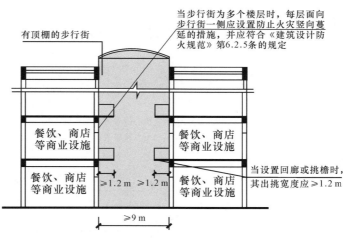 步行街两侧为多个楼层时剖面示意图
步行街的顶棚	1. 步行街的顶棚材料应采用不燃或难燃材料，其承重结构的耐火极限不应低于 1.00 h。步行街内不应布置可燃物。 2. 步行街的顶棚下檐距地面的高度不应小于 6.0 m，顶棚应设置自然排烟设施并宜采用常开式的排烟口，且自然排烟口的有效面积不应小于步行街地面面积的 25%。常闭式自然排烟设施应能在火灾时手动和自动开启 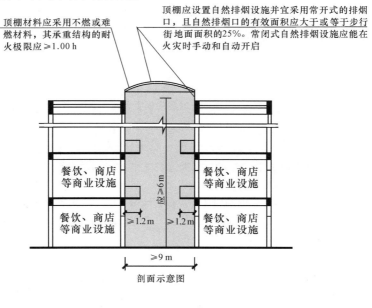 剖面示意图

续表

检查内容	设置要求
疏散距离	1. 步行街两侧建筑内的疏散楼梯应靠外墙设置并宜直通室外，确有困难时，可在首层直接通至步行街。 2. 首层商铺的疏散门可直接通至步行街，步行街内任一点到达最近室外安全地点的步行距离不应大于 60 m。 3. 步行街两侧建筑二层及以上各层商铺的疏散门至该层最近疏散楼梯口或其他安全出口的直线距离不应大于 37.5 m 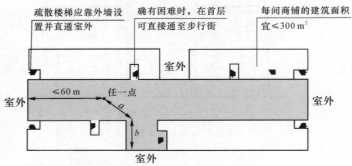 [注释]任一点到达最近室外安全地点的步行距离应≤60 m（a+b≤60 m） **首层平面示意图** 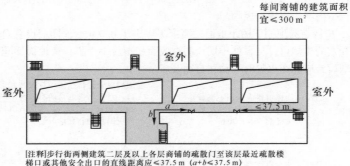 [注释]步行街两侧建筑二层及以上各层商铺的疏散门至该层最近疏散楼梯口或其他安全出口的直线距离应≤37.5 m（a+b≤37.5 m） **二层或以上平面示意图**
步行街的消防设施	1. 步行街两侧建筑的商铺外应每隔 30 m 设置 DN65 的消火栓，并应配备消防软管卷盘或消防水龙，商铺内应设置自动喷水灭火系统和火灾自动报警系统。 2. 每层回廊均应设置自动喷水灭火系统。步行街内宜设置自动跟踪定位射流灭火系统。 3. 步行街两侧建筑的商铺内外均应设置疏散照明、灯光疏散指示标志和消防应急广播系统

经典例题

1. 对有顶棚的步行街进行检查时，设置错误的是（　　）。

A. 步行街两侧建筑利用步行街进行安全疏散，步行街的长度为 280 m

B. 步行街两侧建筑的耐火等级为二级

C. 步行街两侧建筑的商铺，每间建筑面积为 220 m²，商铺之间设置耐火极限不低于 2.00 h 的防火隔墙

D. 步行街两侧的商铺在上部各层设置有回廊，步行街上部各层的开口面积占步行街地面面积的 25%

2. 某带顶棚的步行街，且步行街两侧的建筑需利用步行街进行安全疏散时，下列关于步行街的防火分隔措施的说法中，正确的是(　　　)。

A. 商铺之间应采用防火墙进行防火分隔

B. 每间商铺的建筑面积不宜大于 300 m²

C. 商铺面向步行街一侧的围护结构的耐火极限不应低于 2.00 h

D. 步行街的顶棚材料应采用不燃或难燃材料

E. 面向步行街设置的回廊或挑檐，其出挑宽度不应小于 1.0 m

【答案】 1. D　　2. BD

考点 18　中庭防火措施

 如果我们能够久别重逢，就在那个中庭之下，我希望你别来无恙。

检查内容	设　置　要　求
与周围连通空间应进行防火分隔	1. 防火隔墙 1 h。 2. 防火玻璃墙：耐火隔热性和耐火完整性 1.00 h；采用耐火完整性 1.00 h 的非隔热性防火玻璃墙时应设置自动喷水灭火系统进行保护。 3. 防火卷帘 3 h。 4. 甲级防火门窗
回廊的消防设施	高层建筑内的中庭回廊应设置自动喷水灭火系统和火灾自动报警系统
中庭的消防设施	中庭应设置排烟设施
中庭的使用功能	中庭内不得布置任何经营性商业设施、可燃物和用于人员通行外的其他用途
与中庭连通部位的装修材料	顶棚、墙面 A 级，其他部位 B₁ 级

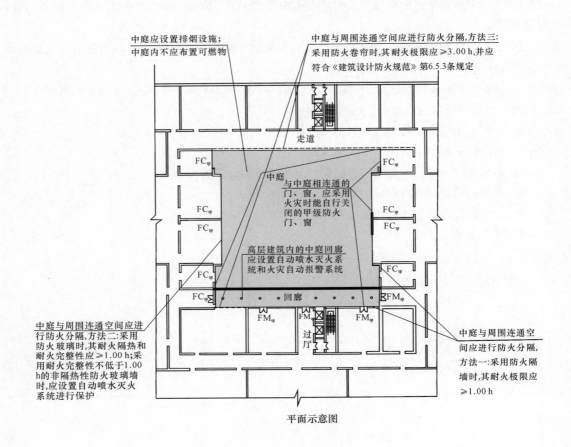

平面示意图

经典例题 ....

某商业建筑，建筑高度为 30 m，地上 6 层，层高 5 m，每层建筑面积为 6 000 m²，中部设置一个面积为 1 000 m²、贯穿建筑一至五层的中庭。下列关于该中庭的说法，正确的是(　　)。

A. 采用耐火极限为 3.00 h 的防火卷帘与周围空间分隔

B. 中庭内设有机械防烟设施

C. 中庭环廊内设有自动喷水灭火系统和点型感烟火灾探测器

D. 相连通的门、窗，应采用火灾时能自行关闭的乙级防火门、窗

E. 中庭下设有大型儿童充气城堡

【答案】　AC

考点 19　建筑外（幕）墙防火措施

 命运要你成长的时候，总会安排一些让你不顺心的人或事刺激你。就像防火，不仅是平面上，还有立面上。

检查内容		设 置 要 求
外立面开口之间的防火措施	窗槛墙	高度≥1.2 m，室内设自动喷水灭火系统时高度≥0.8 m
	防火挑檐	宽度≥1.0 m，长度≥开口宽度
	防火玻璃墙	高层建筑：防火玻璃墙的耐火完整性≥1.00 h。对于多层建筑：防火玻璃墙的耐火完整性≥0.50 h
	隔板设置	住宅建筑：外墙上相邻户开口之间的墙体宽度小于1.0 m时，开口之间要设置凸出外墙不小于0.6 m的隔板
每层缝隙的封堵		幕墙与每层楼板、隔墙处的缝隙，应采用具有一定弹性和防火性能的材料填塞密实。这种材料可以是不燃材料，也可以是具有一定耐火性能的难燃材料
消防救援口的设置		位于消防车登高操作场地一侧的建筑幕墙，应设置消防救援口
防火检查		核查产品质量证明文件及燃烧性能检测报告的一致性；测量楼板外沿墙体的高度时负偏差≤5%

经典例题

对建筑外（幕）墙进行检查，下列说法符合相关要求的是（　　）。

A. 建筑外墙上在上下层开口之间采用实体墙分隔，墙体的高度不应小于1.2 m，当室内设置自动喷水灭火系统时，墙体的高度不小于0.8 m

B. 外立面开口之间采用防火挑檐分隔时，挑檐的宽度不应小于1.2 m，长度不小于开口宽度

C. 对于高层建筑，采用防火玻璃墙分隔时，其耐火完整性不低于1.00 h

D. 幕墙与每层楼板隔墙处的缝隙必须采用不燃材料填塞密实

E. 测量楼板外沿墙体的高度时，测量值的允许正偏差不得大于规定值的5%

【答案】AC

考点 20　疏散宽度计算

 有些时候，选择比努力更重要！就看你百人宽度指标选得对不对。

场所	内容	参 数 要 求			
厂房	百人宽度指标	厂房层数/层	1~2	3	≥4
		百人宽度指标/m	0.60	0.80	1.00
	最小净宽度	疏散楼梯的最小净宽度不宜小于 1.10 m，疏散走道的最小净宽度不宜小于 1.40 m，门的最小净宽度不宜小于 0.90 m，首层外门的最小净宽度不应小于 1.20 m			
	宽度计算方法	(1) 厂房内疏散楼梯、走道、门的各自总净宽度，应根据疏散人数按每 100 人的最小疏散净宽度不小于上表规定计算确定。 (2) 当每层疏散人数不相等时，疏散楼梯的总净宽度应分层计算，下层楼梯总净宽度应按该层及以上疏散人数最多一层的疏散人数计算。 (3) 首层外门的总净宽度应按该层及以上疏散人数最多一层的疏散人数计算			

民用建筑　百人宽度指标

1. 剧场、电影院、礼堂等场所供观众疏散的所有内门、外门、楼梯和走道的各自总净宽度的计算：

观众厅座位数/座			≤2 500	≤1 200
耐火等级			一、二级	三级
疏散部位	门和走道	平坡地面	0.65 m	0.85 m
		阶梯地面	0.75 m	1.00 m
	楼梯		0.75 m	1.00 m

2. 体育馆供观众疏散的所有内门、外门、楼梯和走道的各自总净宽度的计算：

观众厅座位数范围/座			3 000~5 000	5 001~10 000	10 001~20 000
疏散部位	门和走道	平坡地面	0.43 m	0.37 m	0.32 m
		阶梯地面	0.50 m	0.43 m	0.37 m
	楼梯		0.50 m	0.43 m	0.37 m

注：本表中对应较大座位数范围按规定计算的疏散总净宽度，不应小于对应相邻较小座位数范围按其最多座位数计算的疏散总净宽度。

3. 除剧场、电影院、礼堂、体育馆外的其他公共建筑，其房间疏散门、安全出口、疏散走道和疏散楼梯的各自总净宽度的计算：

建筑层数		耐火等级		
		一、二级	三级	四级
地上楼层	1~2 层	0.65 m	0.75 m	1.00 m
	3 层	0.75 m	1.00 m	—
	≥4 层	1.00 m	1.25 m	—
地下楼层	与地面出口地面的高差 $\Delta H \leq 10$ m	0.75 m	—	—
	与地面出口地面的高差 $\Delta H > 10$ m	1.00 m	—	—

注：地下或半地下人员密集的厅、室和歌舞娱乐放映游艺场所：1.00 m/百人。

	人员密度	(1) 办公建筑：普通办公室和手工绘图室 6 m²/人；研究工作室 7 m²/人；中小会议室中有会议桌 2 m²/人，无会议桌 1 m²/人；无法确定人数的部分 9 m²/人。 (2) 商场：根据楼层位置确定（如下所示）；对于建材商店、家具和灯饰展示建

续表

场所	内容	参　数　要　求					
民用建筑	人员密度	筑，其人员密度可按规定值的30%确定					
		楼层位置	地下第二层	地下第一层	地上第一、二层	地上第三层	地上第四层及以上各层
		人员密度/(人/m²)	0.56	0.60	0.43~0.60	0.39~0.54	0.30~0.42

（3）歌舞娱乐游艺放映场所：录像厅 1 人/m²；其他 0.5 人/m²。
（4）有固定座位的场所：实际座位数的 1.1 倍（除剧场、电影院、礼堂、体育馆外）。
（5）展览厅：0.75 人/m²

| | 计算疏散人数注意事项 | 1. 歌舞娱乐游艺放映场所，在计算疏散人数时，可以不计算疏散走道、卫生间等辅助用房的建筑面积，而只根据该场所内各厅室的建筑面积确定，内部服务和管理人员的数量可根据核定人数确定。
2. 对于商店建筑的疏散人数计算中选取的"营业厅的建筑面积"，包括营业厅内展示货架、柜台、走道等顾客参与购物的场所，以及营业厅内的卫生间、楼梯间、自动扶梯等的建筑面积。对于采用防火分隔措施分隔开且疏散时无须进入营业厅内的仓储、设备房、工具间、办公室等可不计入该建筑面积内。
3. 一座商店建筑内设置有多种商业用途时，考虑到不同用途区域可能会随经营状况或经营者的变化而变化，尽管部分区域可能用于家具、建材经销等类似用途，但人员密度仍需要按照该建筑的主要商业用途来确定 | | | | | |

	最小净宽度	（1）高层公共建筑：					
		建筑类别	楼梯间的首层疏散门、首层疏散外门/m	走道/m		疏散楼梯/m	
				单面布房	双面布房		
		高层医疗建筑	1.30	1.40	1.50	1.30	
		其他高层公共建筑	1.20	1.30	1.40	1.20	

（2）人员密集的公共场所、观众厅：疏散门不应设置门槛，其净宽度不应小于 1.40 m，且紧靠门口内外各 1.40 m 范围内不应设置踏步。室外疏散通道的净宽度不应小于 3.00 m，并应直接通向宽敞地带。
（3）其他公共建筑：内疏散门和安全出口的净宽度不应小于 0.90 m，疏散走道和疏散楼梯的净宽度不应小于 1.10 m。
（4）住宅建筑：户门、安全出口、疏散走道和疏散楼梯的各自总净宽度应经计算确定，且户门和安全出口的净宽度不应小于 0.90 m，疏散走道、疏散楼梯和首层疏散外门的净宽度不应小于 1.10 m。建筑高度不大于 18 m 的住宅中一边设置栏杆的疏散楼梯，其净宽度不应小于 1.0 m

| | 宽度计算方法 | （1）地上建筑内下层楼梯的总宽度按本层及以上各楼层人数最多的一层人数计算，地下建筑中上层楼梯的总宽度应按该层及其下层人数最多一层的人数计算。
（2）首层外门的总净宽度应按该建筑疏散人数最多一层的人数计算确定，不供其他楼层人员疏散的外门，可按本层的疏散人数计算确定 | | | | | |

| 疏散宽度取值 | | 计算宽度＝百人宽度指标×人数/100；疏散宽度≥max（计算宽度，最小净宽度） | | | | | |

经典例题

1. 某综合楼，地上 4 层，建筑高度为 23.6 m，每层建筑面积均为 5 000 m²，耐火等级为一级，首层和二层为日用品商店，第三、四层为 KTV 场所。地上一层疏散楼梯的最小总净宽度应为（　　）m。

A. 21.5　　　　　　B. 14　　　　　　C. 30　　　　　　D. 25

2. 对某建筑高度为 33 m 的高级旅馆进行防火检查，旅馆按国家工程建设消防技术标准的规定设置了各种消防设施，其中检查结果不符合规范要求的是(　　)。

A. 旅馆疏散楼梯的最小净宽度为 1.3 m

B. 旅馆设置的防烟楼梯间前室和消防电梯前室合用，合用前室的建筑面积为 10 m²

C. 旅馆任一房间内任一点至房间直通疏散走道的疏散门的距离都不大于 18 m

D. 旅馆的顶棚全部采用了燃烧性能为 A 级的装修材料

3. 某 6 层商场建筑高度为 31.2 m，每层层高为 5.2 m，每层建筑面积为 3 600 m²。对该商场进行防火检查，下列检查结果中可以确定不符合规范要求的是(　　)。

A. 商场楼梯间的首层疏散门的宽度为 1.4 m

B. 三层位于两个安全出口之间的 KTV 的疏散门至最近的安全出口之间的距离为 25 m

C. 建筑采用封闭楼梯间，楼梯间的门采用乙级防火门

D. 商场疏散楼梯间的净宽度为 1.2 m

4. 下列关于建筑中疏散门宽度的说法中，错误的是(　　)。

A. 电影院观众厅的疏散门，其净宽度不应小于 1.4 m

B. 高层医疗建筑的首层疏散外门，其净宽度不应小于 1.3 m

C. 与室外出入口地坪高差为 6 m 的地下歌舞娱乐场所的疏散门，其总净宽应根据疏散人数按每 100 人不小于 0.75 m 计算

D. 丁类多层厂房的疏散走道，其最小宽度不宜小于 1.1 m

E. 丙类高层厂房的疏散楼梯，其净宽度不应小于 1.1 m

【答案】 1. D　2. B　3. C　4. CD

考点 21　疏散距离计算

回忆时，疏散距离有许多美好闪现，再想想，你会发现，还有一些你没记住，慢慢来。

场所	分类	疏散距离/m				
		生产的火灾危险性类别	耐火等级	单层厂房	多层厂房	高层厂房	地下或半地下厂房（包括地下或半地下室）
厂房	厂房内任一点至最近安全出口的直线距离	甲	一、二级	30	25	—	—
		乙	一、二级	75	50	30	—
		丙	一、二级	80	60	40	30
			三级	60	40	—	—
		丁	一、二级	不限	不限	50	45
			三级	60	50	—	—
			四级	50	—	—	—
		戊	一、二级	不限	不限	75	60
			三级	100	75	—	—
			四级	60	—	—	—

续表

场所	分类	疏散距离/m						

场所	分类	名　称		位于两个安全出口之间的疏散门			位于袋形走道两侧或尽端的疏散门		
				耐火等级			耐火等级		
				一、二级	三级	四级	一、二级	三级	四级
公共建筑	直通疏散走道的房间疏散门至最近安全出口的直线距离	托儿所、幼儿园、老年人照料设施		25	20	15	20	15	10
		歌舞娱乐游艺场所		25	20	15	9	—	—
		单层或多层医疗建筑		35	30	25	20	15	10
		高层医疗建筑	病房部分	24			12		
			其他部分	30			15		
		教学建筑	单层或多层	35	30	25	22	20	10
			高层	30			15		
		高层旅馆、展览建筑		30			15		
		其他建筑	单层或多层	40	35	25	22	20	15
			高层	40	—	—	20		

注：（1）疏散距离+25%：建筑物内全部设置自动喷水灭火系统时，其安全疏散距离可以按规定增加25%。

（2）疏散距离+5 m：建筑物内开向敞开式外廊的房间疏散门至最近安全出口的直线距离可按规定增加5 m。

（3）疏散距离-5/-2 m：直通疏散走道的户门至最近敞开楼梯间的直线距离，当房间位于两个楼梯间之间时，按规定减少5 m；当房间位于袋形走道两侧或尽端时，应按规定减少2 m

公共建筑	房间内任一点至房间直通疏散走道的疏散门的直线距离	房间内任一点至房间直通疏散走道的疏散门的直线距离房间内任一点至房间直通疏散走道的疏散门的直线距离不应大于公共建筑规定的袋形走道两侧或尽端的疏散门至最近安全出口的直线距离。 注：建筑物内全部设自动喷水灭火系统时，安全疏散距离按规定增加25%

续表

场所	分类	疏散距离/m
公共建筑	扩大的封闭楼梯间或防烟楼梯间前室	楼梯间应在首层直通室外，或在首层采用扩大的封闭楼梯间或防烟楼梯间前室。当层数不超过 4 层且未采用扩大的封闭楼梯间或防烟楼梯间前室时，可将直通室外的门设置在离楼梯间不大于 15 m 处
	观众厅、展览厅、多功能厅、餐厅、营业厅的疏散距离	一、二级耐火等级建筑内疏散门或安全出口不少于 2 个的观众厅、展览厅、多功能厅、餐厅、营业厅等： （1）其室内任一点至最近疏散门或安全出口的直线距离不应大于 30 m。 （2）当疏散门不能直通室外地面或疏散楼梯间时，应采用长度不大于 10 m 的疏散走道通至最近的安全出口。 （3）当该场所设置自动喷水灭火系统时，室内任一点至最近安全出口的安全疏散距离可分别增加 25%

		位于两个安全出口之间的户门			位于袋形走道两侧或尽端的户门		
住宅建筑	直通疏散走道的户门至最近安全出口的直线距离	住宅建筑类别	一、二级	三级	四级	一、二级	三级	四级

（表格）：

住宅建筑类别	一、二级	三级	四级	一、二级	三级	四级
单、多层	40	35	25	22	20	15
高层	40	—	—	20	—	—

注：（1）疏散距离+25%：建筑物内全部设置自动喷水灭火系统时，其安全疏散距离可以按规定增加 25%。
（2）疏散距离+5 m：建筑物内开向敞开式外廊的房间疏散门至最近安全出口的直线距离可按规定增加 5 m。
（3）疏散距离−5/−2 m：直通疏散走道的户门至最近敞开楼梯间的直线距离，当房间位于两个楼梯间之间时，按规定减少 5 m；当房间位于袋形走道两侧或尽端时，应按规定减少 2 m

住宅建筑	户内任一点至直通疏散走道的户门的直线距离	户内任一点至直通疏散走道的户门的直线距离户内任一点至直通疏散走道的户门的直线距离不应大于住宅建筑规定的袋形走道两侧或尽端的疏散门至最近安全出口的最大直线距离。 注：建筑物内全部设自动喷水灭火系统时，安全疏散距离按规定增加 25%
	扩大的封闭楼梯间或防烟楼梯间前室	楼梯间应在首层直通室外，或在首层采用扩大的封闭楼梯间或防烟楼梯间前室。层数不超过 4 层时，可将直通室外的门设置在离楼梯间不大于 15 m 处

经典例题

1. 某二级耐火等级的 2 层谷物加工厂房，每层划分为一个防火分区，全部设置了自动喷水灭火系统。下列关于该厂房的做法,错误的是(　　)。

　　A. 厂房内最远点到最近安全出口之间的直线距离为 70 m

　　B. 二层设置 3 个安全出口,其中 2 个相邻的安全出口之间的距离最小为 5 m

　　C. 厂房内疏散走道的最小净宽度为 1.4 m

　　D. 厂房内设置封闭楼梯间

　　2. 某高层旅馆,建筑高度为 66.4 m,采用钢筋混凝土结构。地下一层为设备用房,一层为超市,二至三层为餐饮,四层为设备层,五至十五层为旅馆及部分多功能厅。下列关于其防火设置,不符合规范要求的是(　　)。

　　A. 位于两个安全出口之间的客房门至楼梯间的距离为 30 m

　　B. 多功能厅设置两个疏散门,室内任一点距最近疏散门的距离为 30 m

　　C. 设置了防烟楼梯间,与消防电梯合用前室使用面积 10 m²

　　D. 一层设置了 4 个宽度为 1.1 m 的疏散门

　　3. 某地上 3 层医院门诊楼,耐火等级为一级,每层建筑面积为 1 200 m²。由于建造年代较远,医院内采用敞开楼梯间,建筑内按国家现行消防技术标准设有自动喷水灭火系统及其他相应消防设施。位于两个敞开楼梯间之间的房间,其疏散门至最近敞开楼梯间的直线距离不应大于(　　) m。

　　A. 30　　　　　　　　　　　　　　　B. 35

　　C. 37.5　　　　　　　　　　　　　　D. 38.75

　　4. 下列关于公共建筑安全疏散的做法中,正确的是(　　)。

　　A. 二级耐火等级建筑中设置在袋形走道两侧的作舞厅用途的多功能厅,设有两个疏散门,疏散门需通过疏散走道到达安全出口,则多功能厅内任一点至最近安全出口的距离为 40 m

　　B. 地上 5 层、建筑高度 20.4 m 的办公楼设置敞开楼梯间,首层直通室外的门与敞开楼梯间之间的距离为 15 m

　　C. 地上 6 层、建筑高度为 24.6 m 的大学教学楼,楼梯间在首层不能直通室外,在首层设置了扩大的封闭楼梯间

　　D. 高层公共建筑采用剪刀楼梯间,剪刀楼梯间为防烟楼梯间且与前室分别设置,建筑内疏散门至楼梯间入口的距离最大为 10 m

　　E. 全部设置自动喷水灭火系统的高层商场内,消防电梯在首层采用长度为 37.5 m 的通道通向室外

　　【答案】1. A　2. D　3. D　4. CD

考点 22   安全出口与疏散出口

回忆总想哭，一个人太辛苦，一个安全出口和疏散出口老是记不住。

分类	场所	设置要求
安全出口与疏散出口的一般要求		1. 疏散出口=疏散门+安全出口。 2. 建筑内的安全出口和疏散门应分散布置，且建筑内每个防火分区或一个防火分区的每个楼层、每个住宅单元每层相邻两个安全出口以及每个房间相邻两个疏散门最近边缘之间的水平距离不应小于 5 m。 3. 建筑的楼梯间宜通至屋面，通向屋面的门或窗应向外开启。 4. 自动扶梯和电梯不应计作安全疏散设施。 5. 高层建筑直通室外的安全出口上方，应设置挑出宽度不小于 1.0 m 的防护挑檐。 6. 疏散门应向疏散方向开启，除甲、乙类生产车间外，人数不超过 60 人的房间且每樘门的平均疏散人数不超过 30 人时，其门的开启方向不限。 7. 民用建筑及厂房的疏散门应采用平开门，不应采用推拉门、卷帘门、吊门、转门和折叠门，但丙、丁、戊类仓库首层靠墙的外侧可采用推拉门或卷帘门。 8. 人员密集的公共场所、观众厅的入场门、疏散出口不应设置门槛，从门扇开启 90° 的门边处向外 1.4 m 范围内不应设置踏步，疏散门应为推闩式外开门
可设 1 个安全出口	厂房	厂房可设一个安全出口的前置条件 厂房类别 / 每层建筑面积/m² / 且同一时间的作业人数/人 甲类 / ≤100 / ≤5 乙类 / ≤150 / ≤10 丙类 / ≤250 / ≤20 丁、戊类 / ≤400 / ≤30 地下、半地下厂房或厂房的地下室、半地下室 / ≤50 / ≤15 地下或半地下厂房（包括地下或半地下室），当有多个防火分区相邻布置，并采用防火墙分隔时，每个防火分区可利用防火墙上通向相邻防火分区的甲级防火门作为第二安全出口，但每个防火分区必须至少有 1 个直通室外的独立安全出口

续表

分类	场所	设　置　要　求
	厂房	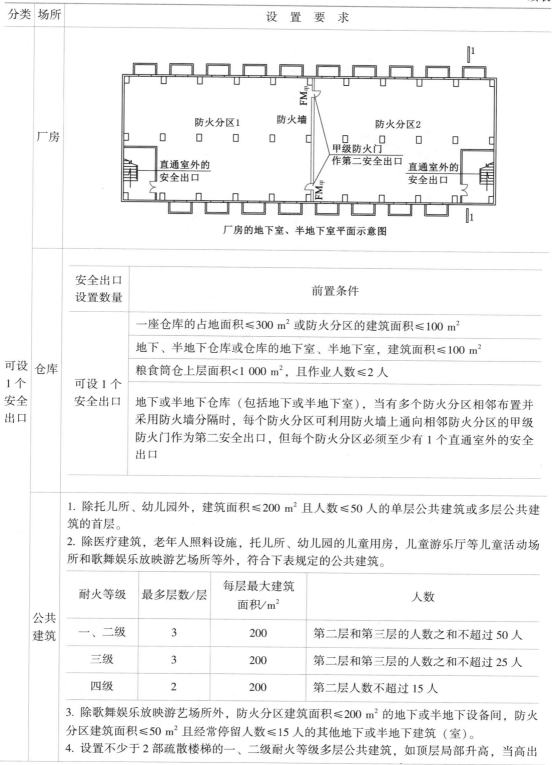 厂房的地下室、半地下室平面示意图

厂房的地下室、半地下室平面示意图

仓库（可设1个安全出口）

安全出口设置数量	前置条件
可设1个安全出口	一座仓库的占地面积≤300 m² 或防火分区的建筑面积≤100 m²
	地下、半地下仓库或仓库的地下室、半地下室，建筑面积≤100 m²
	粮食筒仓上层面积<1 000 m²，且作业人数≤2 人
	地下或半地下仓库（包括地下或半地下室），当有多个防火分区相邻布置并采用防火墙分隔时，每个防火分区可利用防火墙上通向相邻防火分区的甲级防火门作为第二安全出口，但每个防火分区必须至少有 1 个直通室外的安全出口

公共建筑

1. 除托儿所、幼儿园外，建筑面积≤200 m² 且人数≤50 人的单层公共建筑或多层公共建筑的首层。

2. 除医疗建筑，老年人照料设施，托儿所、幼儿园的儿童用房，儿童游乐厅等儿童活动场所和歌舞娱乐放映游艺场所等外，符合下表规定的公共建筑。

耐火等级	最多层数/层	每层最大建筑面积/m²	人数
一、二级	3	200	第二层和第三层的人数之和不超过 50 人
三级	3	200	第二层和第三层的人数之和不超过 25 人
四级	2	200	第二层人数不超过 15 人

3. 除歌舞娱乐放映游艺场所外，防火分区建筑面积≤200 m² 的地下或半地下设备间，防火分区建筑面积≤50 m² 且经常停留人数≤15 人的其他地下或半地下建筑（室）。

4. 设置不少于 2 部疏散楼梯的一、二级耐火等级多层公共建筑，如顶层局部升高，当高出

分类	场所	设 置 要 求
可设1个安全出口	公共建筑	部分的层数不超过2层、人数之和不超过50人且每层建筑面积不大于200 m²时，高出部分可设置1部疏散楼梯，但至少应另外设置1个直通建筑主体上人平屋面的安全出口，且上人屋面应符合人员安全疏散的要求。 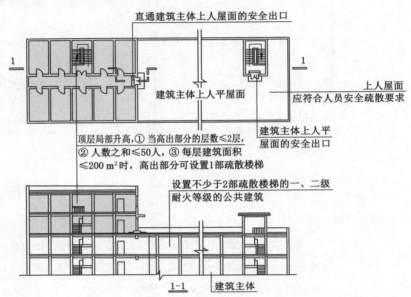 5. 一、二级耐火等级公共建筑内的安全出口全部直通室外确有困难的防火分区，可利用通向相邻防火分区的甲级防火门作为安全出口，但应符合下列要求： （1）利用通向相邻防火分区的甲级防火门作为安全出口时，应采用防火墙与相邻防火分区进行分隔。 （2）建筑面积>1 000 m²的防火分区，直通室外的安全出口不应少于2个；建筑面积≤1 000 m²的防火分区，直通室外的安全出口不应少于1个。 （3）该防火分区通向相邻防火分区的疏散净宽度不应大于计算所需疏散总净宽度的30%，建筑各层直通室外的安全出口总净宽度不应小于计算所需疏散总净宽度 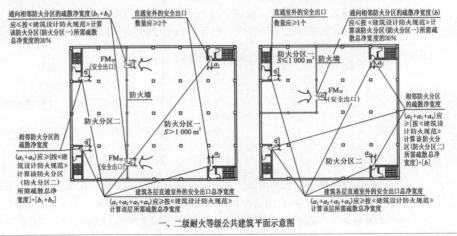 一、二级耐火等级公共建筑平面示意图

续表

分类	场所	设　置　要　求
可设1个安全出口	住宅建筑	1. 建筑高度 $H \leq 27$ m，每个单元任一层的建筑面积 ≤ 650 m² 且任一套房的户门至安全出口的距离 ≤ 15 m。 2. $27 <$ 建筑高度 $H \leq 54$ m，每个单元任一层的建筑面积 ≤ 650 m² 且任一套房的户门至安全出口的距离 ≤ 10 m，户门采用乙级防火门，每个单元设置一座通向屋顶的疏散楼梯，单元之间的楼梯通过屋顶连通（不能通至屋面或不能通过屋面连通，应设置 2 个安全出口）

续表（可设1个疏散门 公共建筑）：

1. 歌舞娱乐游艺放映场所房间：建筑面积 ≤ 50 m² 且停留人数 ≤ 15 人。

2. 除歌舞娱乐游艺放映场所外的地下和半地下房间：

地下和半地下房间设置一个疏散门的前置条件		
房间用途	建筑面积	且停留人数
地下和半地下设备间	建筑面积 $S \leq 200$ m²	—
除歌舞娱乐游艺放映场所外的其他地下或半地下房间	建筑面积 $S \leq 50$ m²	停留人数 ≤ 15 人

3. 其他公共建筑场所房间：

房间位置	托儿所、幼儿园、老年人照料设施	医疗建筑、教学建筑	其他建筑
位于两个安全出口之间或袋形走道两侧的房间	建筑面积 $S \leq 50$ m²	建筑面积 $S \leq 75$ m²	建筑面积 $S \leq 120$ m²
位于走道尽端的房间	—	—	建筑面积 $S < 50$ m² 且门宽 ≥ 0.9 m
	—	—	建筑面积 $S \leq 200$ m² 且门宽 ≥ 1.4 m 且房内任一点距疏散门的直线距离 ≤ 15 m

分类：疏散出口数目计算；场所：剧场、电影院、礼堂和体育馆的观众厅或多功能厅

剧场、电影院、礼堂和体育馆的观众厅或多功能厅，其疏散门的数量应经计算确定且不应少于 2 个，并应符合下列规定：

1. 对于剧场、电影院、礼堂的观众厅或多功能厅，每个疏散门的平均疏散人数不应超过 250 人；当容纳人数超过 2 000 人时，其超过 2 000 人的部分，每个疏散门的平均疏散人数不应超过 400 人。

2. 对于体育馆的观众厅，每个疏散门的平均疏散人数不宜超过 400~700 人

经典例题

1. 下列场所可设置 1 个疏散门的是(　　)。

A. 某办公室位于袋形走道尽端，建筑面积为 120 m^2，房间疏散门的净宽度为 0.9 m

B. 某建筑面积为 200 m^2 的电影院观众厅，观众厅内任一点至房间疏散门的距离为 15 m，疏散门的净宽度为 1.4 m

C. 某幼儿园教室位于袋形走道的两侧，建筑面积为 40 m^2，房间疏散门的净宽度为 0.9 m

D. 某医院的病房位于袋形走道的两侧，建筑面积为 100 m^2

2. 下列关于疏散门的做法中，错误的是(　　)。

A. 某单层制衣车间，同一时间作业人数 20 人，设置了 1 个外开门

B. 某单层高锰酸钾厂房，同一时间作业人数 30 人，设置了 2 个内开门

C. 某位于袋形走道两侧的教室有 25 个座位，建筑面积为 60 m^2，设置了 1 个内开门

D. 某位于袋形走道尽端的办公室，设计使用人数为 40 人，设置了 2 个内开门

3. 未设置集中空气调节系统的办公建筑，地上 4 层，耐火等级为二级，每层建筑面积为 3 000 m^2，该建筑按国家最低标准设置了消防设施，下列做法符合规范要求的是(　　)。

A. 每层划分为 1 个防火分区

B. 其中一个办公室使用面积为 50 m^2，设置了 1 个内开门

C. 位于二层袋形走道尽端、面积为 300 m^2 的会议厅，设置了 1 个 1.4 m 的外开门

D. 每层设计人数 10 人，设置 1 部疏散楼梯

4. 消防救援机构对下列场所的安全疏散设施进行检查，其中符合要求的是(　　)。

A. 耐火等级为三级的单层老年人照料设施，建筑面积为 180 m^2，床位数为 48 个，设置 1 个安全出口

B. 某建筑面积为 100 m^2 的地下糠醛仓库，设置 1 部疏散楼梯

C. 某 4 层焦化厂焦油厂房，每层建筑面积为 400 m^2，同一时间作业人数 25 人，设置 1 个疏散楼梯

D. 某建筑面积为 300 m^2 的地下服装仓库，设置 1 部疏散楼梯

E. 耐火等级为二级的 3 层商店建筑，每层建筑面积为 200 m^2 且第二、三层人数均不超过 25 人，设置 1 部疏散楼梯

【答案】1. C　2. B　3. B　4. ABE

考点 23　　楼梯间选择与构造

 愿你出走半生，归来走的都是防烟楼梯间。

疏散楼梯间类型	检查内容	设 置 要 求
所有疏散楼梯间	基本要求	1. 楼梯间应能天然采光和自然通风，并宜靠外墙设置。靠外墙设置时，楼梯间、前室及合用前室外墙上的窗口与两侧门、窗、洞口最近边缘的水平距离≥1.0 m。 2. 楼梯间内不应设置烧水间、可燃材料储藏室、垃圾道。 3. 楼梯间内不应有影响疏散的凸出物或其他障碍物。 4. 封闭楼梯间、防烟楼梯间及其前室，不应设置卷帘。 5. 楼梯间内不应设置甲、乙、丙类液体管道。 6. 封闭楼梯间、防烟楼梯间及其前室内禁止穿过或设置可燃气体管道。敞开楼梯间内不应设置可燃气体管道，当住宅建筑的敞开楼梯间内确需设置可燃气体管道和可燃气体计量表时，应采用金属管和设置切断气源的阀门。 7. 除通向避难层错位的疏散楼梯外，建筑内的疏散楼梯间在各层的平面位置不应改变。 8. 建筑的地下或半地下部分与地上部分不应共用楼梯间，确需共用楼梯间时，应在首层采用耐火极限不低于 2.00 h 的防火隔墙和乙级防火门将地下或半地下部分与地上部分的连通部位完全分隔，并应设置明显的标志
	防火检查方法	1. 沿楼梯全程检查安全性和畅通性。除通向避难层的楼梯外，疏散楼梯间在各层的平面位置不应改变，必须上下直通；当地下室或半地下室与地上层共用楼梯间时，在首层与地下或半地下层的出入口处，应采用 2.00 h 的隔墙和乙级的防火门隔开。 2. 在设计人数最多的楼层，选择疏散楼梯扶手与楼梯隔墙之间相对较窄处测量疏散楼梯的净宽度。每部楼梯的测量点不少于 5 个，允许负偏差不得大于规定值的 5%。 3. 测量前室（合用前室）使用面积，测量值的允许负偏差不得大于规定值的 5%。 4. 测量楼梯间（前室）疏散门的宽度，测量值的允许负偏差不得大于规定值的 5%
封闭楼梯间	构造	1. 不能自然通风或自然通风不能满足要求时，应设置机械加压送风系统或采用防烟楼梯间。 2. 除楼梯间的出入口和外窗外，楼梯间的墙上不应开设其他门、窗、洞口。 3. 高层建筑、人员密集的公共建筑，人员密集的多层丙类厂房、甲乙类厂房，其封闭楼梯间的门应采用乙级防火门，并应向疏散方向开启；其他建筑，可采用双向弹簧门。 4. 楼梯间的首层可将走道和门厅等包括在楼梯间内形成扩大的封闭楼梯间，但应采用乙级防火门等与其他走道和房间分隔

疏散楼梯间类型	检查内容	设 置 要 求
封闭楼梯间	构造	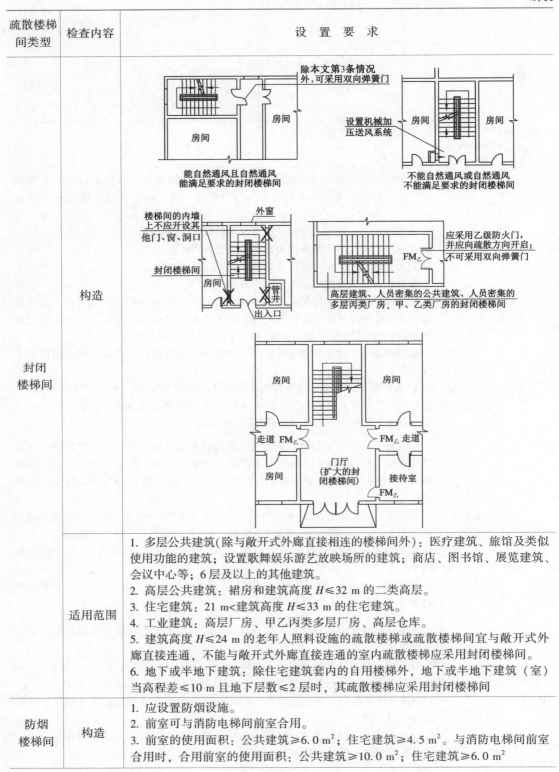
	适用范围	1. 多层公共建筑(除与敞开式外廊直接相连的楼梯间外)：医疗建筑、旅馆及类似使用功能的建筑；设置歌舞娱乐游艺放映场所的建筑；商店、图书馆、展览建筑、会议中心等；6层及以上的其他建筑。 2. 高层公共建筑：裙房和建筑高度 $H \leqslant 32$ m 的二类高层。 3. 住宅建筑：21 m< 建筑高度 $H \leqslant 33$ m 的住宅建筑。 4. 工业建筑：高层厂房、甲乙丙类多层厂房、高层仓库。 5. 建筑高度 $H \leqslant 24$ m 的老年人照料设施的疏散楼梯或疏散楼梯间宜与敞开式外廊直接连通，不能与敞开式外廊直接连通的室内疏散楼梯应采用封闭楼梯间。 6. 地下或半地下建筑：除住宅建筑套内的自用楼梯外，地下或半地下建筑（室）当高程差 $\leqslant 10$ m 且地下层数 $\leqslant 2$ 层时，其疏散楼梯应采用封闭楼梯间
防烟楼梯间	构造	1. 应设置防烟设施。 2. 前室可与消防电梯间前室合用。 3. 前室的使用面积：公共建筑 $\geqslant 6.0$ m²；住宅建筑 $\geqslant 4.5$ m²。与消防电梯间前室合用时，合用前室的使用面积：公共建筑 $\geqslant 10.0$ m²；住宅建筑 $\geqslant 6.0$ m²

续表

疏散楼梯间类型	检查内容	设 置 要 求
防烟楼梯间	构造	4. 疏散走道通向前室以及前室通向楼梯间的门应采用乙级防火门。 5. 除住宅建筑的楼梯间前室外，防烟楼梯间和前室内的墙上不应开设除疏散门和送风口外的其他门、窗、洞口。 6. 楼梯间的首层可将走道和门厅等包括在楼梯间前室内形成扩大的前室，但应采用乙级防火门等与其他走道和房间分隔 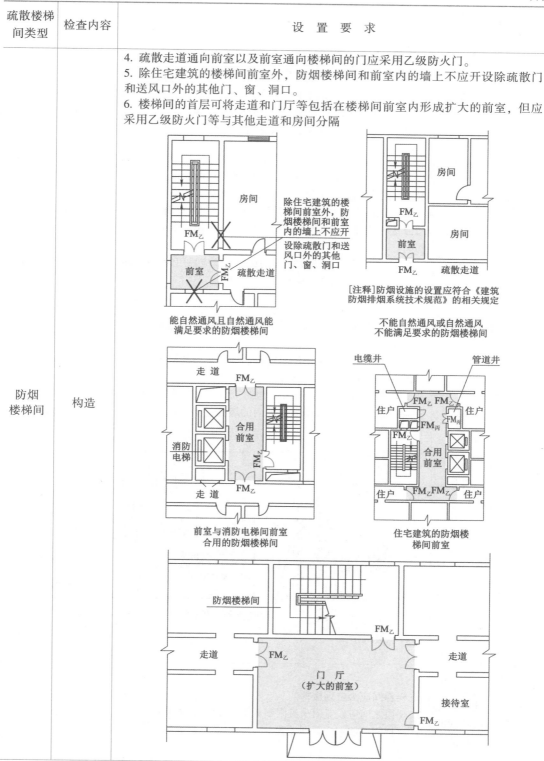

疏散楼梯间类型	检查内容	设　置　要　求
防烟楼梯间	适用范围	1. 一类高层公共建筑及建筑高度 $H>32$ m 的二类高层公共建筑。 2. 建筑高度 $H>33$ m 的住宅建筑。 3. 建筑高度 $H>32$ m 且任一层人数>10 人的高层厂房。 4. 地下层数为 3 层或以上，或室内地面与入口地坪高差 $\Delta H>10$ m
敞开楼梯间	适用范围	1. 可不设置防烟楼梯间和封闭楼梯间的公共建筑。 2. 住宅建筑的疏散楼梯设置应符合下列规定： （1）建筑高度 $H \leqslant 21$ m 的住宅建筑可采用敞开楼梯间；与电梯井相邻布置的疏散楼梯应采用封闭楼梯间；当户门采用乙级防火门时，仍可采用敞开楼梯间。 （2）21 m<建筑高度 $H \leqslant 33$ m 的住宅建筑应采用封闭楼梯间；当户门采用乙级防火门时，可采用敞开楼梯间
室外疏散楼梯	构造	1. 栏杆扶手的高度不应小于 1.10 m，楼梯的净宽度不应小于 0.90 m。 2. 倾斜角度不应大于 45°。 3. 梯段和平台均应采用不燃材料制作。平台的耐火极限不应低于 1.00 h，梯段的耐火极限不应低于 0.25 h。 4. 通向室外楼梯的门应采用乙级防火门，并应向外开启。 5. 除疏散门外，楼梯周围 2 m 内的墙面上不应设置门、窗、洞口。疏散门不应正对梯段
剪刀楼梯间	高层公共建筑剪刀楼梯间的构造	1. 楼梯间应为防烟楼梯间。 2. 梯段之间应设置耐火极限不低于 1.00 h 的防火隔墙。 3. 楼梯间的前室应分别设置

续表

疏散楼梯间类型	检查内容	设　置　要　求
剪刀楼梯间	高层公共建筑剪刀楼梯间的适用范围	高层公共建筑的疏散楼梯，当分散设置确有困难且从任一疏散门至最近疏散楼梯间入口的距离≤10 m 时，可采用剪刀楼梯间
	住宅单元剪刀楼梯间的构造	1. 应采用防烟楼梯间。 2. 梯段之间应设置耐火极限不低于 1.00 h 的防火隔墙。 3. 楼梯间的前室不宜共用；共用时，前室的使用面积≥6.0 m²。 4. 楼梯间的前室或共用前室不宜与消防电梯的前室合用；楼梯间的共用前室与消防电梯的前室合用时，合用前室的使用面积≥12.0 m²，且短边≥2.4 m
	住宅单元剪刀楼梯间的适用范围	住宅单元的疏散楼梯，当分散设置确有困难且任一户门至最近疏散楼梯间入口的距离≤10 m 时，可采用剪刀楼梯间

经典例题

1. 消防救援机构对某小区的多栋住宅楼进行检查，检查结果符合规范要求的是(　　　)。

A. 建筑高度为 27 m，标准层面积为 650 m²，任一户门至最近安全出口的距离均不大于 15 m，设置了 1 部疏散楼梯

B. 建筑高度为 24 m，层数为 7 层，户门采用丙级防火门，设置了敞开楼梯间

C. 建筑高度为 34 m，户门均采用乙级防火门，设置了敞开楼梯间

D. 建筑高度为 55 m，任一户门至最近疏散楼梯间入口的距离最大为 15 m，设置了剪刀楼梯间

2. 下列建筑疏散楼梯的设置，说法正确的是(　　　)。

A. 地上 2 层，建筑高度 9 m 的工业成型硫黄仓库，应采用封闭楼梯间

B. 建筑高度为 33 m，第二层人数为 15 人的热处理厂房，应采用防烟楼梯间

C. 地上 6 层，建筑高度为 33 m 的桐油制备厂房，应采用防烟楼梯间

D. 建筑高度为 28.2 m，标准层建筑面积为 1 000 m² 的电信大楼，应采用防烟楼梯间

E. 建筑高度为 25 m 的省级防灾指挥中心，应采用防烟楼梯间

3. 下列选项中使用面积不应小于 6 m² 的有(　　　)。

A. 防火分区至避难走道入口处的防烟前室

B. 防火隔间

C. 消防电梯前室

D. 住宅建筑剪刀楼梯间的共用前室

E. 住宅建筑的防烟楼梯间前室

4. 对建筑设置的楼梯进行检查，下列说法中正确的是(　　)。

A. 剪刀楼梯间可为封闭楼梯间

B. 剪刀楼梯间的梯段之间应设置耐火极限不低于 1.00 h 的防火隔墙

C. 公共建筑的剪刀楼梯间共用前室与消防电梯的前室合用时，使用面积不应小于 12 m²

D. 室外疏散楼梯的平台应采用不燃材料制作，平台的耐火极限不应低于 0.25 h

E. 室外疏散楼梯栏杆扶手的高度不应小于 1.10 m，楼梯的净宽度不应小于 0.90 m

【答案】 1. A　2. BE　3. ACD　4. BE

考点 24　疏散与避难设施构造

 如果有一天，我们矗立在下沉广场的两头，那我一定穿越时空的阻隔，沿条直线向你冲来，因为那不会超过 13 m。

疏散与避难 设施类型	检查内容	设置要求
避难层 （间）	适用范围	建筑高度 H>100 m 的民用建筑，应设置避难层（间）
	构造	1. 第一个避难层（间）的楼地面至灭火救援场地地面的高度≤50 m，两个避难层（间）之间的高度≤50 m。 2. 通向避难层（间）的疏散楼梯应在避难层分隔、同层错位或上下层断开。 3. 避难层（间）的净面积按 5.0 人/m² 计算。 4. 避难层可兼作设备层。设备管道宜集中布置，其中的易燃、可燃液体或气体管道应集中布置，设备管道区应采用 3.00 h 的防火隔墙与避难区分隔。管道井和设备间应采用 2.00 h 的防火隔墙与避难区分隔，管道井和设备间的门不应直接开向避难区；确需直接开向避难区时，与避难层区出入口的距离≥5 m，且应采用甲级防火门。避难间内不应设置易燃、可燃液体或气体管道，不应开设除外窗、疏散门之外的其他开口。 5. 避难层应设置消防电梯出口。 6. 应设置消火栓和消防软管卷盘。 7. 应设置消防专线电话和应急广播。 8. 在避难层（间）进入楼梯间的入口处和疏散楼梯通向避难层（间）的出口处，应设置明显的指示标志。 9. 应设置直接对外的可开启窗口或独立的机械防烟设施，外窗应采用乙级防火窗

续表

疏散与避难设施类型	检查内容	设置要求
避难层（间）	适用范围	 避难层平面示意图
医院避难间	适用范围	高层病房楼应在二层及以上的病房楼层和洁净手术部设置避难间
	构造	1. 避难间服务的护理单元不应超过 2 个，其净面积应按每个护理单元≥25.0 m² 确定。 2. 避难间兼作其他用途时，应保证人员的避难安全，且不得减少可供避难的净面积。 3. 应靠近楼梯间，并应采用 2.00 h 的防火隔墙和甲级防火门与其他部位分隔。 4. 应设置消防专线电话和消防应急广播。 5. 避难间的入口处应设置明显的指示标志。 6. 应设置直接对外的可开启窗口或独立的机械防烟设施，外窗应采用乙级防火窗 高层病房楼二层及以上的病房楼层和洁净手术部避难间设置要求平面示意图
老年人照料设施的避难间	适用范围	1. 三层及三层以上总建筑面积>3 000 m²（包括设置在其他建筑内三层及以上楼层）的老年人照料设施，应在二层及以上各层老年人照料设施部分的每座疏散楼梯间的相邻部位设置 1 间避难间。 2. 当老年人照料设施设置与疏散楼梯或安全出口直接连通的开敞式外廊、与疏散走道直接连通且符合人员避难要求的室外平台等时，可不设置避难间

疏散与避难 设施类型	检查内容	设　置　要　求
老年人照 料设施的 避难间	构造	1. 避难间内可供避难的净面积≥12 m²。 2. 避难间可利用疏散楼梯间的前室或消防电梯的前室。 3. 供失能老年人使用且层数大于 2 层的老年人照料设施，应按核定使用人数配备简易防毒面具
避难走道	构造	1. 避难走道防火隔墙的耐火极限不应低于 3.00 h，楼板的耐火极限不应低于 1.50 h。 2. 避难走道直通地面的出口不应少于 2 个，并应设置在不同方向；当避难走道仅与一个防火分区相通且该防火分区至少有 1 个直通室外的安全出口时，可设置 1 个直通地面的出口。任一防火分区通向避难走道的门至该避难走道最近直通地面的出口的距离不应大于 60 m。 3. 避难走道的净宽度不应小于任一防火分区通向该避难走道的设计疏散总净宽度。 4. 避难走道内部装修材料的燃烧性能应为 A 级。 5. 防火分区至避难走道入口处应设置防烟前室，前室的使用面积不应小于 6.0 m²，开向前室的门应采用甲级防火门，前室开向避难走道的门应采用乙级防火门。 6. 避难走道内应设置消火栓、消防应急照明、应急广播和消防专线电话 仅与一个防火分区相连通的避难走道示意图
下沉式 广场	构造	1. 分隔后的不同区域通向下沉式广场等室外开敞空间的开口最近边缘之间的水平距离不应小于 13 m。室外开敞空间除用于人员疏散外不得用于其他商业或可能导致火灾蔓延的用途，其中用于疏散的净面积不应小于 169 m²。 2. 下沉式广场等室外开敞空间内应设置不少于 1 部直通地面的疏散楼梯。当连接下沉广场的防火分区需利用下沉广场进行疏散时，疏散楼梯的总净宽度不应小于任一防火分区通向室外开敞空间的设计疏散总净宽度。 3. 确需设置防风雨篷时，防风雨篷不应完全封闭，四周开口部位应均匀布置，开口的面积不应小于该空间地面面积的 25%，开口高度不应小于 1.0 m；开口设置百叶时，百叶的有效排烟面积可按百叶通风口面积的 60%计算

续表

疏散与避难设施类型	检查内容	设 置 要 求
下沉式广场	构造	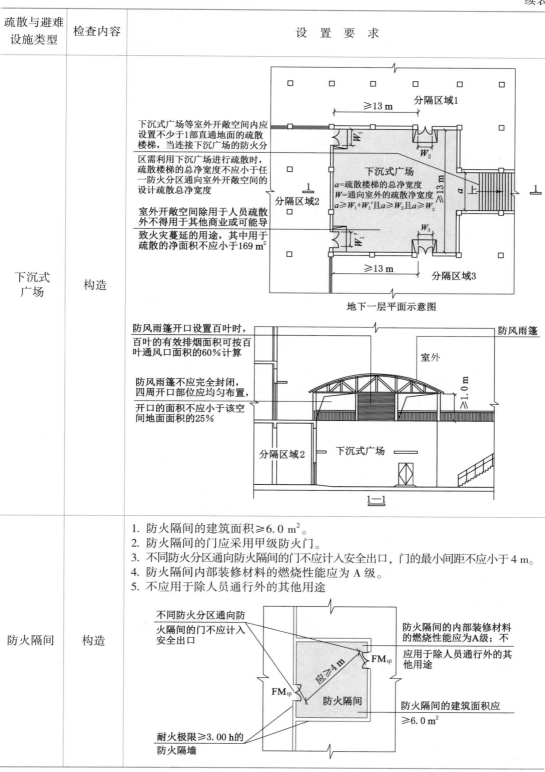
防火隔间	构造	1. 防火隔间的建筑面积≥6.0 m²。 2. 防火隔间的门应采用甲级防火门。 3. 不同防火分区通向防火隔间的门不应计入安全出口，门的最小间距不应小于4 m。 4. 防火隔间内部装修材料的燃烧性能应为 A 级。 5. 不应用于除人员通行外的其他用途

下沉式广场等室外开敞空间内应设置不少于1部直通地面的疏散楼梯，当连接下沉广场的防火分区需利用下沉广场进行疏散时，疏散楼梯的总净宽度不应小于任一防火分区通向室外开敞空间的设计疏散总净宽度

室外开敞空间除用于人员疏散外不得用于其他商业或可能导致火灾蔓延的用途，其中用于疏散的净面积不应小于169 m²

防风雨篷开口设置百叶时，百叶的有效排烟面积可按百叶通风口面积的60%计算

防风雨篷不应完全封闭，四周开口部位应均匀布置，开口的面积不应小于该空间地面面积的25%

经典例题

1. 某单层大型地下商场建筑面积为 38 000 m^2，采用防火隔间将商场划分成 2 个建筑面积不大于 20 000 m^2 的相对独立的区域。下列关于防火隔间的做法，不符合规范要求的是(　　)。

A. 防火隔间的建筑面积为 6.0 m^2

B. 防火隔间的门采用甲级防火门

C. 不应用于除人员通行外的其他用途

D. 其中一个防火分区只有一个直通室外的安全出口，利用防火隔间的门作为第二个安全出口

2. 下列关于下沉式广场的描述中，表述正确的是(　　)。

A. 某下沉式广场室外开敞空间在保证人员疏散的前提下，设置部分商铺和休息座椅

B. 某下沉式广场面积 180 m^2，上部设有防风雨棚，开口面积 36 m^2，开口高度距离地面 1 m

C. 某下沉式广场与多个防火分区相通，只设置一部直通地面疏散楼梯

D. 某下沉式广场长 13.5 m，宽 13 m，广场内设有景观水池，长宽均 3 m

3. 下列关于避难走道的说法，不正确的有(　　)。

A. 防火分区至避难走道入口处应设置防烟前室，前室的建筑面积不应小于 6.0 m^2

B. 避难走道防火隔墙的耐火极限不应低于 3.00 h，楼板的耐火极限不应低于 2.0 h

C. 避难走道直通地面的出口不应少于 2 个，并应设置在不同方向

D. 开向前室的门应采用乙级防火门，前室开向避难走道的门应采用甲级防火门

E. 任一防火分区通向避难走道的门至该避难走道最近直通地面的出口的距离不应大于 60 m

4. 关于高层病房楼和手术部的避难间，说法不正确的是(　　)。

A. 高层病房楼应在每层设置避难间

B. 避难间服务的护理单元不应超过 2 个，其净面积应按每个护理单元不小于 25.0 m^2 确定

C. 避难间兼作其他用途时，不得减少可供避难的净面积

D. 避难间应设置消火栓、消防专线电话和消防应急广播

E. 应靠近楼梯间，可利用防烟楼梯间和消防电梯合用前室做避难间，并应采用耐火极限不低于 2.00 h 的防火隔墙和甲级防火门与其他部位分隔

【答案】1. D　2. C　3. ABD　4. ADE

考点 25　建筑防爆措施

　欲戴王冠，必承其重。

检查内容	要　求
爆炸危险区域的确定	爆炸性气体环境： （1）0 区：在正常运行时爆炸性气体混合物连续出现或长期出现的场所。 （2）1 区：在正常运行时可能出现爆炸性气体混合物的场所。 （3）2 区：在正常运行时不可能出现或即使出现也仅是短时存在爆炸性气体混合物的场所
	爆炸性粉尘环境： （1）20 区：空气中的可燃性粉尘云持续地或长期地或频繁地出现于爆炸性环境中的区域。 （2）21 区：在正常运行时，空气中的可燃性粉尘云很可能偶尔出现于爆炸性环境中的区域。 （3）22 区：在正常运行时，空气中的可燃粉尘云一般不可能出现于爆炸性粉尘环境中的区域，即使出现，持续时间也是短暂的
有爆炸危险厂房的总体布局	有爆炸危险的甲、乙类厂房宜独立设置
	有爆炸危险的甲、乙类厂房的总控制室应独立设置；分控制室宜独立设置，当采用耐火极限不低于 3.00 h 的防火隔墙与其他部位分隔时，可贴邻外墙设置
有爆炸危险厂房的平面布置	有爆炸危险的甲、乙类生产部位，宜布置在单层厂房靠外墙的泄压设施或多层厂房顶层靠外墙的泄压设施附近
	在爆炸危险区域内的楼梯间、室外楼梯或与相邻区域连通处，应设置门斗等防护措施。门斗的隔墙采用耐火极限不低于 2.00 h 的防火隔墙，门采用甲级防火门并与楼梯间的门错位设置
	办公室、休息室不得布置在有爆炸危险的甲、乙类厂房内。当必须贴邻本厂房设置时，建筑耐火等级不得低于二级，并采用耐火极限不低于 3.00 h 的防爆墙隔开和设置直通室外或疏散楼梯的安全出口
	排除有燃烧或爆炸危险气体、蒸气和粉尘的排风系统的排风设备不得布置在地下或半地下建筑（室）内
采取的防爆措施	散发较空气重的可燃气体、可燃蒸气的甲类厂房和有粉尘、纤维爆炸危险的乙类厂房，其地面采用不产生火花的地面。当采用绝缘材料作整体面层时，应采取防静电措施。厂房内不宜设置地沟，确需设置时，其盖板严密；地沟采取防止可燃气体、可燃蒸气和粉尘、纤维在地沟积聚的有效措施，且应在与相邻厂房连通处应采用不燃烧防火材料密封

续表

检查内容	要求
采取的防爆措施	散发可燃粉尘、纤维的厂房内地面应平整、光滑，并易于清扫
	甲、乙、丙类液体的厂房，其管、沟不应与相邻厂房的管、沟相通，下水道设置隔油设施，避免流淌或滴漏至地下管沟的液体遇火源后引起燃烧爆炸事故并殃及相邻厂房
	甲、乙、丙类液体仓库设置防止液体流散的设施，例如，在桶装仓库门洞处修筑高为 150~300 mm 漫坡；或是在仓库门口砌筑高度为 150~300 mm 的门槛
	遇湿会发生燃烧爆炸的物品仓库应采取防止水浸渍的措施，例如，使室内地面高出室外地面，仓库屋面严密遮盖，防止渗漏雨水，装卸栈台应设防雨水的遮挡等
泄压设施的设置	有爆炸危险的甲、乙类厂房宜采用敞开或半敞开式，承重结构宜采用钢筋混凝土或钢框架、排架结构
	泄压设施的材质宜采用轻质屋面板、轻质墙体和易于泄压的门窗等，并采用安全玻璃等在爆炸时不产生尖锐碎片的材料。作为泄压设施的轻质屋面板和墙体每平方米的质量不宜大于 60 kg
	泄压设施的设置应避开人员密集场所和主要交通道路，并宜靠近有爆炸危险的部位。屋顶上的泄压设施采取防冰雪积聚措施
	散发较空气轻的可燃气体、可燃蒸气的甲类厂房，宜采用轻质屋面板作为泄压面积。顶棚尽量平整、无死角，厂房上部空间保证通风良好
	有爆炸危险的厂房、粮食筒仓工作塔和上通廊设置的泄压面积严格按计算确定
泄压面积的计算	有爆炸危险的甲、乙类厂房，其泄压面积宜按下式计算，但当厂房的长径比大于 3 时，宜将该建筑划分为长径比小于等于 3 的多个计算段，各计算段中的公共截面不得作为泄压面积： $$A = 10CV^{\frac{2}{3}}$$ 其中：A——泄压面积，m^2； 　　　V——厂房的容积，m^3； 　　　C——厂房容积为 1 000 m^3 时的泄压比，m^2/m^3。 长径比：建筑平面几何外形尺寸中的最长尺寸与其横截面周长的积和 4 倍的该建筑横截面积之比

经典例题

1. 下列关于有爆炸危险厂房的平面布置说法中，错误的是(　　)。

A. 有爆炸危险的甲、乙类厂房的总控制室应独立设置

B. 净化有爆炸危险粉尘的干式除尘器和过滤器宜布置在厂房外的独立建筑内，且建筑外墙与所属厂房的防火间距不小于 10 m

C. 当设置门斗时，门斗的隔墙应为耐火极限不低于 3.00 h 的防火隔墙，门应采用甲级防火门并应与楼梯间的门错位设置

D. 有爆炸危险的甲、乙类厂房的分控制室宜独立设置，当采用耐火极限不低于 3.00 h 的防火隔墙与其他部位分隔时，可贴邻外墙设置

2. 某轻合金加工厂在停机清扫镁铝粉尘时，用接有长 150 mm 铁管头的橡胶管吹筛分粉仓的内壁。由于压缩空气的作用，使铁管头摆动，撞击料仓的内壁产生火花，导致料仓里悬浮的铝镁合金粉尘着火爆炸。下列关于该轻合金加工厂的防爆措施，错误的是(　　)。

A. 厂房的地面应不发火花，平整光滑易于清扫

B. 厂房内的空气在循环使用前经净化处理

C. 厂房设置地沟，盖板严密，采用不燃材料紧密填实

D. 厂房的排风系统及通风设施设置导除静电的接地装置

3. 某 2 层甲醇合成厂房，其中不符合规范要求的有(　　)。

A. 厂房采用钢筋混凝土结构

B. 封闭楼梯间设门斗，门斗上的甲级防火门与楼梯间的疏散门错位布置

C. 厂房的水平或竖向送风管在进入生产车间处设置防火阀，各层的水平或竖向送风管合用一个送风系统

D. 采用光滑的水泥地面

E. 车间设置独立地沟与下水道相通，并设置了水封设施

【答案】1. C　2. B　3. DE

考点 26　　建筑电气防爆措施

一件事无论太晚或者太早，都不会阻拦你成为你想成为的那个人，这个过程没有时间的期限，只要你想，随时都可以开始。

检查内容	要　　求
导线材质	爆炸危险环境的配线工程，应选用铜芯绝缘导线或电缆。对铜有腐蚀而对铝腐蚀相对较轻的环境、氨压缩机房等场所应选用铝芯线缆
导线允许载流量	绝缘电线和电缆的允许载流量不得小于熔断器熔体额定电流的 1.25 倍和断路器长延时过电流脱扣器整定电流的 1.25 倍
线路的敷设方式	当爆炸环境中气体、蒸气的密度比空气大时，电气线路应敷设在高处或埋入地下。架空敷设时选用电缆桥架；电缆沟敷设时沟内应填充沙并设置有效的排水措施
	当爆炸环境中气体、蒸气的密度比空气轻时，电气线路敷设在较低处或用电缆沟敷设
线路的连接	导线或电缆的连接，采用有防松措施的螺栓固定，或压接、钎焊、熔焊，但不得绕接。铝芯与电气设备的连接，采用可靠的铜-铝过渡接头等措施
电气设备的选择	防爆电气设备的级别和组别不得低于该爆炸性气体环境内爆炸性气体混合物的级别和组别。当存在两种以上易燃性物质形成的爆炸性气体混合物时，应按危险程度较高的级别和组别选用防爆电气设备
	爆炸性气体环境电气设备选型：按最大试验安全间隙和最小点燃电流进行分级，分为ⅡA、ⅡB、ⅡC 三级，ⅡA 危险性最小，ⅡC 危险性最大。按引燃温度进行分组，分为 T1、T2、T3、T4、T5、T6 六组，T1 危险性最小，T6 危险性最大。 防爆电气设备的防爆标志内容包括：Ex+防爆型式+防爆级别+温度组别
带电部件的接地	许多电气设备在一般情况下可以不接地，但为了防止带电部件发生接地产生火花或危险温度而形成引爆源，所以在爆炸危险场所内仍应接地
	应接地设备： (1) 在导电不良的地面处，交流额定电压 1 000 V 以下和直流额定电压 1 500 V 以下的电气设备正常时不带电的金属外壳。 (2) 在干燥环境，交流额定电压为 127 V 以下，直流电压为 110 V 以下的电气设备正常时不带电的金属外壳。 (3) 安装在已接地的金属结构上的电气设备；敷设铠装电缆的金属构架
	接地干线宜设置在爆炸危险区域的不同方向，且不少于两处与接地体相连

经典例题

1. 在选择导线材质时，应注意线芯类型与爆炸性环境危险分区的适应性。在正常运行时可能出现爆炸性气体混合物的环境，在选择铜芯电力导线或电缆时，其截面面积不应小于（　　）mm²。

A. 1.0　　　　　　B. 1.5　　　　　　C. 2.0　　　　　　D. 2.5

2. 电气防爆中，导线或电缆的连接，可采用有防松措施的螺栓固定，但不得采用（　　）。

A. 压接　　　　　B. 钎焊　　　　　C. 熔焊　　　　　D. 绕接

【答案】1. D　2. D

考点 27　建筑设备和燃气设施防火防爆

愿你朝着正确的方向去努力，世界会给你意想不到的惊喜。

设备类型	内容	要　求
采暖系统防火防爆	供暖方式的选择	1. 甲、乙类厂房和甲、乙类库房内严禁采用明火和电热散热器采暖。 2. 生产过程中散发的可燃气体、蒸气、粉尘或纤维与供暖管道、散热器表面接触能引起燃烧的厂房与生产过程中散发的粉尘受到水、水蒸气的作用能引起自燃、爆炸或产生爆炸性气体的厂房，应采用不循环使用的热风供暖。 3. 散发可燃粉尘、可燃纤维的生产厂房，不应使用肋形散热器，以防积聚粉尘
	供暖管道的敷设	1. 供暖管道不应穿过存在与供暖管道接触能引起燃烧或爆炸的气体、蒸气或粉尘的房间，确需穿过时，应采用不燃材料隔热。 2. 供暖管道与可燃物之间保持的距离应满足以下要求： （1）当温度>100 ℃时，此距离≥100 mm 或采用不燃材料隔热。 （2）当温度≤100 ℃时，此距离≥50 mm 或采用不燃材料隔热
	供暖管道和设备绝热材料的燃烧性能	建筑内供暖管道和设备的绝热材料应符合下列规定： （1）对于甲、乙类厂房（仓库），应采用不燃材料。 （2）对于其他建筑，不得采用可燃材料
	散热器表面的温度	1. 在散发可燃粉尘、纤维的厂房内，散热器表面的平均温度≤82.5 ℃。 2. 输煤廊的散热器的表面平均温度≤130 ℃

设备类型	内容	要　求
通风和空气调节系统防火防爆	空气调节系统的选择	1. 甲、乙类厂房的空气不应循环使用。 2. 丙类厂房内含有燃烧或爆炸危险粉尘、纤维的空气，在循环使用前应经净化处理，并应使空气中的含尘浓度低于其爆炸下限的25%。 3. 民用建筑内空气中含有容易起火或爆炸危险物质的房间，应设置自然通风或独立的机械通风设施，且其空气不应循环使用
	送风设备与排风设备	1. 为甲、乙类厂房服务的送风设备与排风设备应分别布置在不同通风机房内，且排风设备不应和其他房间的送、排风设备布置在同一通风机房内。 2. 排除有燃烧或爆炸危险气体、蒸气和粉尘的排风系统，应符合下列规定： （1）排风系统应设置导除静电的接地装置。 （2）排风设备不应布置在地下或半地下建筑（室）内。 （3）排风管应采用金属管道，并应直接通向室外安全地点，不应暗设
	管道的敷设	1. 可燃气体管道和甲、乙、丙类液体管道不应穿过通风机房和通风管道，且不应紧贴通风管道的外壁敷设。 2. 通风和空气调节系统，横向宜按防火分区设置，竖向不宜超过5层。当管道设置防止回流设施或防火阀时，管道布置可不受此限制。竖向风管应设置在管井内。 3. 厂房内有爆炸危险场所的排风管道严禁穿过防火墙和有爆炸危险的房间隔墙。 4. 甲、乙、丙类厂房内的送、排风管道宜分层设置。当水平或竖向送风管在进入生产车间处设置防火阀时，各层的水平或竖向送风管可合用一个送风系统。 5. 排除和输送温度>80 ℃的空气或其他气体以及易燃碎屑的管道，与可燃或难燃物体之间的间隙≥150 mm，或采用厚度≥50 mm的不燃材料隔热；当管道上下布置时，表面温度较高者应布置在上面
	防火阀的设置	1. 通风、空气调节系统的风管在下列部位应设置公称动作温度为70 ℃的防火阀： （1）穿越防火分区处。 （2）穿越通风、空气调节机房的房间隔墙和楼板处。 （3）穿越重要或火灾危险性大的场所的房间隔墙和楼板处。 （4）穿越防火分隔处的变形缝两侧。 （5）竖向风管与每层水平风管交接处的水平管段上。 （6）当建筑内每个防火分区的通风、空气调节系统均独立设置时，水平风管与竖向总管的交接处可不设置防火阀。 2. 防火阀的设置应符合下列规定： （1）防火阀宜靠近防火分隔处设置。 （2）防火阀暗装时，应在安装部位设置方便维护的检修口。 （3）在防火阀两侧各2.0 m范围内的风管及其绝热材料应采用不燃材料

续表

设备类型	内容	要　　求
通风和空气调节系统防火防爆	通风、排风系统设备的要求	1. 对空气中含有易燃、易爆危险物质的房间，其送、排风系统应选用防爆型的通风设备。当送风机布置在单独分隔的通风机房内且送风干管上设置防止回流设施时，可采用普通型的通风设备。 2. 燃油或燃气锅炉房应设置自然通风或机械通风设施。燃气锅炉房应选用防爆型的事故排风机。当采取机械通风时，机械通风设施应设置导除静电的接地装置，通风量应符合下列规定： （1）燃油锅炉房的正常通风量换气次数≥3 次/h，事故排风量≥6 次/h。 （2）燃气锅炉房的正常通风量换气次数≥6 次/h，事故排风量≥12 次/h
	除尘器、过滤器的设置	1. 净化有爆炸危险粉尘的干式除尘器和过滤器宜布置在厂房外的独立建筑内，建筑外墙与所属厂房的防火间距不应小于 10 m。 2. 具备连续清灰功能，或具有定期清灰功能且风量不大于 15 000 m³/h、集尘斗的储尘量小于 60 kg 的干式除尘器和过滤器，可布置在厂房内的单独房间内，但应采用耐火极限不低于 3.00 h 的防火隔墙和 1.50 h 的楼板与其他部位分隔。 3. 净化有爆炸危险粉尘的干式除尘器和过滤器应布置在系统的负压段上
燃气设施防火防爆	燃气管道运行要求	1. 用户燃气管道的运行压力应符合下列规定： （1）住宅内，不应大于 0.2 MPa。 （2）商业用户建筑内，不应大于 0.4 MPa。 （3）工业用户的独立、单层建筑物内，不应大于 0.8 MPa；其他建筑物内，不应大于 0.4 MPa。 2. 暗埋的用户燃气管道的设计使用年限不应小于 50 年，管道的最高运行压力不应大于 0.01 MPa。 3. 下列调压站或调压箱的连接管道上应设置切断阀门： （1）进口压力大于或等于 0.01 MPa 的调压站或调压箱的燃气进口管道。 （2）进口压力大于 0.4 MPa 的调压站或调压箱的燃气出口管道
	密闭房间敷设燃气管道设置要求	地下室、半地下室、设备层和地上密闭房间敷设燃气管道时，应符合下列要求： 1. 应有良好的通风设施，房间换气次数不得小于 3 次/h；并应有独立的事故机械通风设施，其换气次数不应小于 6 次/h。 2. 应有固定的防爆照明设备。 3. 应采用非燃烧体实体墙与电话间、变配电室、修理间、储藏室、卧室、休息室隔开
	用户燃气表安装位置	用户燃气表严禁安装在下列场所：卧室、卫生间及更衣室内；有电源、电器开关及其他电气设备的管道井内，或有可能滞留泄漏燃气的隐蔽场所；环境温度高于 45 ℃的地方；经常潮湿的地方；堆放易燃易爆、易腐蚀或有放射性物质等危险的地方；有变、配电等电气设备的地方；有明显振动影响的地方；高层建筑中的避难层及安全疏散楼梯间内

经典例题

1. 下列关于建筑供暖系统防爆的做法中，正确的是(　　)。

A. 生产过程中散发二硫化碳气体的厂房，冬季采用热风供暖，回风经净化除尘再加热后循环使用

B. 甲醇合成厂房采用热水循环供暖，散热器表面平均温度为 90 ℃

C. 面粉加工厂的碾磨车间采用电热散热器供暖

D. 生产过程中散发乙炔的厂房采用热风循环供暖

2. 某棉毛制品加工厂房，耐火等级二级，地上 3 层。设有通风空调系统和供暖系统。送风机布置在单独分隔的通风机房内。下列关于该厂房的防爆措施，说法不正确的是(　　)。

A. 空气在循环使用前经净化处理，并使空气中的含尘浓度低于其爆炸下限的 25%

B. 厂房垂直送风管共用，与各层水平风管连通处设置防火阀

C. 采用普通型的通风设备，送风干管上设置防止回流设施

D. 供暖管道温度 80 ℃，与厂房内可燃物之间距离保持 30 mm

3. 消防救援机构对某工业区进行消防安全检查，检查结果如下，其中不符合规范要求的是(　　)。

A. 某谷物加工厂房循环使用厂房内的空气，并通过净化处理设备将空气中的含尘浓度降至其爆炸下限的 25%

B. 某燃气锅炉房采用防爆型的事故排风机，设定正常通风量的换气次数为 7 次/h

C. 石油气体分馏厂房的排风系统，排风设备布置在地下或半地下建筑内时，排风管采用金属管道，并直接通向室外安全地点

D. 某单层碳化钙厂房的排风机前安装不产生火花的干式除尘器

4. 下列关于通风、空调设备的防火防爆说法正确的有(　　)。

A. 两条输送气体的管道上下布置时，表面温度 70 ℃的管道设在表面温度 120 ℃的管道下方

B. 燃油锅炉房采用机械通风时的正常通风量应按换气次数不少于 3 次/h

C. 燃油锅炉房当送风机布置在单独分隔的通风机房内且送风干管上设置防止回流设施时，应采用防爆型的通风设备

D. 净化电石粉末厂房的干式除尘器和过滤器应布置在系统的正压段上

E. 排风系统应设置导除静电的接地装置

【答案】 1. B　2. D　3. C　4. ABE

考点 28　建筑装修材料燃烧性能等级划分

 世上万千变化，在我心里，你是没变的，没变的还有装修材料燃烧性能等级。

		材料性质	级别	材料举例
内部装修材料的要求	一般要求	各部位材料	A	石膏板、石灰制品、铝、铜合金等
		顶棚材料	B_1	纸面石膏板、水泥刨花板、矿棉装饰吸声板、玻璃棉装饰吸声板、珍珠岩装饰吸声板
		墙面材料	B_1	纸面石膏板、纤维石膏板、水泥刨花板、矿棉板、玻璃棉板、珍珠岩板、彩色阻燃人造板、难燃玻璃钢等
			B_2	各类天然木材、木制人造板、竹材、纸制装饰板、装饰微薄木贴面板、胶合板、墙布、复合壁纸、天然材料壁纸、人造革等
		地面材料	B_1	硬 PVC 塑料地板、水泥刨花板、水泥木丝板、氯丁橡胶地板等
			B_2	半硬质 PVC 塑料地板、PVC 卷材地板、木地板氯纶地毯
		装饰织物	B_1	经阻燃处理的各类难燃织物等
			B_2	纯毛装饰布、纯麻装饰布、经阻燃处理的其他织物等
		其他装饰材料	B_1	聚氯乙烯塑料、酚醛塑料、聚碳酸酯塑料、聚四氟乙烯塑料、三聚氰胺、脲醛塑料、硅树脂塑料装饰型材、经阻燃处理的各类织物等
			B_2	经阻燃处理的聚乙烯、聚丙烯、聚氨酯、聚苯乙烯、玻璃钢、化纤织物、木制品等
	特殊要求	材料		性能等级或设置要求
		纸面石膏板和矿棉吸声板		安装在金属龙骨上燃烧性能达到 B_1 级的纸面石膏板、矿棉吸声板，可作为 A 级装修材料使用
		壁纸		单位面积质量<300 g/m² 的纸质、布质壁纸，当直接粘贴在 A 级基材上时，可作为 B_1 级材料使用

		材料	性能等级或设置要求
内部装修材料的要求	特殊要求	涂料	1. 施涂于 A 级基材上的无机装修涂料，可作为 A 级材料使用。 2. 施涂于 A 级基材上，湿涂覆比<1.5 kg/m²，且涂层干膜厚度≤1.0 mm 的有机装修涂料，可作为 B₁ 级材料使用
		多层和复合装修材料	1. 使用多层装修材料，各层材料的燃烧性能等级均应符合相关规定。 2. 复合型装修材料应由专业检测机构进行整体测试并划分燃烧性能等级
建筑材料及制品燃烧性能等级的附加信息标识	GB 8624□（□-□、□，□） └── 烟气毒性等级 (t0、t1、t2) └── 燃烧滴落物／微粒等级 (d0、d1、d2) └── 产烟特征等级 (s1、s2、s3) └── 燃烧性能等级 (A1，A2、B、C、D、E、F) └── 燃烧性能等级 (A、B₁、B₂、B₃)		

经典例题

1. 下列装修材料中，不可作为 A 级装修材料使用的是（　　）。

A. 安装在金属龙骨上燃烧性能达到 B₁ 级的纸面石膏板

B. 施涂于 A 级基材上的无机装修涂料

C. 安装在金属龙骨上燃烧性能达到 B₁ 级的水泥刨花板

D. 仿木纹瓷砖

2. B 级建筑材料及制品燃烧性能的判定标准包括（　　）指标。

A. 600 s 内试样的热释放总量

B. 高温下试样的质量损失率

C. 试样的总热值

D. 试样燃烧增长指数

E. 试样可燃性试验

【答案】1. C　2. ADE

考点 29 建筑内部装修材料燃烧性能等级

 生活从不亏待每一个努力向上的人，未来的幸运都是过往努力的积攒。

分类	内容	内部装修材料的要求
特别场所的内部装修防火要求	消火栓箱门	消火栓箱门不应被装饰物遮掩。消火栓箱门四周的装修材料颜色应与消火栓箱门的颜色有明显区别或在消火栓箱门表面设置发光标志
	疏散走道和安全出口	1. 疏散走道和安全出口的顶棚、墙面不应采用影响人员安全疏散的镜面反光材料。 2. 地上建筑的水平疏散走道和安全出口的门厅，其顶棚应采用 A 级装修材料，其他部位应采用不低于 B_1 级的装修材料。 3. 地下民用建筑的疏散走道和安全出口的门厅，其顶棚、墙面和地面均应采用 A 级装修材料
	疏散楼梯间和前室	疏散楼梯间和前室的顶棚、墙面和地面均应采用 A 级装修材料
	中庭、走马廊、开敞楼梯、自动扶梯	建筑物内设有上下层相连通的中庭、走马廊、开敞楼梯、自动扶梯时，其连通部位的顶棚、墙面应采用 A 级装修材料，其他部位应采用不低于 B_1 级的装修材料
	变形缝	建筑内部变形缝（包括沉降缝、伸缩缝、抗震缝等）两侧基层的表面装修应采用不低于 B_1 级的装修材料
	无窗房间	内部装修材料的燃烧性能等级除 A 级外，应在规定的基础上提高一级
	设备用房	消防水泵房、机械加压送风排烟机房、固定灭火系统钢瓶间、配电室、变压器室、发电机房、储油间、通风和空调机房等，其内部所有装修均应采用 A 级装修材料
	消防控制室	消防控制室等重要房间，其顶棚和墙面应采用 A 级装修材料，地面及其他装修应采用不低于 B_1 级的装修材料
	厨房	建筑物内的厨房，其顶棚、墙面、地面均应采用 A 级装修材料
	经常使用明火器具的餐厅、科研实验室	经常使用明火器具的餐厅、科研实验室，其装修材料的燃烧性能等级除 A 级外，应在规定的基础上提高一级
	库房或贮藏间	民用建筑内的库房或贮藏间，其内部所有装修除应符合相应场所规定外，且应采用不低于 B_1 级的装修材料
	展览性场所	1. 展台材料应采用不低于 B_1 级的装修材料。 2. 在展厅设置电加热设备的餐饮操作区内，与电加热设备贴邻的墙面、操作台均应采用 A 级装修材料。 3. 展台与卤钨灯等高温照明灯具贴邻部位的材料应采用 A 级装修材料

分类	内容	内部装修材料的要求			
特别场所的内部装修防火要求	住宅建筑	1. 不应改动住宅内部烟道、风道。 2. 厨房内的固定橱柜宜采用不低于 B_1 级的装修材料。 3. 卫生间顶棚宜采用 A 级装修材料。 4. 阳台装修宜采用不低于 B_1 级的装修材料			
	照明灯具及电气设备、线路	照明灯具及电气设备、线路的高温部位，当靠近非 A 级装修材料或构件时，应采取隔热、散热等防火保护措施，与窗帘、帷幕、幕布、软包等装修材料的距离不应小于 500 mm；灯饰应采用不低于 B_1 级的材料			
	配电箱、控制面板、接线盒、开关、插座等	1. 建筑内部的配电箱、控制面板、接线盒、开关、插座等不应直接安装在低于 B_1 级的装修材料上。 2. 用于顶棚和墙面装修的木质类板材，当内部含有电器、电线等物体时，应采用不低于 B_1 级的材料			
	室内安装供暖系统	1. 当室内顶棚、墙面、地面和隔断装修材料内部安装电加热供暖系统时，室内采用的装修材料和绝热材料的燃烧性能等级应为 A 级。 2. 当室内顶棚、墙面、地面和隔断装修材料内部安装水暖（或蒸汽）供暖系统时，其顶棚采用的装修材料和绝热材料的燃烧性能应为 A 级，其他部位的装修材料和绝热材料的燃烧性能不应低于 B_1 级，且尚应符合规范有关公共场所的规定			
	其他	建筑内部不宜设置采用 B_3 级装饰材料制成的壁挂、布艺等，当需要设置时，不应靠近电气线路、火源或热源，或采取隔离措施			
单层、多层民用建筑装修防火	一般要求	场　所	顶棚	墙面	地面
		候机楼公共场所；建筑面积 $S>10\ 000\ m^2$ 的汽车火车轮船的公共场所；每个厅室建筑面积 $S>400\ m^2$ 的观众厅、会议厅、多功能厅、等候厅；座位数>3 000 的体育馆；养老院、托儿所幼儿园居住及活动场所；医院的病房区、诊疗区、手术室；存放文物、纪念展览物品、重要图书、档案、资料的场所；A、B 级电子信息机房及装有重要机器的房间	A	A	B_1
		商店营业厅；设置集中空气调节系统的宾馆、饭店客房及公共活动房；展览馆、博物馆、图书馆、档案馆的公共活动场所；歌舞娱乐游艺场所；设置集中空气调节系统的办公场所；建筑面积 $S \leqslant 10\ 000\ m^2$ 的汽车火车轮船的公共场所；每厅室建筑面积 $S \leqslant 400\ m^2$ 观众厅、会议厅、多功能厅、等候厅；座位数 $\leqslant$ 3 000 的体育馆；营业面积>100 m^2 的餐饮场所	A	B_1	B_1
		住宅	B_1	B_1	B_1
	特殊放宽条件	除：（1）特别场所要求规定；（2）存放文物、纪念展览物品、重要图书、档案、资料的场所的部位；（3）歌舞娱乐游艺场所；（4）A、B 级电子信息机房及装有重要机器的房间这四个场所外，单多层满足下列条件的内装修可以放宽：			

续表

分类	内容	内部装修材料的要求
单层、多层民用建筑装修防火	特殊放宽条件	（1）可以因特殊要求无法设置自动报警、自动灭火系统时，面积＜100 m²，且采用 2.00 h 隔墙和甲级防火门、窗与其他部位分隔的房间，内部装修材料的燃烧性能在前表的基础上降低一个等级。 （2）当装有自动灭火系统时，除顶棚外，其内部装修材料的燃烧性能等级可在前表的基础上降低一级。 （3）当同时装有火灾自动报警装置和自动灭火系统时，其装修材料的燃烧性能等级可在前表基础上降低一级
高层民用建筑装修防火	一般要求	<table><thead><tr><th>场　　所</th><th>顶棚</th><th>墙面</th><th>地面</th></tr></thead><tbody><tr><td>候机楼公共场所；建筑面积 S＞10 000 m² 的汽车火车轮船的公共场所；每个厅室建筑面积 S＞400 m² 的观众厅、会议厅、多功能厅、等候厅；养老院、托儿所幼儿园居住及活动场所；医院的病房区、诊疗区、手术室；存放文物、纪念展览物品、重要图书、档案、资料的场所；A、B 级电子信息机房及装有重要机器的房间；一类高层的电信楼、财贸金融楼、邮政楼、广播电视楼、电力调度楼、防灾指挥调度楼</td><td>A</td><td>A</td><td>B₁</td></tr><tr><td>商店营业厅；展览馆、博物馆、图书馆、档案馆的公共活动场所；歌舞娱乐游艺场所；办公场所；建筑面积 S≤10 000 m² 的汽车火车轮船的公共场所；每厅室建筑面积 S≤400 m² 观众厅、会议厅、多功能厅、等候厅；宾馆、饭店客房及公共活动房；餐饮场所；其他公共场所；住宅建筑</td><td>A</td><td>B₁</td><td>B₁</td></tr><tr><td>二类高层的电信楼、财贸金融楼、邮政楼、广播电视楼、电力调度楼、防灾指挥调度楼；教学场所、教学实验场所</td><td>A</td><td>B₁</td><td>B₂</td></tr></tbody></table>
高层民用建筑装修防火	特殊放宽条件	1. 除：（1）特别场所要求规定；（2）存放文物、纪念展览物品、重要图书、档案、资料的场所的部位；（3）歌舞娱乐游艺场所；（4）A、B 级电子信息机房及装有重要机器的房间这四个场所外，满足下列条件的高层民用建筑内装修可以放宽： （1）高层民用建筑的裙房内面积 S＜500 m² 的房间，当设有自动灭火系统，并且采用耐火等级不低于 2.00 h 的隔墙、甲级防火门、窗与其他部位分隔时，顶棚、墙面、地面装修材料的燃烧性能等级可在前表的基础上降低一级。 （2）当设有火灾自动报警装置和自动灭火系统时，除顶棚外，其内部装修材料的燃烧性能等级可在前表的基础上降低一级。（每个厅室建筑面积 S＞400 m² 的观众厅、会议厅、多功能厅、等候厅和建筑高度 H＞100 m 以上的高层民用建筑除外）。 2. 电视塔等特殊高层建筑的内部装修，装饰织物应采用不低于 B₁ 级的材料，其他均应采用 A 级装修材料

续表

分类	内容	内部装修材料的要求			
地下民用建筑装修防火	一般要求	场　　所	顶棚	墙面	地面
		医院的诊疗区、手术区；展览馆、博物馆、图书馆、档案馆的公共活动场所；歌舞娱乐游艺场所；A、B级电子信息机房及装有重要机器的房间；汽车库、修车库	A	A	B_1
		观众厅、会议厅、多功能厅、等候厅；商店营业厅；存放文物、纪念展览物品、重要图书、档案、资料的场所；餐饮场所	A	A	A
		宾馆、饭店客房及公共活动房；办公场所；其他公共场所	A	B_1	B_1
	特殊放宽条件	除：（1）特别场所要求规定；（2）存放文物、纪念展览物品、重要图书、档案、资料的场所的部位；（3）歌舞娱乐游艺场所；（4）A、B级电子信息机房及装有重要机器的房间这四个场所外，单独建造的地下民用建筑的地上部分，其门厅、休息室、办公室等内部装修材料的燃烧性能等级可在前表的基础上降低一级			
装修材料燃烧性能等级的原则		重要建筑≥一般建筑，地下建筑≥地上建筑，100 m以上建筑≥一般高层建筑，防火重点部位≥一般建筑部位，顶棚≥墙面≥地面			

经典例题

1. 某公共建筑，层高3.8 m，地上3层，地下1层，标准层建筑面积500 m²，未设自动灭火系统和中央空调系统，下列关于该公共建筑所选用的室内装修材料，说法正确的是（　　）。

A. 设在地上二层500 m²的观众厅的墙面采用彩色阻燃人造板装修

B. 设在地下一层KTV的地面采用水泥木丝板

C. 设在地下一层自选超市的地面采用硬PVC地板

D. 设在地下一层办公室的疏散走道的地面采用水泥刨花板

E. 设在地上一层宾馆房间的地面采用PVC卷材地板

2. 某购物中心，地上7层，层高4 m，建筑高度为28 m，每层建筑面积均为4 000 m²，每层划分为一个防火分区，下列有关其商店营业厅选用的内部装修材料描述中，表述正确的是（　　）。

A. 商店营业厅的顶棚采用安装在钢龙骨上的矿棉吸声板

B. 中庭顶棚和墙面采用石膏板，地面采用水泥刨花板

C. 商店营业厅的墙面采用塑料贴面装饰板

D. 消防控制室的墙面采用玻璃棉板，地面采用氯丁橡胶地板

E. 商店营业厅的地面采用水泥木丝板

3. 某层高 4 m，地上 5 层，地下 1 层的综合楼，每层建筑面积为 1 500 m²，未设自动灭火系统和送回风道的集中空调系统，下列关于所选用的室内装修材料的说法，正确的是(　　)。

　A. 设在地上三层，建筑面积为 500 m² 的会议厅的墙面采用钢龙骨岩棉吸声板

　B. 设在地上二层的一个幼教中心的墙面采用石膏板装修

　C. 设在地上二层的一个卡拉 OK 厅的隔断采用胶合板

　D. 设在地上五层的旅店客房的地面采用木地板

　E. 设在地上一层、面积为 100 m² 的火锅店的地面采用阻燃木地板

【答案】1. BE　2. ABE　3. BD

考点 30　建筑外墙装饰防火

如果你觉得自己不够好，就去提升自己，健身，学个消防证，增强自己的自信心，要相信你是好的，你的另一半是爱你的。

内容	防 火 要 求
装饰材料的燃烧性能	建筑外墙的装饰层采用燃烧性能为 A 级的材料，但建筑高度不大于 50 m 时，可采用 B₁ 级材料
广告牌的设置位置	在消防车登高面一侧的外墙上，不得设置凸出的广告牌，以防影响消防车登高操作
设置发光广告牌墙体的燃烧性能	户外电子发光广告牌不得直接设置在有可燃、难燃材料的墙体上

经典例题

下列建筑外墙所采用的装饰材料不符合相关规范要求的是(　　)。

A. 建筑高度为 24 m 的办公楼，外墙采用 B_2 级装修材料

B. 建筑高度为 18 m 的商场，外墙采用 B_1 级装修材料

C. 建筑高度为 60 m 的高级酒店，外墙采用 A 级装修材料

D. 建筑高度为 30 m 的展览馆，外墙采用 B_1 级装修材料

【答案】A

考点 31　　建筑外墙保温系统防火

内容		防 火 要 求
建筑外墙保温材料		1. 不燃材料 A：矿棉、岩棉。 2. 难燃材料 B_1：胶粉聚苯颗粒保温浆料。 3. 可燃材料 B_2：聚苯乙烯泡沫塑料（如 EPS 和 XPS）
保温材料与两侧墙体构成无空腔复合保温结构体		建筑外墙采用保温材料与两侧墙体构成无空腔复合保温结构体时，当保温材料的燃烧性能为 B_1、B_2 级时，保温材料两侧的墙体应采用不燃材料且厚度均≥50 mm ≥50 mm　≥50 mm B_1、B_2 级保温材料 外叶墙（不燃材料）　内叶墙（不燃材料） 室外　室内
建筑外墙内保温系统	材料燃烧性能	1. 对于人员密集场所，用火、燃油、燃气等具有火灾危险性的场所以及各类建筑内的疏散楼梯间、避难走道、避难间、避难层等场所或部位，应采用 A 级的保温材料。 2. 对于其他场所，应采用低烟、低毒且不低于 B_1 级的保温材料
	防护层的设置	保温系统应采用 A 级材料做防护层。采用 B_1 级的保温材料时，防护层厚度≥10 mm ≥10 mm B_1 级保温材料 外墙体　防护层（不燃材料） 室外　室内

续表

内容		防　火　要　求
建筑外墙外保温系统	材料燃烧性能	1. 设置人员密集场所的建筑，其外墙外保温材料应为 A 级。 2. 下列老年人照料设施的内、外墙体和屋面保温材料应采用 A 级的保温材料： （1）独立建造的老年人照料设施。 （2）与其他建筑组合建造且老年人照料设施部分的总建筑面积大于 500 m² 的老年人照料设施
	防护层的设置	1. 建筑的外墙外保温系统应采用不燃材料在其表面设置防护层，防护层应将保温材料完全包覆。采用 B₁、B₂ 级保温材料时，防护层厚度首层≥15 mm，其他层≥5 mm。 2. 屋面外保温系统：屋面耐火极限≥1.0 h，保温材料≥B₂；屋面耐火极限<1.0 h，保温材料≥B₁。采用 B₁、B₂ 级保温材料应采用不燃材料做防护层，防护层厚度≥10 mm
	防火隔离带的设置	1. 当建筑的外墙外保温系统采用燃烧性能为 B₁、B₂ 级的保温材料时，每层沿楼板位置设置不燃材料制作的水平防火隔离带，隔离带的设置高度≥300 mm。

内容	防 火 要 求	

建筑外墙外保温系统 — 防火隔离带的设置:

楼面 / 防火隔离带（A级不燃材料）/ ≥300 mm / 外墙体 / B₁、B₂级保温材料

2. 当建筑的屋面和外墙外保温系统均采用 B₁、B₂ 级保温材料时，外墙和屋面分隔处防火隔离带宽度 ≥500 mm

无空腔的外保温系统

建筑及场所	建筑高度 H	无空腔的外保温材料燃烧性能
人员密集场所	—	A
住宅建筑	$H>100$ m	A
	27 m$<H\leqslant$100 m	≥B₁
	$H\leqslant$27 m	≥B₂
其他建筑	$H>50$ m	A
	24 m$<H\leqslant$50 m	≥B₁
	$H\leqslant$24 m	B₂

有空腔的外保温系统

建筑及场所	建筑高度 H	有空腔的外保温材料燃烧性能
人员密集场所	—	A
其他建筑	$H>24$ m	A
	$H\leqslant$24 m	≥B₁

注：建筑外墙外保温系统与基层墙体、装饰层之间的空腔，应在每层楼板处采用防火封堵材料封堵

门、窗的耐火完整性

当建筑的外墙外保温系统采用燃烧性能为 B₁、B₂ 级的保温材料时，除采用 B₁ 级保温材料且建筑高度 $H\leqslant$24 m 的公共建筑或采用 B₁ 级保温材料且建筑高度 $H\leqslant$27 m 的住宅建筑外，建筑外墙上门、窗的耐火完整性不应低于 0.50 h

续表

内容	防　火　要　求
电气线路和电气配件安装	1. 电气线路不得穿越或敷设在燃烧性能为 B_1 级或 B_2 级的保温材料中；对确需穿越或敷设的，采取穿金属管并在金属管周围采用不燃隔热材料进行防火隔离等防火保护措施。 2. 设置开关、插座等电气配件的部位周围应采取不燃隔热材料进行防火隔离等防火保护措施

经典例题

1. 在对建筑外墙保温系统进行防火检查时，下列做法不符合现行国家消防技术标准要求的是(　　)。

A. 建筑高度为 24 m 的办公楼，基层墙体与装饰层之间有空腔，外墙外保温系统采用燃烧性能为 B_1 级的保温材料，每层楼板处设置的防火隔离带的高度为 300 mm

B. 建筑高度为 54 m 的住宅楼，基层墙体与装饰层之间无空腔，外墙外保温系统采用燃烧性能为 B_1 级的保温材料，首层外设厚度为 20 mm 防护层

C. 建筑高度为 15 m 的学生宿舍楼，基层与墙体装饰层之间无空腔，外墙外保温系统采用燃烧性能为 B_1 级的保温材料，建筑外墙上门、窗的耐火完整性为 0.50 h

D. 建筑高度为 15 m 的办公楼，基层墙体与装饰层之间无空腔，外墙外保温系统采用燃烧性能为 B_1 级的保温材料，二层外设厚度为 5 mm 防护层

2. 某 8 层住宅建筑，层高 3 m，首层地面标高±0.00 m，室外地坪标高−0.60 m，平屋面面层标高 24.2 m。对该建筑外墙进行保温设计，选用的保温材料符合规范要求的有(　　)。

A. 除楼梯间和厨房外，内保温材料采用燃烧性能为 B_1 级的聚氯乙烯塑料板

B. 建筑外墙采用无空腔复合保温结构，保温材料为聚氨酯泡沫板，两侧的墙体采用厚度均为 50 mm 的砖墙

C. 除楼梯间和厨房外，内保温材料采用燃烧性能为 B_2 级的聚苯乙烯泡沫板

D. 外保温材料与基层墙体之间无空腔，保温材料采用燃烧性能为 B_1 级的聚氨酯泡沫板

E. 外保温材料与基层墙体有空腔，保温材料采用燃烧性能为 B_1 级的聚苯乙烯泡沫板

3. 关于建筑的外墙保温系统的说法不符合规范的是(　　)。

A. 采用 A 级材料的外墙内保温系统可不设防火隔离带

B. 采用非 A 级材料的外保温系统应设置防火隔离带

C. 采用非 A 级材料的屋面外保温系统，屋面与外墙之间应设置宽度不小于 500 mm 的防火隔离带

D. 采用非 A 级材料的外墙外保温系统，每层应设置高度不小于 300 mm 的防火隔离带

E. 建筑外墙的装饰层应采用 A 级材料

【答案】 1. C　2. ABD　3. CE

第 2 篇
建筑消防设施部分

不要让追求之舟停泊在幻想的港湾，而应扬起奋斗的风帆，驶向现实生活的大海

考点 32 消防设施现场检查

不要让追求之舟停泊在幻想的港湾，而应扬起奋斗的风帆，驶向现实生活的大海。

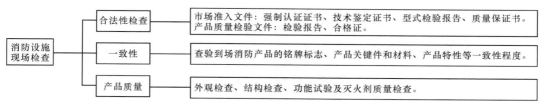

消防设施现场检查
- 合法性检查 —— 市场准入文件：强制认证证书、技术鉴定证书、型式检验报告、质量保证书。 产品质量检验文件：检验报告、合格证。
- 一致性 —— 查验到场消防产品的铭牌标志、产品关键件和材料、产品特性等一致性程度。
- 产品质量 —— 外观检查、结构检查、功能试验及灭火剂质量检查。

一、合法性检查

市场准入文件	纳入强制性产品认证的消防产品	强制认证证书
	新研制的尚未制定国家或者行业标准的消防产品	技术鉴定证书
	尚未纳入强制性产品认证的非新产品类的消防产品	型式检验报告
	非消防产品类	法定质量保证文件
产品质量检验文件	所有消防产品的型式检验报告，其他相关产品的法定检验报告	
	所有产品出厂检验报告或者出厂合格证	

二、产品质量检查

火灾自动报警系统、火灾应急照明以及疏散指示系统	重点对其设备及其组件进行外观检查
水系灭火系统（如消防给水及消火栓系统、自动喷水灭火系统、水喷雾灭火系统、细水雾灭火系统、泡沫灭火系统等）	重点对其设备、组件以及管件、管材的外观（尺寸）、组件结构及其操作性能进行检查，并对规定组件、管件、阀门等进行强度和严密性试验；泡沫灭火系统还需按照规定对灭火剂进行抽样检测
气体灭火系统、干粉灭火系统	除参照水系灭火系统的检查要求进行现场产品质量检查外，还要对灭火剂储存容器的充装量、充装压力等进行检查
防烟排烟设施	重点检查风机、风管及其部件的外观（尺寸）、材料燃烧性能和操作性能；检查活动挡烟垂壁、自动排烟窗及其驱动装置、控制装置的外观、操控性能等

三、具体组件

检验机构	特征	举　例
国家消防产品质量监督检验中心检测	消防产品	喷头、报警阀组、压力开关、水流指示器、消防水泵、水泵接合器等系统主要组件
国家产品质量监督检验中心检测	非消防产品	稳压泵、自动排气阀、信号阀、多功能水泵控制阀、止回阀、泄压阀、减压阀、蝶阀、闸阀、压力表等

经典例题

1. 下列关于消防设施现场检查中的合法性检查，描述正确的是(　　)。

A. 纳入强制性产品认证的消防产品，查验其依法获得的技术鉴定证书

B. 新研制的尚未制定国家或者行业标准的消防产品不得使用

C. 尚未纳入强制产品认证的非新产品类消防产品，仅需查验产品出厂检验报告或出厂合格证

D. 查验所有消防产品、管材管件、电缆电线及其他设备、材料的出厂检验报告或出厂合格证

2. 某建筑使用管理单位需购进一批消防产品，其市场准入制度主要包括(　　)。

A. 强制性产品认证制度和消防产品技术鉴定制度

B. 产品检验制度和产品监测制度

C. 产品监督管理制度和设备准用制度

D. 产品评估制度和产品评审制度

3. 下列设施设备在进场检查时，需要经国家消防产品质量监督检验中心检测合格的是(　　)。

A. 倒流防止器　　　B. 消防水箱　　　　C. 压力开关　　　　D. 压力表

【答案】1. D　2. A　3. C

考点 33　消防设施安装调试要求

努力了的才叫梦想，不努力的就是空想。你所付出的努力，都是这辈子最清晰的时光。

施工安装依据	1. 消防设施施工安装以经法定机构批准或者备案的消防设计文件、国家工程建设消防技术标准为依据；经批准或者备案的消防设计文件不得擅自变更，确需变更的，由原设计单位修改，报经原批准机构批准后，方可用于施工安装。 2. 消防供电以及火灾自动报警系统设计文件，除需要具备前述消防设施设计文件外，还需具备系统布线图和消防设备联动逻辑说明关系等技术文件
调试要求	1. 各类消防设施施工结束后，由施工单位或者其委托的具有调试能力的其他单位组织实施消防设施调试，调试工作包括各类消防设施的单机设备、组件调试和系统联动调试等内容。 2. 消防设施调试负责人由专业技术人员担任。调试前，调试单位按照各消防设施的调试需求，编制相应的调试方案，确定调试程序，并按照程序开展调试工作；调试结束后，调试单位提供完整的调试资料和调试报告

经典例题

1. 某建筑设置的火灾自动报警系统由某具有相应资质的施工单位进行施工，下列关于系统施工过程的要求，不符合规定的是(　　)。

A. 火灾自动报警系统竣工时，有的图纸已经修改，有的产品已经变更，施工单位应完成竣工图及竣工报告

B. 火灾自动报警系统施工过程中，施工单位应做好施工（包括隐蔽工程验收）、检验（包括绝缘电阻、接地电阻）、调试、设计变更等相关记录

C. 火灾自动报警系统施工过程结束后，施工方应对系统的安装质量进行全数检查

D. 火灾自动报警系统施工过程中，设计图纸与实际情况有差别，建设单位委托了具备设计资质的施工单位变更了施工图纸

2. 消防设施施工前，需要具备一定的技术、物质条件，以确保施工需求，保证施工质量。消防设施施工前需要具备下列基本条件(　　)。

A. 按规定需要审核的消防设计文件应经消防救援机构批准

B. 建设单位向施工、监理单位进行技术交底，明确相应技术要求

C. 各类消防设施的设备、组件及材料齐全，规格型号符合设计要求，能够保证正常施工

D. 经检查，与专业施工相关的基础、预埋件和预留孔洞等符合设计要求

E. 施工现场及施工中使用的水、电、气能够满足连续施工的要求

【答案】1. D　2. CDE

考点 34　消防设施技术检测与竣工验收要求

 只要心情是晴朗的，人生就没有雨天。给自己一个微笑，是对自己的一个肯定，也是对未来的一份期许。

检测准备	1. 检查各类消防设施的设备及其组件的相关技术文件。 2. 检查各类消防设施的设备及其组件的外观标志。 3. 检查各类消防设施的设备及其组件、材料（管道、管件、支吊架、线槽、电线、电缆等）的外观，以及导线、电缆的绝缘电阻值和系统接地电阻值等测试记录。 4. 检查检测用仪器、仪表、量具等的计量检定合格证书及其有效期限
检测方法及要求	1. 采用核对方式检查。 2. 对各类消防设施的设置场所（防护区域）、设备及其组件、材料（管道、管件、支吊架、线槽、电线、电缆等）进行设置场所（防护区域）合适性检查、消防设施施工质量检查和功能性试验。 3. 逐项记录各类消防设施检测结果以及仪器、仪表、量具等测量显示数据，填写检测记录
竣工验收	1. 消防设施施工结束后，由建设单位组织设计、施工、监理等单位进行包括消防设施在内的建设工程竣工验收。 2. 消防设施竣工验收分为资料检查、施工质量现场检查和质量验收判定等 3 个环节

经典例题

1. 消防设施施工结束后，由建设单位、监理单位等进行包括消防设施在内的建设工程竣工验收，下列不属于消防设施竣工验收环节的是(　　)。

A. 技术检测　　　　B. 资料查看　　　　C. 质量验收判定　　D. 现场检查

2. 2019 年 9 月，某消防技术服务机构拟对某石油化工企业安装的低倍数泡沫灭火系统进行技术检测。下列关于消防工程师在检测过程中的做法，错误的是(　　　)。

A. 检测前，熟悉消防设施设备的相关技术文件，准备检测工具

B. 准备压力表、绝缘检测、接地电阻检测仪等仪器仪表，所有设备检定时间均为半年前

C. 逐项检测记录了消防检测结果，现场填写了检测记录，但未签发检测报告

D. 现场检测结果显示消防设施检测不合格，双方约定了半个月后再检

【答案】 1. A　　2. B

考点 35　　消防设施质量验收判定

所有不为人知的努力，都被旁人称之为幸运。

系统名称	验收标准	A 类缺陷项
消防给水及消火栓系统	$A=0$，$B\leq 2$，$B+C\leq 6$（注：A 为严重缺陷项，B 为重缺陷项，C 为轻缺陷项）	以下达不到规范要求的：室外给水管网的进水管管径及供水能力；消防水箱和消防水池；天然水源；消防水泵、备用泵及其组件；置于自动启动挡；稳压泵符合要求；减压阀型号、规格、流量、压力符合要求；消火栓的设置位置、规格、型号；系统流量、压力；系统模拟灭火功能试验
自动喷水灭火系统		以下达不到规范要求的：室外给水管网的进水管管径及供水能力；消防水箱和消防水池容量；天然水源；主、备电源切换；管道的材质、管径、接头、连接方式及采取的防腐、防冻措施；喷头设置场所、规格、型号、公称动作温度、响应时间指数（RTI）；系统流量、压力；压力开关启动消防水泵及与其联动的相关设备；电磁阀开启雨淋阀
泡沫灭火系统		以下达不到规范要求：① 系统水源的验收；② 动力源、备用动力及电气设备、泡沫消防水泵启动、主备切换；③ 柴油机拖动的泡沫消防水泵的电启动和机械启动性能；④ 稳压泵自动启动；⑤ 管道的材质与规格、管径、连接方式、安装位置及采取的防冻措施；⑥ 喷头的数量、规格、型号；⑦ 公路隧道泡沫消火栓箱；⑧ 泡沫喷雾装置动力瓶组的数量、型号和规格等；⑨ 泡沫喷雾系统集流管的材料、规格、连接方式、布置及其泄压装置的泄压方向；⑩ 每个系统模拟灭火功能试验；⑪ 泡沫灭火系统系统功能验收
防烟排烟系统		系统的设备、部件型号规格与设计不符，无出厂质量合格证明文件及符合消防产品准入制度规定的检验报告；防烟、排烟系统设备手动功能的验收不合格；机械排烟系统的性能验收不合格

续表

建筑灭火器配置	$A=0$，$B\leq1$，$B+C\leq4$	灭火器的类型、规格、灭火级别和配置数量不符合建筑灭火器配置要求；灭火器的产品质量不符合国家有关产品标准的要求；同一灭火器配置单元内的不同类型灭火器，其灭火剂不能相容；灭火器的保护距离不符合规定，不能保证配置场所的任一点都在灭火器设置点的保护范围内
火灾自动报警系统	$A=0$，$B\leq2$，$B+C\leq5\%$	① 消防控制室设计、设备的基本配置；② 系统部件的选型与设计文件的符合性、消防产品准入制度的符合性；③ 系统内的任一火灾报警控制器和火灾探测器的火灾报警功能；④ 系统内的任一消防联动控制器、输出模块和消火栓按钮的启动功能、反馈功能；⑤ 火灾警报功能、应急广播功能；⑥ 消防设备应急电源的转换功能；⑦ 防火卷帘、防火门监控器、气体灭火控制器、自动喷水灭火系统、加压送风系统、排烟系统、电动挡烟垂壁、消防应急照明及疏散指示系统、电梯、非消防电源等的联动控制功能，消防水泵、预作用阀组、雨淋阀组、送风机、排烟风机的直接手动控制功能；⑧ 系统整体联动控制功能
应急照明和疏散指示系统		① 系统中的应急照明控制器、集中电源、应急照明配电箱和灯具的选型与设计文件不符合；② 系统中的应急照明控制器、集中电源、应急照明配电箱和灯具消防产品与准入制度不符合；③ 应急照明控制器无法应急启动、标志灯指示状态无法改变控制功能；④ 集中电源、应急照明配电箱无应急启动功能；⑤ 集中电源、应急照明配电箱无连锁控制功能；⑥ 灯具应急状态无保持功能；⑦ 集中电源、应急照明配电箱的电源无分配输出功能

经典例题 ··················

1. 对某一类高层电信大楼安装的自动喷水灭火系统进行系统验收，根据现行国家标准《自动喷水灭火系统施工及验收规范》（GB 50261—2017），下列检测结果中，属于工程质量缺陷项目轻缺陷项的是(　　)。

A. 室外给水管网的进水管管径为 DN80

B. 高位水箱的有效容积为 18 m³

C. 消防水泵启动控制置于手动启动挡

D. 抽查设计喷头数量 10%，合格率应为 90%

2. 对某一类高层商业大楼安装的火灾自动报警系统进行系统验收，根据现行国家标准《火灾自动报警系统施工及验收标准》（GB 50166—2019），下列检测结果中，不属于工程质量缺陷项目的是(　　)。

A. 对消防用电设备主、备电源的自动转换装置进行 3 次转换试验，有 2 次试验均应正常

B. 触发三楼房间内 1 只感烟探测器，位于 3 楼的楼梯口位置楼层显示器未发出报警信号

C. 触发六楼会议室内 1 只感烟探测器，位于 6 楼走道位置的声光报警器未发出报警声光信号

D. 触发 18 楼走道内 2 只感烟探测器，位于 18 楼的前室位置的正压送风口未打开

3. 某检测单位对甲、乙两栋办公大楼进行火灾自动报警系统工程质量检测，其中甲办公

楼火灾自动报警系统检查100项，乙办公楼检查80项。检测结果如下：甲办公楼$A=0$，$B=2$，$C=3$；乙办公楼$A=0$，$B=1$，$C=4$。下列关于其火灾自动报警系统的质量检测判定，说法正确的是(　　)。

A. 甲办公楼合格，乙办公楼合格

B. 甲办公楼合格，乙办公楼不合格

C. 甲办公楼不合格，乙办公楼合格

D. 甲办公楼不合格，乙办公楼不合格

4. 根据现行国家标准《消防给水及消水栓系统技术规范》（GB 50974—2014），对消防给水及消火栓系统进行验收前的检测。下列检测结果中，属于工程质量缺陷项目重缺陷项的有(　　)。

A. 消防水泵出水管上的控制阀关闭

B. 消防水泵控制柜设置在水泵房内，防护等级为 IP54

C. 消防水池吸水管喇叭口位置与设计位置存在误差

D. 消防水泵运转中噪声及振动较大

E. 建筑底层商业消火栓采用 DN65 型，上部住宅采用 DN50 型

5. 灭火器配置缺陷项分为三类，分为严重（A）、重（B）、轻（C）。下列灭火器配置中，属于严重缺陷项的有(　　)。

A. 某火锅店餐厅部分设置了 2 具 MF/ABC4 型灭火器

B. 柴油发动机房设置 1 具碳酸氢钠干粉灭火器和 1 具磷酸铵盐干粉灭火器

C. 建筑地下灭火器被锁在灭火器箱中

D. 普通住宅内每层配置 2 具 MF/ABC2 灭火器

E. 民用机场候机厅配置的灭火器型号为 MF/ABC4

【答案】1. C　2. C　3. B　4. BD　5. BE

考点 36　消防控制室管理要求

这世界太嘈杂，周边都是假话，你能不能再找个理由，在消防控制室等我。

一、从业人员资格

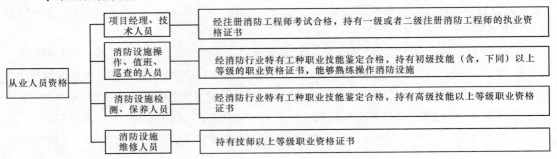

从业人员资格	项目经理、技术人员	经注册消防工程师考试合格，持有一级或者二级注册消防工程师的执业资格证书
	消防设施操作、值班、巡查的人员	经消防行业特有工种职业技能鉴定合格，持有初级技能（含，下同）以上等级的职业资格证书，能够熟练操作消防设施
	消防设施检测、保养人员	经消防行业特有工种职业技能鉴定合格，持有高级技能以上等级职业资格证书
	消防设施维修人员	持有技师以上等级职业资格证书

二、工作环节

值班	1. 实行每日 24 h 专人值班制度，每班不少于 2 人，持证上岗。 2. 消防设施日常维护管理符合国家标准《建筑消防设施的维护管理》（GB 25201—2010）的相关规定。 3. 确保火灾自动报警系统、固定灭火系统和其他联动控制设备处于正常工作状态
巡查	1. 巡查依据：《建筑消防设施的维护管理》（GB 25201—2010）。 2. 巡查频次： （1）公共娱乐场所营业期间，每 2 h 组织 1 次综合巡查。 （2）消防安全重点单位每日至少对消防设施巡查 1 次。 （3）其他社会单位每周至少对消防设施巡查 1 次。 （4）大型群众性活动，承办单位根据活动现场的实际需要确定巡查频次
检测	1. 检测依据：《建筑消防设施的维护管理》（GB 25201—2010）。 2. 检测频次：消防设施每年至少检测 1 次。 3. 设有自动消防设施的宾馆饭店、商场市场、公共娱乐场所等人员密集场所和易燃易爆单位以及其他一类高层公共建筑等消防安全重点单位，自消防设施投入运行后的每年年底，将年度检测记录报管理机构备案。 4. 检测方法：《建筑消防设施检测技术规程》（GA 503—2004）
维修	维修期间，建筑使用管理单位要采取确保消防安全的有效措施；故障排除后，消防安全管理人组织相关人员进行相应功能试验，检查确认，并将检查确认合格的消防设施恢复至正常工作状态，并在建筑消防设施故障维修记录表中全面、准确记录
保养	消防设施维护保养时，维护保养单位相关技术人员填写建筑消防设施维护保养记录表，并进行相应功能试验
档案	1. 档案内容： （1）消防设施基本情况。 （2）消防设施动态管理情况。 2. 保存期限： （1）消防设施施工安装、竣工验收以及验收技术检测等原始技术资料长期保存。 （2）建筑消防设施检测记录表、建筑消防设施故障维修记录表、建筑消防设施维护保养计划表、建筑消防设施维护保养记录表：不少于 5 年。 （3）消防控制室值班记录表和建筑消防设施巡查记录表：不少于 1 年

三、消防控制室监控要求

监控要求	1. 设置 2 个及 2 个以上的消防控制室，并确定主消防控制室、分消防控制室。 2. 主消防控制室具备对分消防控制室内消防设备及其所控制的消防系统、设备的控制功能。 3. 各个分消防控制室的消防设备之间可以互相传输、显示状态信息，不能互相控制
消防控制室应急处置程序	1. 接到火灾警报后，值班人员立即以最快方式确认火灾。 2. 火灾确认后，值班人员立即确认火灾报警联动控制开关处于自动控制状态，同时拨打"119"报警电话准确报警。 3. 值班人员立即启动单位应急疏散和初期火灾扑救灭火预案，同时报告单位消防安全负责人

经典例题

1. 某大型建筑群设有一个主消防控制室和五个分消防控制室，根据《消防控制室通用技术要求》（GB 25506—2016）的规定，下列有关该建筑群消防控制室内消防设备监控功能的说法，不正确的是（　　）。

A. 分消防控制室的消防设备应对系统内全部的消防设备进行控制

B. 主消防控制室的消防设备应能显示各个分消防控制室内消防设备的状态信息

C. 主消防控制室的消防设备能够对分消防控制室内消防设备及其控制的消防系统和设备进行控制

D. 各分消防控制室内之间的消防设备之间可以互相传输、显示状态信息，但不应互相控制

2. 下列关于消防设施档案保存期限的说法，错误的是（　　）。

A. 建筑消防设施检测记录表的存档时间不少于 5 年

B. 建筑消防设施巡查记录表的存档时间不少于 5 年

C. 建筑消防设施故障维修记录表的存档时间不少于 5 年

D. 建筑消防设施维护保养记录表的存档时间不少于 5 年

3. 某市一栋三层的室内商业街，由于三楼餐饮商铺用火不慎引发店面火灾，商铺业主及时报警。该综合楼消防控制室值班人员在接到报警后，采取的应急程序处置火灾的各项做法中，不正确的是（　　）

A. 接到火灾警报后，值班人员首先赶往火灾现场扑灭火灾

B. 值班人员立即确认火灾报警联动控制开关处于自动控制状态，同时拨打"119"报警

C. 报警时说明着火单位地点、起火部位、着火物种类、火势大小、报警人姓名和联系电话等

D. 值班人员立即启动单位应急疏散和初期火灾扑救灭火预案，同时报告单位消防安全负责人

4. 某市一高级星级酒店消防控制室先后接到地下室车库和三楼走道的 2 个感烟探测器传来动作信号，其余消防设备未动作。下列关于值班人员的工作程序中，正确的是（　　）。

A. 立即拨打"119"报警　　　　　　B. 在火灾报警控制器上进行复位操作

C. 立即报告消防安全管理人　　　　D. 值班人员到报警现场确认火灾

5. 建筑使用管理单位需要按照一定的要求组织实施消防设施维护管理，下列说法不正确的是（　　）。

A. 同一个建筑有两个及两个以上产权、使用单位的，明确消防设施的维护管理责任，实行统一管理，以合同方式约定各自的权利和义务

B. 消防设施因故障报修需要暂停使用的，经单位消防安全管理人批准，报消防救援机构备案，采取消防安全措施后，方可停用检修

C. 建筑使用管理单位自身不具备维修保养能力的，可以与消防设备生产厂家、消防设施施工安装单位等有维修、保养能力的单位签订消防设施维修、保养合同

D. 定期整理消防设施维护管理技术资料，按照规定期限和程序保存、销毁相关文件档案

【答案】 1. A　2. B　3. A　4. D　5. B

考点 37　消防给水系统组件（设备）进场检查

 组件进场，不要彷徨；套路不深，不必认真。

消防水源	市政给水管网	市政给水管网可用作两路消防供水的条件： （1）市政给水管网布置成环状管网。 （2）市政给水厂至少有两条输水干管向市政给水管网输水。 （3）应至少有两条不同的市政给水干管上有不少于两条引入管向消防给水系统供水
	消防水池（消防水箱）	1. 消防水池有足够的有效容积。 2. 供消防车取水的消防水池应设取水口（井），吸水高度≤6 m。 3. 合用时，消防水池应有确保消防用水不被挪用的技术措施。 4. 寒冷地区的消防水池还应采取相应的防冻措施
	天然水源	1. 利用江河湖海水库等天然水源作为消防水源时，其设计枯水流量保证率宜为90%～97%。 2. 天然水源要应当具备在枯水位也能确保消防车、固定和移动消防水泵取水的技术条件。 3. 利用井水作为消防水源时，水井不应少于两眼，且当每眼井的深井泵均采用一级供电负荷时，才可视为两路消防供水
消防供水设施（设备）检查	消防水泵	1. 消防水泵的外观质量要求。 2. 消防水泵的材料要求。 3. 消防水泵的结构要求。 4. 消防水泵的机械性能要求。 5. 消防水泵控制柜的要求
	消防增（稳）压设施	1. 消防稳压罐： （1）气压罐有效容积、气压、水位及工作压力符合设计要求。 （2）气压罐的出水口公称直径按流量计算确定。应急消防气压给水设备其公称直径不宜小于100 mm，出水口处应设有防止消防用水倒流进罐的措施。 2. 消防稳压泵
	水泵接合器	1. 检查水泵接合器的设置条件与设置位置。 2. 检查水泵接合器组件（包括单向阀、安全阀、控制阀等）是否齐全
给水管网的检查	管网支、吊架及防晃支架	管道支、吊架上面的孔洞采用电钻加工，不得用氧乙炔割孔
	通用阀门的检查	对减压阀、泄压阀等重要阀门在现场要逐个进行强度试验和严密性试验

经典例题

1. 消防水源是消防给水系统的重要组成部分，下列有关市政给水管网作为两路消防供水条件的说法不正确的是(　　)

A. 市政给水管网应有两个彼此独立的市政给水厂供水

B. 市政给水管网布置成环状管网

C. 市政给水厂至少有两条输水干管向市政给水管网输水

D. 市政给水干管上至少有两条引入管向消防给水系统供水

2. 消防水池具有重要的作用，下列有关消防水池的说法不正确的是(　　)

A. 消防水池的总蓄水有效容积大于 1 000 m³ 时，宜设两座能独立使用的消防水池

B. 当市政给水管网能保证室外消防给水设计流量时，消防水池的有效容积应满足在火灾延续时间内室内消防用水量的要求

C. 消防水池进水管管径应经计算确定，且不应小于 DN100

D. 消防水池应设置溢流水管和排水设施，并应采用直接排水

【答案】1. A　2. D

考点 38　消防水池、水箱安装与调试

 岁月就像一条河，左岸是无法忘却的回忆，右岸是值得把握的青春年华，中间飞快流淌的，都注进了消防水池。

安装要求	1. 无管道的侧面，净距不宜小于 0.7 m；有管道的侧面，净距不宜小于 1.0 m，且管道外壁与建筑本体墙面之间的通道宽度不宜小于 0.6 m；设有人孔的池顶，顶板面与上面建筑本体板底的净空不应小于 0.8 m。 2. 消防水箱采用钢筋混凝土时，在消防水箱的内部应贴白瓷砖或喷涂瓷釉涂料。采用其他材料时，消防水箱宜设置支墩，支墩的高度不宜小于 600 mm，以便于检修
检测调试	1. 对照图纸，用测量工具检查水池容量是否符合要求，观察有无补水措施、防冻措施以及消防用水的保证措施，测量取水口的高度和位置是否符合技术要求，查看溢流管、泄水管的安装位置是否正确。 2. 对水箱需测量水箱的容积、安装标高及位置是否符合技术要求。 3. 查看水箱的进出水管、溢流管、泄水管、水位指示器、单向阀、水箱补水及增压措施是否符合技术要求。 4. 查看管道与水箱之间的连接方式及管道穿楼板或墙体时的保护措施。 5. 敞口水箱装满水静置 24 h 后观察，若不渗不漏，则敞口水箱的满水试验合格；而封闭水箱在试验压力下保持 10 min，压力不降、不渗不漏则封闭水箱的水压试验合格。 6. 水箱溢流管和泄放管应设置在排水地点附近，但不得与排水管直接连接

经典例题

1. 对高位消防水箱进行检测验收时，下列说法正确的是(　　)。

A. 对封闭水箱进行试验，保压 20 min，压力不降、不渗不漏为合格

B. 对封闭水箱进行试验，保压 20 min，压降不超过 0.05 MPa 为合格

C. 对封闭水箱进行试验，保压 10 min，压力不降、不渗不漏为合格

D. 对敞口水箱进行试验，满水静置 48 h 后观察，不渗不漏为合格

2. 在施工安装时，消防水池及消防水箱的外壁与建筑本体结构墙面或其他池壁之间的净距，要满足施工、装配和检修的需要。无管道的侧面，净距不宜小于(　　)；有管道的侧面，净距不宜小于(　　)。

A. 0.5 m；1.0 m　　B. 0.7 m；1.0 m　　C. 0.7 m；1.2 m　　D. 0.8 m；1.2 m

【答案】 1. C　2. B

考点 39　供水设施设备安装要求

曾经有一份重要的考点放在我面前，我没有珍惜，等我失去的时候我才后悔莫及，人世间最痛苦的事莫过于此。

水泵安装	1. 分体水泵的安装：应先安装水泵再安装电动机。 2. 水泵的整体安装： (1) 将水泵吊装放置在水泵基础上。 (2) 水泵底座找正找平。 (3) 对水泵的轴线、进出水口中心线进行检查和调整。 (4) 用水泥砂浆浇灌地脚螺栓孔，待水泥砂浆凝固后，找平泵座并拧紧地脚螺栓螺母
水泵调试	1. 以自动直接启动或手动直接启动消防水泵时，消防水泵应在 55 s 内投入正常运行，且应无不良噪声和振动。 2. 以备用电源切换方式或备用泵切换启动消防水泵时，消防水泵应分别在 1 min 或 2 min 内投入正常运行。 3. 消防水泵安装后应进行现场性能测试，其性能应与生产厂商提供的数据相符，并应满足消防给水设计流量和压力的要求。 4. 消防水泵零流量时的压力不应超过设计工作压力的 140%；当出流量为设计工作流量的 150% 时，其出口压力不应低于设计工作压力的 65%。 检查数量：全数检查
消防增（稳）压设施	1. 气压水罐安装时其四周要设检修通道，其宽度不宜小于 0.7 m，消防气压给水设备顶部至楼板或梁底的距离不宜小于 0.6 m。 2. 当气压水罐设置在非采暖房间时，应采取有效措施防止结冰

续表

稳压泵调试	1. 稳压泵启停应达到设计压力要求。 2. 能满足系统自动启动要求，且当消防主泵启动时，稳压泵应停止运行。 3. 稳压泵在正常工作时每小时的启停次数应符合设计要求，且不应大于15次/h。 检查数量：全数检查
水泵接合器的安装	1. 组装式水泵接合器的安装，应按接口、本体、连接管、止回阀、安全阀、放空管、控制阀的顺序进行，止回阀的安装方向应使消防用水能从水泵接合器进入系统。 2. 水泵接合器接口的位置应方便操作，安装在便于消防车接近的人行道或非机动车行驶地段，距室外消火栓或消防水池的距离宜为15~40 m。 3. 墙壁水泵接合器的安装，其安装高度距地面宜为0.7 m；与墙面上的门、窗、孔、洞的净距离不应小于2.0 m，且不应安装在玻璃幕墙下方。 4. 地下水泵接合器的安装，应使进水口与井盖底面的距离不大于0.4 m，且不应小于井盖的半径，寒冷地区井内应做防冻保护

经典例题

1. 某消防技术服务机构对一超高层消防给水系统进行检测，该建筑设有减压阀分区供水方式，减压阀前设计工作压力为1.0 MPa，减压阀后静压为0.4 MPa，动压比为0.9。下列有关减压阀检测中，错误的是(　　)。

A. 减压阀达到设计流量的150%时，系统未出现噪声明显增加

B. 减压阀的出流量为设计流量的150%时，阀后动压为0.25 MPa

C. 测试减压阀的阀后静压为0.42 MPa

D. 减压阀的阀后动压为0.3 MPa

2. 下列有关消防水泵调试的说法，不正确的是(　　)。

A. 自动直接启动消防水泵时，消防水泵应在2 min内投入正常运行，且应无不良噪声和振动

B. 消防水泵的性能应与生产商提供的数据相符，并应满足设计流量和压力的要求

C. 当出流量为设计工作流量的1.5倍时，其出口压力不应低于设计工作压力的65%

D. 消防水泵零流量时的压力不应超过设计工作压力的140%

3. 下列关于消防水泵接合器安装要求的说法，正确的是(　　)。

A. 接口距室外消火栓或消防水池的距离不宜小于15 m，并不宜大于40 m

B. 墙壁消防水泵接合器的安装高度距地面宜为1.1 m

C. 水泵接合器处设置的永久性标志铭牌上应标明供水系统、供水范围和使用年限

D. 墙壁消防水泵接合器不应安装在玻璃幕墙下方

E. 地下消防水泵接合器井的砌筑应有防水和排水措施

【答案】 1. D　2. A　3. ADE

考点 40 给水管网安装要求

 储存阳光，必有远芳。心中有暖，又何惧人生荒凉！

管道连接	1. 消防管道工程常用的连接方式有螺纹连接、焊接连接、法兰连接、承插连接、沟槽连接等形式。 2. 消防给水管穿过墙体或楼板时要加设套管，套管长度不小于墙体厚度，或高出楼面或地面 50 mm；套管与管道的间隙应采用不燃材料填塞，管道的接口不应位于套管内。 3. 消防给水管必须穿过伸缩缝及沉降缝时，应采用波纹管和补偿器等技术措施
管网支吊架的安装	下列部位应设置固定支架或防晃支架： 1. 配水管宜在中点设一个防晃支架，当管径小于 DN50 时可不设。 2. 配水干管及配水管，配水支管的长度超过 15 m，每 15 m 长度内应至少设 1 个防晃支架，当管径不大于 DN40 时可不设。 3. 管径>DN50 的管道拐弯、三通及四通位置处应设 1 个防晃支架

经典例题

1. 下列关于室内消火栓灭火系统给水管网安装要求的说法，不正确的是(   )。

A. 消防给水管穿过楼板时应加设套管，套管长度应高出楼面或地面 50 mm

B. 消防给水管穿过伸缩缝或沉降缝时，应采用波纹管和补偿器等技术措施

C. 当管道穿梁安装时，穿梁处宜作为一个吊架

D. 宜在配水管的中点设一个防晃支架，但当管径小于 DN80 时可不设置

2. 施工人员在安装管径 DN80 的配水管道时，下列关于管道支架的设置，正确的是(   )。

A. 在配水管中点设一个防晃支架

B. 配水支管每 20 m 设一个防晃支架

C. 管道拐弯、三通及四通位置处各设一个防晃支架

D. 架空管道每段管道至少设置一个防晃支架

E. 立管两端采用管卡固定

【答案】1. D 2. ACDE

考点 41　稳压系统流量压力设计要求

 感情不是一个人的独角戏，好的感情都是相互的，别守着几个月都弄不懂的一个点。

稳压泵 流量	1. 稳压泵的设计流量不应小于消防给水系统管网的正常泄漏量和系统自动启动流量。 2. 消防给水系统管网的正常泄漏量应根据管道材质、接口形式等确定，当没有管网泄漏量数据时，稳压泵的设计流量宜按消防给水设计流量的 1%~3% 计，且不宜小于 1 L/s
稳压泵 压力	1. 稳压泵的设计压力应保持系统自动启泵压力。设置点处的压力在准工作状态时大于系统设置自动启泵压力值，且增加值宜为 0.07~0.10 MPa。 2. 稳压泵的设计压力应保持系统最不利点处水灭火设施在准工作状态时的静水压力应大于 0.15 MPa
稳压泵 设置	1. 设置稳压泵的临时高压消防给水系统应设置防止稳压泵频繁启停的技术措施。当采用气压水罐时，其调节容积应根据稳压泵启泵次数不大于 15 次/h 计算确定，但有效储水容积不宜小于 150 L。 2. 稳压泵吸水管应设置明杆闸阀，稳压泵出水管应设置消声止回阀和明杆闸阀。 3. 稳压泵应设置备用泵

经典例题 ·········

1. 某消防检测公司对一高层写字楼消火栓系统进行检测，该建筑高度 80 m，设有高位消防水箱和稳压泵，选择最不利点消火栓测量静水压力，静水压力大于（　　）MPa。

A. 0.07　　　　　　B. 0.1　　　　　　C. 0.15　　　　　　D. 0.2

2. 某高层住宅小区，有 8 栋 20 层住宅，最高一栋建筑高度为 57 m，20 层楼板标高为 54.2 m，高位消防水箱最低有效水位标高为 61.3 m，室内消防采用联合供水的临时高压消防给水系统，设计流量 45 L/s，室外埋地供水干管采用 DN200 球墨铸铁管，长 2 000 m，漏水率为 1.40 L/(min·km)，室内管网总的漏水量为 0.20 L/s，下列关于该系统稳压设施的设置和参数设计的做法中，符合安全可靠、经济合理要求的有（　　）。

A. 临时高压消防给水系统采用高位消防水箱加稳压泵稳压的方式

B. 高位消防水箱出水管的流量开关启动流量设计值为 1.2 L/s

C. 高位消防水箱出水管的流量开关启动流量设计值为 0.75 L/s

D. 高位消防水箱出水管的流量开关启动流量设计值为 0.30 L/s

E. 临时高压消防给水系统采用高位消防水箱稳压的方式

【答案】1. C　2. AB

考点 42　　消火栓分类

 就要努力实现梦想，以弥补小时候吹牛说那个东西是消火栓。

名称	组　件	作用
室外消火栓	1. 室外地上式消火栓应有一个直径为 150 mm 或 100 mm 和两个直径为 65 mm 的栓口。 2. 室外地下式消火栓应有直径为 100 mm 和 65 mm 的栓口各一个。 3. 保护半径不应大于 150.0 m，每个室外消火栓的出流量宜按 10~15 L/s 计算	供消防车取水；灭火
室内消火栓	1. 应采用 DN65 室内消火栓，并可与消防软管卷盘或轻便水龙设置在同一箱体内。 2. 应配置公称直径 65 mm 有内衬里的消防水带，长度不宜超过 25.0 m；消防软管卷盘应配置内径不小于 19 mm 的消防软管，其长度宜为 30.0 m；轻便水龙应配置公称直径 25 mm 有内衬里的消防水带，长度宜为 30.0 m。 3. 宜配置当量喷嘴直径 16 mm 或 19 mm 的消防水枪；消防软管卷盘和轻便水龙应配置当量喷嘴直径 6 mm 的消防水枪	室内灭火

经典例题

1. 室外消火栓保护半径不应大于(　　)m。

A. 50　　　　　　　　　　　　B. 100

C. 150　　　　　　　　　　　D. 120

2. 某消防施工单位为一栋高层建筑安装室外消防水泵接合器，下列做法不符合规范要求的是(　　)。

A. 对组装式水泵接合器进行安装时，施工人员按接口、本体、连接管、安全阀、止回阀、放空管、控制阀的顺序进行

B. 水泵接合器的接口位置应方便操作，安装在便于消防车接近的人行道或非机动车道行驶地段，距室外消火栓的距离为 30 m

C. 地下水泵接合器进水口与井盖底面的距离为 0.35 m，其中井盖的半径为 0.3 m

D. 地下水泵接合器井盖应采用铸铁井盖，并铸有"消防水泵接合器"标志

【答案】1. C　2. A

考点 43　消火栓系统组件进场检查

时间只是过客，自己才是主人。人生的路无需苛求，只要你迈步，路就在你的脚下延伸。只要你干消防，就有消火栓进场检查。

室外消火栓	1. 产品标识。 2. 消防接口。 3. 排放余水装置。 4. 材料
室内消火栓	1. 产品标识。 2. 手轮。 3. 材料
消火栓固定接口密封性能试验	从每批中抽查 1%，但不应少于 5 个。应缓慢而均匀地升压 1.6 MPa，应保压 2 min，以无渗漏、无损伤为合格。当两个及两个以上不合格时，不应使用该批消火栓。当仅有 1 个不合格时，应再抽查 2%，但不应少于 10 个，并应重新进行密封性能试验；当仍有不合格时，亦不应使用该批消火栓
消防水带	1. 产品标识。 2. 织物层外观质量。 3. 水带长度。 4. 密封性能试验：消防水带在 0.8 MPa 水压下，保压 5 min，消防水带全长应无泄漏现象。 5. 耐压性能试验：消防水带在 1.2 MPa 水压下，保压 5 min，应无渗漏现象。在 2.4 MPa 水压下，保压 5 min，不应爆破
消防水枪	1. 表面质量。 2. 抗跌落性能：将水枪以喷嘴垂直朝上、喷嘴垂直朝下以及水枪轴线处于水平三个位置，从离地 2.0 m±0.02 m 高处自由跌落到混凝土地面上。水枪在每个位置各跌落两次，然后再检查水枪。 3. 密封性能：缓慢加压至最大工作压力的 1.5 倍，保压 2 min，水枪不应出现裂纹、断裂或影响正常使用的残余变形
消防接口	1. 外观。 2. 抗跌落性能：水带接口从 1.50 m 高处自由跌落 5 次，应无损坏并能正常操作。 3. 密封性能试验：消防接口在 1.6 MPa 水压下，保压 2 min，应无渗漏现象。 4. 水压强度试验：消防接口在 2.4 MPa 水压下，保压 2 min，不应出现裂纹或断裂现象。试验后应能正常操作使用

经典例题

1. 技术人员对某批到场的消防水带进行现场检查，水带的设计工作压力为 1.0 MPa。下列可判断水带压力试验合格的是(   )。

A. 将水带加压至 1.0 MPa，如果水带刚好爆破，则可判断合格

B. 将水带加压至 1.8 MPa，如果水带刚好爆破，则可判断合格

C. 将水带加压至 2.4 MPa，如果水带刚好爆破，则可判断合格

D. 将水带加压至 3.0 MPa，如果水带刚好爆破，则可判断合格

2. 下列关于消防水带、消防水枪、消防接口的检查，说法错误的是(   )

A. 常用 8 型水带的工作压力为 0.8 MPa，试验压力为 1.2 MPa，爆破压力不小于 2.4 MPa

B. 水枪密封性能试验压力为最大工作压力的 1.5 倍，保压 2 min

C. 消防接口的抗跌落性能检查，将接口的最低点离地面 1.5 m±0.05 m 高度，然后自由跌落到混凝土地面上，反复进行 3 次试验

D. 水枪抗跌落性能检查，将喷嘴垂直朝上、喷嘴垂直朝下以及水枪轴线处于水平 3 个位置，从离地 2.0 m±0.02 m 高处自由跌落到混凝土地面上

3. 消防水枪施工现场进场检查项目，不包括的是(   )。

A. 表面质量　　　B. 抗跌落性能　　　C. 耐压性能　　　D. 密封性能

【答案】1. D　2. C　3. C

考点 44　室外消火栓安装要求

 我不去想是否能够成功，既然选择了远方，便只顾风雨兼程。

安装要求	1. 地上式室外消火栓安装时，消火栓栓口距离地面高度宜为 0.45 m，消火栓弯管底部应设支墩或支座。 2. 地下式室外消火栓顶部进水口或顶部出水口应正对井口。顶部进水口或顶部出水口与消防井盖底面的距离不应大于 0.4 m。 3. 地下式室外消火栓，地下消火栓井的直径不宜小于 1.5 m。 4. 按数量抽查 30%，但不应小于 10 个
检测验收	1. 室外消火栓的选型、规格、数量、安装位置应符合设计要求。 2. 同一建筑物内设置的室外消火栓应采用统一规格的栓口及配件。 3. 室外消火栓应设置明显的永久性固定标志。 4. 室外消火栓水量及压力应满足要求。 5. 抽查消火栓数量 10%，合格率应为 100%

经典例题

1. 某消防检测机构对一栋一类高层住宅楼的消防给水系统进行检测。关于室外地上消火栓的安装要求，以下说法不符合消防标准的是(   )。

A. 室外消火栓设置了明显的永久性固定标志

B. 消火栓弯管底部设支墩

C. 某室外消火栓距离其控制阀门井 1.2 m

D. 室外消火栓管道上两个最近闸阀之间间隔 6 个消火栓

2. 某消防检测机构对一栋二类高层商住楼的消防给水系统进行检测。对下列检查情况，不符合要求的是（　　）。

A. 室外地上式消火栓有一个直径为 100 mm 和两个直径为 65 mm 的栓口

B. 底层商业部分采用 DN65 室内消火栓，并设置了消防软管卷盘与消火栓在同一箱体内

C. 底层商业部分配置公称直径 65 mm 有内衬里的消防水带，长度为 25 m

D. 住宅部分配置了干式消火栓和消防软管卷盘，消防软管为 19 型

【答案】1. D　2. D

考点 45　室内消火栓安装要求

室内消火栓的安装调试，这个考点怎能空空如也？

室内消火栓	1. 同一建筑物内设置的消火栓应采用统一规格的栓口、水枪和水带及配件。 2. 消火栓栓口出水方向宜向下或与墙面成 90°，栓口不应安装在门轴侧。 3. 消火栓栓口中心距地面应为 1.1 m±20 mm。 检查数量：抽查 30%，但不应小于 10 个
消火栓箱	1. 阀门的设置位置应便于操作使用，阀门的中心距箱侧面为 140 mm，距箱后内表面为 100 mm，允许偏差±5 mm。 2. 消火栓箱体安装的垂直度允许偏差为±3 mm。 3. 消火栓箱门的开启角度不应小于 120°。 检查数量：抽查 30%，但不应小于 10 个
消火栓的调试和测试	1. 试验消火栓动作时，应检测消防水泵是否在规定的时间内自动启动。 2. 试验消火栓动作时，应测试其出流量、压力和充实水柱的长度，并应根据消防水泵的性能曲线核实消防水泵供水能力。 3. 应检查旋转型消火栓的性能能否满足其性能要求。 4. 应采用专用检测工具，测试减压稳压型消火栓的阀后动静压是否满足设计要求。 检查数量：全数检查

经典例题

1. 某消防检测维保单位受某商场委托，进行室内消火栓箱的检查，以下不符合消防技术标准的是（　　）。

A. 某安装在消防电梯前室的消火栓箱箱门开启角度为 140°

B. 消火栓箱体安装的垂直度偏差为 4 mm

C. 相邻的两个消火栓箱，安装间距为 25 m，栓口安装高差 5 mm

D. 栓口安装高度为 1.1 m，阀门距离消火栓箱侧面距离 140 mm

E. 室内消火栓安装在门轴侧，不影响使用

2. 对某建筑内安装的室内消火栓进行检查，下列检查结果中，不符合相关规范要求的是(　　)。

A. 隐蔽安装的室内消火栓处设有明显的标志，且便于查找消火栓

B. 消火栓栓口出水方向向下，且栓口未安装在门轴侧

C. 消火栓栓口中心距地面 1.3 m

D. 建筑内安装有 DN65 室内消火栓，部分为 16 mm 水枪，其余配置 19 mm 水枪

E. 试验用消火栓栓口处设置了压力表

3. 某多层丙类厂房采用临时高压消防给水系统，室内外消火栓的设计流量均为 20 L/s，系统设计扬程为 0.95 MPa，厂房顶部设有高位消防水箱和增压设备。消防检测机构对该系统进行检测，检测结果如下，其中不符合现行国家技术标准的是(　　)。

A. 设置了两个室外消火栓

B. 消防水泵出流量达到设计流量的 150% 时，水泵出口压力为 0.63 MPa

C. 高位消防水箱的有效容积为 12 m³

D. 最不利点消火栓处的静水压力为 0.1 MPa

E. 配置了 DN65 的室内消火栓和长度为 30 m 的消防水带

【答案】1. BE　　2. CD　　3. DE

考点 46　　室内消火栓系统验收

相信自己，坚信自己的目标，去承受常人承受不了的磨难与挫折，不断去努力去奋斗，成功最终就会是你的！

消防水泵	1. 消防水泵应采用自灌式引水方式，并应保证全部有效储水被有效利用。 2. 分别开启系统中的每一个末端试水装置、试水阀和试验消火栓，水流指示器、压力开关、压力开关（管网）、高位消防水箱流量开关等信号的功能，均应符合设计要求。 3. 打开消防水泵出水管上试水阀，当采用主电源启动消防水泵时，消防水泵应启动正常；关掉主电源，主、备电源应能正常切换；备用泵启动和相互切换正常；消防水泵就地和远程启停功能应正常。 4. 消防水泵停泵时，水锤消除设施后的压力不应超过水泵出口设计工作压力的 1.4 倍。 5. 消防水泵启动控制应置于自动启动挡。 检查数量：全数检查

续表

稳压泵	1. 稳压泵在 1 h 内的启停次数应符合设计要求，并不宜大于 15 次/h。 2. 稳压泵供电应正常，自动手动启停应正常；关掉主电源，主、备电源应能正常切换。 检查数量：全数检查
干式消火栓系统报警阀组	1. 水力警铃的设置位置应正确。测试时，水力警铃喷嘴处压力不应小于 0.05 MPa，且距水力警铃 3 m 远处警铃声声强不应小于 70 dB。 2. 控制阀均应锁定在常开位置。 3. 与空气压缩机或火灾自动报警系统的联锁控制，应符合设计要求。 检查数量：全数检查
管网	1. 干式消火栓系统允许的最大充水时间不应大于 5 min。 2. 干式消火栓系统报警阀后的管道仅应设置消火栓和有信号显示的阀门。 检查数量：全数抽查；架空管道的立管、配水支管、配水管、配水干管设置的支架，抽查 20%，且不应少于 5 处
消火栓	检查消火栓的设置场所、位置、规格、型号、安装高度、设置位置。 检查数量：抽查消火栓数量 10%，且总数每个供水分区不应少于 10 个，合格率应为 100%

经典例题

1. 某消防工程施工单位在消火栓系统安装结束后对系统进行调试，根据现行国家标准《消防给水及消火栓系统技术规范》（GB 50974—2014），关于消火栓调试和测试说法中，正确的是(　　)。

A. 只需测试屋顶消火栓的出流量、压力

B. 应根据试验消火栓的流量，检测减压阀的减压能力

C. 应在消防水泵启动后，检测水泵自动停泵的时间

D. 应检查旋转型消火栓的性能

2. 某消防工程施工单位对消火栓系统进行施工前的进场检验，根据现行国家标准《消防给水及消火栓系统技术规范》（GB 50974—2014），关于消火栓固定接口密封性能现场试验的说法中，正确的是(　　)。

A. 试验数量宜从每批中抽查 1%，但不应少于 5 个

B. 当仅有 1 个不合格时，应再抽查 1%，但不应少于 5 个

C. 应缓慢而均匀地升压至 1.6 MPa，并应保压 1 min

D. 当第 2 次抽查仍有不合格时，应继续进行批量抽查，抽查数量按前次递增

3. 某消防检测机构对一栋二类高层商务楼的消防给水系统进行检测。该建筑室外有两路消防进水，自动喷水灭火系统设计流量为 27 L/s，设计扬程为 1.0 MPa；室内消火栓系统设计流量为 20 L/s，设计扬程为 0.98 MPa；系统采用稳高压临时给水系统。查验验收报告，系统所有检测合格。检测消防泵性能及其运转情况，下列检测结果中，符合现行国家消防技术标准的是(　　)。

A. 自动喷水泵零流量时的压力为 1.5 MPa

B. 自动喷水灭火系统最不利点末端试水装置打开 35 s 后，流量开关发出信号启动自动喷水泵

C. 最不利点消火栓静水压为 0.1 MPa

D. 模拟故障功能切换时，消火栓备用泵在 150 s 时启动

4. 对某二类高层公共建筑设置的消防水泵进行验收检查，根据现行国家标准《消防给水及消防火栓系统技术规范》（GB 50974—2014），关于消防水泵验收要求的做法，正确的有(　　)。

A. 消防水泵应采用自灌式引水方式，消防水池的最低有效水位低于消防水泵出水管

B. 消防主泵就地启泵 30 s 启动，备用泵远程启泵 60 s 启动

C. 打开消防出水管上试水阀，当采用主电源启动消防水泵时，消防水泵正常启动

D. 消防水泵启动控制置于自动启动挡

E. 消防水泵停泵时，水锤消除设施后的压力为水泵出口设计工作压力的 1.2 倍

【答案】1. D　2. A　3. B　4. CDE

考点 47　自动喷水灭火系统组件现场检查

人间没有不弯的路，世上没有不谢的花。通往注消的路，不会没有个喷水灭火系统!

管材	镀锌钢管、不锈钢管、铜管、涂覆钢管、氯化聚氯乙烯（PVC-C）管及其管件应进行现场外观检查。 检查数量：全数检查
喷头	1. 喷头的商标、型号、公称动作温度、响应时间指数（RTI）、制造厂及生产日期等标志应齐全。 2. 闭式喷头应进行密封性能试验，以无渗漏、无损伤为合格。从每批中抽查 1%，并不得少于 5 只，试验压力应为 3.0 MPa，保压时间不得少于 3 min。当仅有一只不合格时，应再抽查 2%，并不得少于 10 只，并重新进行密封性能试验；累计两只及两只以上不合格时，不得使用该批喷头。 检查数量：全数检查
阀门及其附件	报警阀应进行渗漏试验。试验压力应为额定工作压力的 2 倍，保压时间不应小于 5 min，阀瓣处应无渗漏。 检查数量：全数检查

经典例题

1. 自动喷水灭火系统施工安装前，需要对到场的报警阀组进行现场检查，其中报警阀组的渗漏试验要求试验压力为额定工作压力(　　)倍的静水压力。

A. 1　　　　　　　　B. 2　　　　　　　　C. 3　　　　　　　　D. 4

2. 某工地按现行国家标准要求，对自动喷水灭火系统材料组件进行进场检查。下列检查项目中，不正确的是(　　)。

A. 喷头、报警阀组、压力开关、水流指示器、消防水泵、水泵接合器等系统主要组件，应经国家消防产品质量监督检验中心检测合格

B. 稳压泵、自动排气阀、信号阀、多功能水泵控制阀、止回阀、泄压阀、减压阀、蝶阀、闸阀、压力表等，应经相应国家产品质量监督检验中心检测合格

C. 镀锌钢管、不锈钢管、涂覆钢管、氯化聚氯乙烯管及其管件应进行现场外观检查，均应全数检查

D. 水流指示器、水泵接合器、减压阀、止回阀、闸阀、过滤器、泄压阀、多功能水泵控制阀应全数检查，并有水流方向的永久性标志

3. 某建设工地新到一批喷头，共有 800 只，其中闭式喷头 300 只，开式喷头 500 只，下列关于该批喷头的密封性能试验，说法正确的是(　　)。

A. 应随机从闭式喷头中抽取 10 只作为试验喷头

B. 应随机从闭式喷头中抽取 5 只作为试验喷头

C. 应随机从整批喷头中抽取 10 只作为试验喷头

D. 试验压力 3 MPa，保压时间不少于 3 min

E. 首次进行密封性能试验，当发现有 2 只喷头不合格时，应加倍抽样再次检测

【答案】 1. B　2. D　3. BD

考点48　　自动喷水灭火系统喷头安装要求

大地因有绿色，而生机勃勃；天空因有云朵，而神采奕奕；人生因有梦想，而充满动力。注消考试，因为有这个考点变得容易得分。

直立型、下垂型标准覆盖面积洒水喷头的布置，包括同一根配水支管上喷头的间距及相邻配水支管的间距，应根据设置场所的火灾危险等级、洒水喷头类型和工作压力确定，并不应大于下表的规定，且不应小于 1.8 m

表 7.1.2　直立型、下垂型标准覆盖面积洒水喷头的布置

安装间距	火灾危险等级	正方形布置的边长/m	矩形或平行四边形布置的长边边长/m	一只喷头的最大保护面积/m²	喷头与端墙的距离/m	
					最大	最小
	轻危险级	4.4	4.5	20.0	2.2	0.1
	中危险级Ⅰ级	3.6	4.0	12.5	1.8	
	中危险级Ⅱ级	3.4	3.6	11.5	1.7	
	严重危险级、仓库危险级	3.0	3.6	9.0	1.5	

注：1. 设置单排洒水喷头的闭式系统，其洒水喷头间距应按地面不留漏喷空白点确定。
　　2. 严重危险级或仓库危险级场所宜采用流量系数大于 80 的洒水喷头。

喷头与顶板、障碍物的距离	1. 除吊顶型洒水喷头及吊顶下设置的洒水喷头外，直立型、下垂型标准覆盖面积洒水喷头和扩大覆盖面积洒水喷头溅水盘与顶板的距离应为 75~150 mm，并应符合下列规定： （1）当在梁或其他障碍物底面下方的平面上布置洒水喷头时，溅水盘与顶板的距离不应大于 300 mm，同时溅水盘与梁等障碍物底面的垂直距离应为 25~100 mm。 （2）当在梁间布置洒水喷头确有困难时，溅水盘与顶板的距离不应大于 550 mm。 （3）密肋梁板下方的洒水喷头，溅水盘与密肋梁板底面的垂直距离应为 25~100 mm。 2. 当梁、通风管道、排管、桥架宽度大于 1.2 m 时，增设的喷头应安装在其腹面以下部位。 3. 下垂式早期抑制快速响应（ESFR）喷头溅水盘与顶板的距离应为 150~360 mm。直立式早期抑制快速响应（ESFR）喷头溅水盘与顶板的距离应为 100~150 mm

经典例题

1. 根据《自动喷水灭火系统施工及验收规范》（GB 50261—2017）的规定，当梁、通风管道、排管、桥架宽度大于(   )m 时，应在其腹面以下增设喷头。

A. 0. 5　　　　　　　　　　　　　B. 1. 0

C. 1. 2　　　　　　　　　　　　　D. 1. 5

2. 下列关于喷头安装的做法，正确的是(   )。

A. 当喷头的公称直径小于 10 mm 时，在系统配水干管、配水管上安装过滤器

B. 梁、通风管道、排管、桥架宽度大于 1. 2 m 时，在其腹面以下部位增设喷头

C. 直立型标准喷头溅水盘与顶板的距离为 80 mm

D. 下垂型标准喷头溅水盘与顶板的距离为 160 mm

E. 在梁下布置喷头时，溅水盘与梁的距离为 20 mm

3. 消防技术服务机构的检测人员对某写字楼内设置的湿式自动喷水灭火系统进行检查，对喷头的检查结果如下，其中符合相关施工验收规范要求的有(   )。

A. 部分喷头的溅水盘有变形

B. 在易受机械损伤处的喷头处加设了喷头防护罩

C. 某会议室内安装了 $K=80$ 和 $K=115$ 两种喷头

D. 在吊顶下安装了下垂型喷头

E. 在地下车库内梁下安装的喷头溅水盘与梁底面的垂直距离为 15 mm

【答案】 1. C　2. ABC　3. BD

考点 49　报警阀组调试

 命运要你成长的时候，就一定会安排一些让你不顺心的事儿或人去刺激你，别恐慌，报警阀组调试就这样。

安装要求	1. 应在供水管网试压、冲洗合格后进行。 2. 安装时应先安装水源控制阀、报警阀，然后进行报警阀辅助管道的连接。水源控制阀、报警阀与配水干管的连接，应使水流方向一致。 3. 安装的位置距室内地面高度宜为 1.2 m；两侧与墙的距离不应小于 0.5 m；正面与墙的距离不应小于 1.2 m；报警阀组凸出部位之间的距离不应小于 0.5 m
湿式报警阀调试	在末端装置处放水，当湿式报警阀进口水压大于 0.14 MPa、放水流量大于 1 L/s 时，报警阀应及时启动；带延迟器的水力警铃应在 5~90 s 内发出报警铃声，不带延迟器的水力警铃应在 15 s 内发出报警铃声；压力开关应及时动作，启动消防泵并反馈信号
干式报警阀调试	开启系统试验阀，报警阀的启动时间、启动点压力、水流到试验装置出口所需时间，均应符合设计要求
雨淋阀调试	宜利用检测试验管道进行。自动和手动方式启动的雨淋阀，应在 15 s 之内启动；公称直径大于 200 mm 的雨淋阀调试时，应在 60 s 之内启动。雨淋阀调试时，当报警水压为 0.05 MPa 时，水力警铃应发出报警铃声
检查方法	检查数量：全数检查。 检查方法：使用压力表、流量计、秒表、声强计和观察检查

经典例题

1. 某建设单位对一图书城内预作用系统进行竣工验收，该预作用系统由火灾自动报警系统和充气管道上设置的压力开关开启的预作用装置，其配水管道充水时间不宜大于（　　）min。

A. 2　　　　　　　　　　　　　　B. 1

C. 3　　　　　　　　　　　　　　D. 4

2. 对雨淋系统进行功能性检测时，应注意检查雨淋阀的启动时间。某雨淋系统安装的雨淋阀的公称直径为 200 mm，当联动信号发出后该雨淋阀应在（　　）s 内启动。

A. 5　　　　　　　　　　　　　　B. 15

C. 60　　　　　　　　　　　　　　D. 90

3. 关于报警阀组的调试，以下说法错误的是（　　）。

A. 湿式报警阀组，不带延迟器的水力警铃应在 15 s 内发出报警铃声，压力开关动作并反馈信号

B. 干式报警阀组调试时，充水时间不应大于 1 min

C. 公称直径 DN100 的雨淋阀报警阀组调试时，在联动控制信号发出后，雨淋阀组应在 15 s 内启动

D. 公称直径 DN250 的雨淋阀报警阀组调试时，在联动控制信号发出后，雨淋阀组应在 30 s 内启动

4. 某施工单位为保证报警阀组及其附件的安装质量和基本性能要求，对到场的报警阀组进行安装前检测，下列属于检测项目的有(　　)。

A. 外观质量　　　　　　　　　　B. 渗漏试验

C. 阀门材质　　　　　　　　　　D. 密封性能

E. 报警阀结构

【答案】1. B　2. B　3. D　4. ABE

考点 50　自动喷水灭火系统竣工验收

每天都为实现梦想而奋斗，　不要让你的梦想只是梦想。

验收内容	资料、供水水源、消防泵房、消防水泵、报警阀组、管网、喷头、水泵接合器、系统流量、压力、系统模拟灭火功能
资料验收	1. 竣工验收申请报告、设计变更通知书、竣工图。 2. 工程质量事故处理报告。 3. 施工现场质量管理检查记录。 4. 自动喷水灭火系统施工过程质量管理检查记录。 5. 自动喷水灭火系统质量控制检查资料。 6. 系统试压、冲洗记录。 7. 系统调试记录
消防水泵验收	1. 湿式自动喷水灭火系统的最不利点做末端放水试验时，自放水开始至水泵启动时间不应超过 5 min。 2. 打开消防水泵出水管上试水阀，当采用主电源启动消防水泵时，消防水泵应启动正常。关掉主电源，主、备电源应能正常切换。备用电源切换时，消防水泵应在 1 min 或 2 min 内投入正常运行。自动或手动启动消防泵时应在 55 s 内投入正常运行。 3. 消防水泵停泵时，水锤消除设施后的压力不应超过水泵出口额定压力的 1.3~1.5 倍。 4. 对消防气压给水设备，当系统气压下降到设计最低压力时，通过压力变化信号应能启动稳压泵。 5. 消防水泵启动控制应置于自动启动档，消防水泵应互为备用

报警阀组的验收	1. 水力警铃的设置位置应正确。测试时，水力警铃喷嘴处压力不应小于 0.05 MPa，且距水力警铃 3 m 远处警铃声声强不应小于 70 dB。 2. 打开手动试水阀或电磁阀时，雨淋阀组动作应可靠。 3. 打开末端试（放）水装置，当流量达到报警阀动作流量时，湿式报警阀和压力开关应及时动作，带延迟器的报警阀应在 90 s 内压力开关动作，不带延迟器的报警阀应在 15 s 内压力开关动作。雨淋报警阀动作后 15 s 内压力开关动作
管网验收	1. 报警阀组、压力开关、止回阀、减压阀、泄压阀、电磁阀全数检查，合格率应为 100%。 2. 闸阀、信号阀、水流指示器、减压孔板、节流管、柔性接头、排气阀等抽查设计数量的 30%，数量均不少于 5 个，合格率应为 100%。 3. 干式系统、由火灾自动报警系统和充气管道上设置的压力开关开启预作用装置的预作用系统，其配水管道充水时间不宜大于 1 min。 4. 雨淋系统和仅由火灾自动报警系统联动开启预作用装置的预作用系统，其配水管道充水时间不宜大于 2 min
喷头验收	1. 喷头设置场所、规格、型号、公称动作温度、响应时间指数（RTI）应符合设计要求。 检查数量：抽查设计喷头数量 10%，总数不少于 40 个，合格率应为 100%。 2. 喷头安装间距，喷头与楼板、墙、梁等障碍物的距离应符合设计要求。 检查数量：抽查设计喷头数量 5%，总数不少于 20 个，距离偏差 ±15 mm，合格率不小于 95% 时为合格。 3. 各种不同规格的喷头均应有一定数量的备用品，其数量不应小于安装总数的 1%，且每种备用喷头不应少于 10 个

经典例题

1. 某消防检测公司对一干式系统施工完成后进行验收，下列有关检查要求的说法，不正确的是(　　)。

A. 采用秒表测量系统管网充水时间不大于 1 min

B. 各种不同规格的喷头的备用品数量按安装喷头总数的 1% 配置

C. 采用声级计测量距水力警铃 3 m 远处警铃声声强不小于 70 dB

D. 采用压力表测试水力警铃喷嘴处的压力不小于 0.05 MPa

2. 自动喷水灭火系统在年度检测中对湿式报警阀组进行检测时，开启末端试水装置(　　)内，消防水泵自动启动。

A. 2 min　　　　　　　　　　　　B. 3 min

C. 4 min　　　　　　　　　　　　D. 5 min

3. 某高层建筑，建筑高度 50 m，设有 3 台湿式报警阀。下列关于该系统验收的说法中，正确的有(　　)。

A. 打开消防水泵出水管上试水阀，当采用主电源启动消防水泵时，一组消防水泵应在55 s内投入正常运行

B. 末端试水装置的出流量应由系统流量系数最大的喷头确定

C. 进行末端试水装置处放水试验时，自放水开始至水泵启动时间不应超过 5 min

D. 打开湿式报警阀组试水阀，以 1.2 L/s 的流量放水，不带延迟器的水力警铃最迟在 30 s 内发出报警铃声

E. 末端试水装置的出水采取孔口出流的方式排入排水管道，排水管道的直径为 DN75

【答案】1. B　2. D　3. CE

考点 51　自动喷水灭火系统常见故障分析

 成功的路上并不拥挤，因为有些人走到半路就被困难打败了。

一、湿式报警阀组

故障类型	原 因 分 析
报警阀组漏水	1. 排水阀门未完全关闭。 2. 阀瓣密封垫老化或者损坏。 3. 系统侧管道接口渗漏。 4. 报警管路测试控制阀渗漏。 5. 阀瓣组件与阀座之间因变形或者污垢、杂物出现不密封状态
报警阀启动后报警管路不排水	1. 报警管路控制阀关闭。 2. 限流装置过滤网被堵塞
报警阀报警管路误报警	1. 未按照安装图纸安装或者未按照调试要求进行调试。 2. 报警阀组渗漏通过报警管路流出。 3. 延迟器下部孔板溢出水孔堵塞，发生报警或者缩短延迟时间
水力警铃工作不正常（不响、响度不够、不能持续报警）	1. 产品质量问题或者安装调试不符合要求。 2. 控制口阻塞或者铃锤机构被卡住
开启测试阀，消防水泵不能正常启动	1. 压力开关设定值不正确。 2. 消防联动控制设备中的控制模块损坏。 3. 水泵控制柜、联动控制设备的控制模式未设定在"自动"状态

二、雨淋阀组常见故障分析、处理

故障类型	原 因 分 析
压力表读数不在正常范围	1. 供水控制阀未打开。 2. 压力表管路堵塞。 3. 报警阀体漏水。 4. 压力表管路控制阀未打开或者开启不完全

续表

故障类型	原　因　分　析
自动滴水阀漏水	1. 产品存在质量问题。 2. 安装调试或者平时定期试验、实施灭火后，没有将系统侧管内的余水排尽。 3. 雨淋报警阀隔膜球面中线密封处因施工遗留的杂物、不干净消防用水中的杂质等导致球状密封面不能完全密封
雨淋报警阀不能进入伺应状态	1. 复位装置存在问题。 2. 未按照安装调试说明书将报警阀组调试到伺应状态（隔膜室控制阀、复位球阀未关闭）。 3. 消防用水水质存在问题，杂质堵塞了隔膜室管道上的过滤器

三、水流指示器

故障类型	原　因　分　析
达到规定流量时水流指示器不动作	1. 桨片被管腔内杂物卡阻。 2. 调整螺母与触头未调试到位。 3. 电路接线脱落

经典例题

1. 某消防技术服务机构对商场设置的自动喷水灭火系统进行年度检测时发现，湿式报警阀处地面有大量渗漏水。下列不属于自动喷水灭火系统的湿式报警阀组漏水原因的是(　　　)。

A. 限流装置过滤网被堵塞　　　　　　B. 阀瓣密封垫老化或者损坏

C. 排水阀门未完全关闭　　　　　　　D. 报警管路测试控制阀渗漏

2. 某消防技术服务机构对某单位设置的自动喷水灭火系统进行年度检测时发现，打开末端试水装置，达到规定的流量时水流指示器动作并发出信号，报警阀打开，压力开关正常动作，但水力警铃不响。对出现这种故障的原因进行分析，则原因最有可能是(　　　)。

A. 报警管路延迟器堵塞

B. 水力警铃铃锤被卡住

C. 报警管路堵塞

D. 报警阀漏水

3. 某消防设施检测机构的人员对某办公楼设置的湿式自动喷水灭火系统进行检测，打开末端试水装置，流量开关和水流指示器均正常动作，发现消防水泵不能正常启动，下列有关消防水泵不能启动原因的分析，正确的是(　　　)。

A. 高位消防水箱流量开关设定值不正确

B. 消防水泵控制柜未打在"自动"状态

C. 水流指示器的报警信号没有反馈到联动控制设备

D. 流量开关与水泵控制柜之间连线断开

E. 消防联动控制设备中的控制模板损坏

4. 对某商业建筑内设置的湿式自动喷水灭火系统进行检查，开启末端试水装置，发现水流指示器在规定的时间内不动作，对出现这种情况的原因进行分析，下列说法正确的是(　　)。

A. 水流指示器的控制线路断路

B. 水流指示器的桨片被阻

C. 报警管路上的球阀未启

D. 水流指示器距信号阀的距离过远

E. 水流指示器的调整螺母与触头未调试到位

【答案】1. A　2. B　3. BD　4. ABE

考点 52　　水喷雾系统调试

有滴水才有穿石，有小川才有大海，有跬步才有千里。

试验内容	1. 水源测试。 2. 动力源和备用动力源切换试验。 3. 消防水泵调试。 4. 稳压泵调试。 5. 雨淋报警阀、电动控制阀、气动控制阀的调试。 6. 排水设施调试。 7. 联动试验
主动力源和备用动力源进行切换试验	检查方法：以自动和手动方式各进行 1~2 次试验。 检查数量：全数检查
雨淋报警阀调试	宜利用检测、试验管道进行。自动和手动方式启动的雨淋报警阀应在 15 s 之内启动；公称直径大于 200 mm 的雨淋报警阀调试时，应在 60 s 之内启动，雨淋报警阀调试时，当报警水压为 0.05 MPa 时，水力警铃应发出报警铃声。 检查数量：全数检查
联动试验	1. 采用模拟火灾信号启动系统，相应的分区雨淋报警阀（或电动控制阀、气动控制阀）、压力开关和消防水泵及其他联动设备均应能及时动作并发出相应的信号。 2. 采用传动管启动的系统，启动 1 只喷头，相应的分区雨淋报警阀、压力开关和消防水泵及其他联动设备均应能及时动作并发出相应的信号。 检查数量：全数检查。 检查方法：当为手动控制时，以手动方式进行 1~2 次试验；当为自动控制时，以自动和手动方式各进行 1~2 次试验，并用压力表、流量计、秒表计量

经典例题

1. 下列关于水喷雾灭火系统报警阀组验收的说法，不符合要求的是（   ）。

A. 水力警铃喷嘴处压力不应小于 0.05 MPa，且距水力警铃 3 m 远处警铃声强不应小于 70 dB

B. 打开手动试水阀或电磁阀时，报警阀组动作应可靠

C. 公称直径大于 200 mm 的雨淋阀在调试时，应在 90 s 内启动

D. 与火灾自动报警系统的联动控制，应符合设计要求

2. 某液化石油气罐（瓶）间采用水喷雾灭火系统进行防护冷却保护，系统中安装的雨淋阀的公称直径为 150 mm，喷头数量为 20 只。系统施工结束后调试人员对其进行调试验收，下列有关调试的说法不正确的是（   ）

A. 雨淋报警阀的调试宜利用检测、试验管道进行

B. 以自动方式启动雨淋阀，雨淋阀应能在 15 s 内启动

C. 当报警水压为 0.05 MPa 时，水力警铃 3 m 位置的声强为 65 dB

D. 每个型号水喷雾喷头备用数量为 5 只

【答案】1. C   2. C

考点 53   细水雾系统组件安装要求

趁年轻去吃苦，去拼搏，等年老时，回忆里满是骄傲，这是别人给不了你的。

	1. 喷头与无绝缘带电设备的最小距离：	
	带电设备额定电压等级/kV	最小距离/m
喷头	$110<U\leqslant220$	2.2
	$35<U\leqslant110$	1.1
	$U\leqslant35$	0.5
	2. 喷头与管道的连接宜采用端面密封或 O 形圈密封，不应采用聚四氟乙烯、麻丝、黏结剂等作密封材料	
分区控制阀	安装高度宜为 1.2~1.6 m，操作面与墙或其他设备的距离不应小于 0.8 m	
管道	1. 系统管道应采用冷拔法制造的奥氏体不锈钢钢管，或其他耐腐蚀和耐压性能相当的金属管道。 2. 系统管道宜采用专用接头或法兰连接，也可采用氩弧焊焊接。 3. 设置在有爆炸危险环境中的系统，其管网和组件应采取静电导除措施	

经典例题

1. 某柴油发电机房，采用细水雾灭火系统进行保护，系统安装完毕后，专业技术人员对细水雾灭火系统进行冲洗和试压时，下列做法正确的有(　　)。

A. 管道冲洗分区、分段进行，管道冲洗的流速大于设计流速

B. 管道冲洗的水流方向与灭火时管网的水流方向相反

C. 管道冲洗合格后，管道应进行压力试验，试验压力应为系统工作压力的 1.5 倍

D. 管道试压用水的水质应采用生活饮用水标准

E. 管道试压的测试点宜设在系统管网的最高点

2. 某消防施工单位，在某银行的计算机房安装细水雾灭火系统时，系统主要的组件安装按照如下的方式进行，其中不符合规范要求的是(　　)。

A. 喷头的安装应在管道试压、吹扫合格后进行

B. 喷头应采用专用的扳手安装，不应对喷头进行拆装

C. 施工人员将喷头与管道的连接采用 O 形密封圈或者采用黏结剂黏结密封

D. 控制阀组中的分区控制阀的安装高度设定为 1.3 m，并且将操作面与墙面的距离设定为 0.9 m

E. 喷头与墙壁的距离为 1.8 m

【答案】1. AC　2. CE

考点 54　　细水雾系统联动调试

 很多笑容背后都是咬紧牙关的拼命努力。

一般要求	系统应进行联动试验，对于允许喷雾的防护区或保护对象，应至少在 1 个区进行实际细水雾喷放试验；对于不允许喷雾的防护区或保护对象，应进行模拟细水雾喷放试验
开式系统	1. 进行实际细水雾喷放试验时，可采用模拟火灾信号启动系统，分区控制阀、泵组或瓶组应能及时动作并发出相应的动作信号，系统的动作信号反馈装置应能及时发出系统启动的反馈信号，相应防护区或保护对象保护面积内的喷头应喷出细水雾。 2. 进行模拟细水雾喷放试验时，应手动开启泄放试验阀，采用模拟火灾信号启动系统时，泵组或瓶组应能及时动作并发出相应的动作信号，系统的动作信号反馈装置应能及时发出系统启动的反馈信号。 检查数量：全数检查
闭式系统	闭式系统的联动试验可利用试水阀放水进行模拟。打开试水阀后，泵组应能及时启动并发出相应的动作信号；系统的动作信号反馈装置应能及时发出系统启动的反馈信号。 检查数量：全数检查

续表

联动试验	当系统需与火灾自动报警系统联动时，可利用模拟火灾信号进行试验。在模拟火灾信号下，火灾报警装置应能自动发出报警信号，系统应动作，相关联动控制装置应能发出自动关断指令，火灾时需要关闭的相关可燃气体或液体供给源关闭等设施应能联动关断。 检查数量：全数检查

经典例题

某场所安装的细水雾灭火系统在施工结束后对其进行调试，该场所划分为 8 个防护区，每个防护区都可以进行实际细水雾喷放试验，在对系统进行联动试验时，应至少选择（　　）个防护区进行实际细水雾喷放试验。

A. 1　　　　　　　　B. 2　　　　　　　　C. 4　　　　　　　　D. 8

【答案】A

考点 55　气体灭火系统组件安装要求

 我们有一种天生的惰性，总想着吃最少的苦，走最短的弯路，获得最大的收益。所以我就综合了这个气体的考点。

灭火剂储存装置	1. 灭火剂储存装置安装后，泄压装置的泄压方向不应朝向操作面。低压二氧化碳灭火系统的安全阀应通过专用的泄压管接到室外。 2. 储存装置上压力计、液位计、称重显示装置的安装位置应便于人员观察和操作。 3. 集流管上的泄压装置的泄压方向不应朝向操作面
选择阀	1. 选择阀操作手柄应安装在操作面一侧，当安装高度超过 1.7 m 时应采取便于操作的措施。 2. 选择阀上应设置标明防护区或保护对象名称或编号的永久性标志牌，并应便于观察
阀驱动装置	1. 气动驱动装置竖直管道应在其始端和终端设防晃支架或采用管卡固定，水平管道应采用管卡固定。管卡的间距不宜大于 0.6 m。转弯处应增设 1 个管卡。 2. 气动驱动装置的管道安装后应做气压严密性试验，并合格
灭火剂输送管道	1. 管道末端应采用防晃支架固定，支架与末端喷嘴间的距离不应大于 500 mm。 2. 公称直径大于或等于 50 mm 的主干管道，垂直方向和水平方向至少应各安装 1 个防晃支架。当穿过建筑物楼层时，每层应设 1 个防晃支架。当水平管道改变方向时，应增设防晃支架。 3. 灭火剂输送管道安装完毕后，应进行强度试验和气压严密性试验，并合格

续表

控制组件	设置在防护区处的手动、自动转换开关应安装在防护区入口便于操作的部位，安装高度为中心点距地（楼）面 1.5 m

经典例题

1. 对建筑内设置的气体灭火系统进行检查时要注意检查喷头的安装高度，气体灭火系统喷头的最大保护高度不宜超过(　　) m。

A. 3　　　　　　　　B. 5.5　　　　　　　　C. 6.5　　　　　　　　D. 8

2. 关于气体灭火系统的组件安装，以下说法错误的是(　　)。

A. 选择阀操作手柄安装高度超过 1.7 m 时，应采取便于操作的措施

B. 采用螺纹连接的选择阀，其与管网连接处应采用法兰连接

C. 气动驱动管道应设置管卡，管卡间距不宜大于 0.6 m

D. 吊顶内灭火剂输送管道可涂红色油漆色环，色环宽度不应小于 50 mm

3. 某电子计算机房采用预制七氟丙烷气体灭火系统保护，系统安装调试完毕后，某消防设施检测机构的工作人员对其进行检测。下列检测结果中，不符合现行国家技术标准的是(　　)。

A. 系统内设置了 5 台预制灭火装置，5 台预制灭火装置同时启动时，动作响应时差为 1 s

B. 灭火剂喷放前，防护区内的泄压口及其他开口封闭装置能自动关闭

C. 系统仅设有自动控制和手动控制方式，未设置机械应急操作控制方式

D. 防护区的门采用 B 类耐火极限为 1.00 h 的防火门

【答案】1. C　2. B　3. B

考点 56　气体灭火系统调试

　当你被压力压得透不过气来的时候，记住，碳正是因为压力而变成闪耀的钻石。

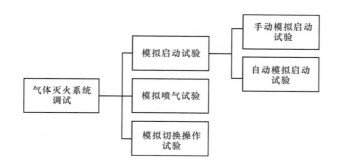

一、模拟启动试验

手动模拟启动试验	1. 按下手动启动按钮，观察相关动作信号及联动设备动作是否正常（如发出声、光报警，启动输出端的负载响应，关闭通风空调、防火阀等）。 2. 手动启动压力信号反馈装置，观察相关防护区门外的气体喷放指示灯是否正常
自动模拟启动试验	1. 将灭火控制器的启动输出端与灭火系统相应防护区驱动装置连接。驱动装置与阀门的动作机构脱离。也可用 1 个启动电压、电流与驱动装置的启动电压、电流相同的负载代替。 2. 人工模拟火警使防护区内任意 1 个火灾探测器动作，观察单一火警信号输出后，相关报警设备动作是否正常。 3. 人工模拟火警使该防护区内另一个火灾探测器动作，观察复合火警信号输出后，相关动作信号及联动设备动作是否正常（如发出声、光报警，启动输出端的负载响应，关闭通风空调、防火阀等）
模拟启动试验结果	1. 延迟时间与设定时间相符，响应时间满足要求。 2. 有关声、光报警信号正确。 3. 联动设备动作正确。 4. 驱动装置动作可靠

二、模拟喷气试验

试验条件	1. IG541 混合气体灭火系统及高压二氧化碳灭火系统采用其充装的灭火剂进行模拟喷气试验。试验采用的储存容器数应为选定试验的防护区或保护对象设计用量所需容器总数的 5%，且不少于 1 个。 2. 低压二氧化碳灭火系统采用二氧化碳灭火剂进行模拟喷气试验。试验要选定输送管道最长的防护区或保护对象进行，喷放量不小于设计用量的 10%。 3. 卤代烷灭火系统模拟喷气试验不采用卤代烷灭火剂，宜采用氮气或压缩空气进行。氮气或压缩空气储存容器数不少于灭火剂储存容器数的 20%，且不少于 1 个。 4. 模拟喷气试验宜采用自动启动方式
试验结果	1. 应满足模拟启动试验结果要求。 2. 储存容器间内的设备和对应防护区或保护对象的灭火剂输送管道应无明显晃动和机械性损坏。 3. 试验气体能喷入被试防护区内或保护对象上，且能从每个喷嘴喷出

三、模拟切换操作试验

试验方法	按使用说明书的操作方法，将系统使用状态从主用量灭火剂储存容器切换为备用量灭火剂储存容器的使用状态，进行模拟喷气试验
结果要求	试验结果符合模拟喷气试验结果的规定

经典例题

1. 某高校图书馆，在附属配电室内安装有气体灭火系统。系统安装完毕后进行功能调试，调试内容不包括(　　)。

A. 模拟启动试验　　　　　　　　　　B. 模拟喷气试验

C. 主备电源的切换试验　　　　　　D. 主备用量的切换

2. 某柴油发电机房，采用气体灭火系统进行保护，系统设有 4 个防护区，采用 IG541 组合分配系统。系统安装完毕后，对气体灭火系统的功能进行调试，以下操作正确的是(　　)。

A. 模拟启动试验时，使防护区内任意一个火灾探测器动作，观察驱动装置的动作情况

B. 模拟启动试验时，使防护区内任意一个火灾探测器动作，再按下该防护区内的手动火灾报警按钮，观察气体喷放指示灯的工作状态

C. 手动模拟启动时，人工使压力开关动作，观察气体喷放指示灯的工作状态

D. 按下防护区门外的紧急启动按钮，观察气体喷放指示灯的工作状态

3. 某电子计算机房，拟采用气体灭火系统进行保护。对气体灭火系统进行模拟喷气试验，下列做法错误的是(　　)

A. IG541 混合气体灭火系统采用 IG541 混合气体，试验采用的储存容器数为防护区设计用量所需容器总数的 5%，且不少于 1 个

B. 高压二氧化碳灭火系统，采用氮气进行模拟喷气试验，喷放量不小于设计用量的 10%

C. 卤代烷灭火系统采用氮气，氮气储存容器数不少于灭火剂储存容器数的 20%，且不少于 1 个

D. 采用自动启动方式，对所有防护区或保护对象进行模拟喷气试验

E. 模拟喷气试验时，采用人工模拟 1 个火灾信号触发气体灭火系统

【答案】1. C　2. C　3. BE

考点 57　　气体灭火系统组件验收

付出不一定有回报，但不付出永远都没有回报。

灭火剂充装量和储存压力	检查数量：称重检查按储存容器全数（不足 5 个的按 5 个计）的 20% 检查；储存压力检查按储存容器全数检查；低压二氧化碳储存容器按全数检查。 检查方法：称重、液位计或压力计测量
驱动气瓶和选择阀	1. 驱动气瓶和选择阀的机械应急手动操作处，均应有标明对应防护区或保护对象名称的永久标志。 2. 驱动气瓶的机械应急操作装置均应设安全销并加铅封，现场手动启动按钮应有防护罩。 检查数量：全数检查

经典例题

1. 下列关于气体灭火系统组件的说法中，错误的是(　　)。

A. 灭火剂流通管路单向阀装于启动管路上，用来控制气体流动方向

B. 同一规格的灭火剂储存容器，其高度差不宜超过 10 mm

C. 信号反馈装置可以将灭火剂的压力或流量信号转换为电信号，并反馈到控制中心

D. 输送启动气体的管道宜采用铜管

2. 气体灭火系统驱动气瓶的压力不应低于设计压力，且不应超过设计压力的(　　)%。

A. 3　　　　　　　　　B. 5　　　　　　　　　C. 7　　　　　　　　　D. 10

【答案】1. B　2. B

考点 58　　气体灭火系统功能验收

不去追逐，永远不会拥有。不往前走，永远原地停留。不看这个考点，气体永远拿不到满分。

模拟启动试验	按防护区或保护对象总数（不足 5 个按 5 个计）的 20% 检查
模拟喷气试验	组合分配系统不应少于 1 个防护区或保护对象，柜式气体灭火装置、热气溶胶灭火装置等预制灭火系统应各取 1 套
模拟切换操作试验	全数检查
主备电源切换试验	将系统切换到备用电源，按规范进行模拟启动试验

经典例题

1. 某通信机房内安装的组合分配式 IG541 气体灭火系统，消防技术服务机构人员对系统进行检查时发现下列问题，其中符合现行国家消防技术标准的是(　　)。

A. 储存容器瓶采用无缝容器

B. 喷头安装在梁下，距顶板的距离为 0.6 m

C. 在防护区内采用了四通管道进行分流

D. 紧急启停按钮设置在防护区内

2. 消防技术服务机构对某电子计算中心机房的七氟丙烷气体灭火系统进行验收前检测。在模拟启动实验环节，正确的检验方法有(　　)。

A. 手动模拟启动试验时，按下手动启动按钮，观察相关声光报警系统及启动输出端负载的动作信号，联动设备动作是否正常

B. 手动模拟启动试验时，使压力信号反馈装置动作，观察相关防护区门外的气体喷放指示灯动作是否正常

C. 自动模拟启动试验时，用人工模拟火警使防护区内的任一火灾探测器动作，观察火警信号输出后，相关报警设备动作是否正常；再用人工模拟火警使防护区内的另一火灾探测器动作，观察相关声光报警以及启动输出端负载的动作信号、联动设备动作是否正常

D. 可用一个与灭火系统驱动装置启动电压、电流相同的负载代替灭火系统驱动装置进行模拟启动试验

E. 手动模拟启动试验与自动模拟启动试验任选一个

3. 某场所划分为 12 个防护区，安装有组合分配式七氟丙烷气体灭火系统，在系统调试完毕后对其进行验收。下列有关该气体灭火系统功能验收的说法，错误的是(　　)。

A. 至少选择三个防护区进行模拟启动试验

B. 模拟启动试验可采用手动或自动方式进行

C. 至少选择一个防护区进行模拟喷气试验

D. 模拟喷气试验宜采用自动方式进行

E. 模拟喷气试验的介质宜采用七氟丙烷灭火剂进行

【答案】1. A　2. ABCD　3. BE

考点 59　　泡沫液进场检查

人生， 越努力就越幸运。

进场检查	泡沫液进场后，应由监理工程师组织取样留存。 检查数量：按全项检测需要量。 检查方法：观察检查和检查泡沫液的自愿性认证或检验的有效证明文件、产品出厂合格证
发泡倍数	$$N = \frac{V}{W - W_1} \times \rho$$ 式中　N——发泡倍数； 　　　W_1——空桶的质量，kg； 　　　W——接满泡沫后量桶的质量，kg； 　　　V——量桶的容积，L； 　　　ρ——泡沫混合液的密度，按 1 kg/L。

经典例题

1. 某 3% 型泡沫液，混合后对其发泡倍数进行测量。测试使用了一只空桶，体积为 10 L，质量为 1.20 kg，往其注满泡沫后测得总重为 1.98 kg，则该泡沫液为(　　)泡沫液。

A. 低倍数　　　　　　　　　　B. 高倍数

C. 中倍数　　　　　　　　　　D. 高背压

2. 某石化企业，建设了一套 3% 的低倍数泡沫灭火系统，采用平衡压力式泡沫混合系统。在泡沫灭火剂进场时，对于需要送检的泡沫液，应检查的项目包括(　　)。

A. 发泡倍数　　　　　　　　　B. 混合比

C. 析液时间　　　　　　　　　D. 灭火时间

E. 燃烧时间

【答案】1. A　2. ACD

考点 60　泡沫灭火系统组件现场检查

你走过的每一条弯路，其实都是必经之路。

管材及管件	规格尺寸和壁厚及允许偏差应符合其产品标准和设计的要求。 检查数量：每一规格、型号的产品按件数抽查 20%，且不得少于 1 件
泡沫产生装置、泡沫比例混合器（装置）、泡沫液压力储罐、消防泵、泡沫消火栓等	其规格、型号、性能应符合国家现行产品标准和设计要求。 检查数量：全数检查。 检查方法：检查自愿性认证或检验的有效证明文件、产品出厂合格证和相关技术资料
阀门的强度和严密性试验	1. 强度和严密性试验应采用清水进行，强度试验压力为公称压力的 1.5 倍；严密性试验压力为公称压力的 1.1 倍。 2. 试验压力在试验持续时间内应保持不变，且壳体填料和阀瓣密封面无渗漏。 检查数量：每批（同牌号、同型号、同规格）按数量抽查 10%，且不得少于 1 个；主管道上的隔断阀门，应全部试验

经典例题

1. 泡沫灭火系统组件中有一阀门，其公称直径为 DN50，公称压力为 PN16。在对其进行强度检查时，强度试验压力为(　　) MPa，试验持续时间不能少于(　　) s。

A. 1.76；15　　　　　B. 1.76；60　　　　　C. 2.4；15　　　　　D. 2.4；60

2. 某油罐区一容量为 1 200 m³ 的内浮顶油罐用于储存车用乙醇汽油，选用低倍数泡沫灭火系统，喷射方式和泡沫液选择正确的是(　　)。

A. 采用液上喷射方式，选用氟蛋白泡沫液

B. 采用液下喷射方式，选用抗溶氟蛋白泡沫液

C. 采用半液下喷射方式，选用成膜氟蛋白泡沫液

D. 采用液上喷射方式，选用抗溶水成膜泡沫液

【答案】1. C　2. D

考点 61　　泡沫液储罐安装要求

看到这个考点时，你已经完成了一半，不忘初心，砥砺前行！

泡沫液储罐安装位置	1. 泡沫液储罐周围应留有满足检修需要的通道，其宽度不宜小于 0.7 m，且操作面不宜小于 1.5 m。 2. 当泡沫液储罐上的控制阀距地面高度大于 1.8 m 时，应在操作面设置操作平台或操作凳
常压钢质泡沫液储罐	1. 常压钢质泡沫液储罐出液口和吸液口的设置应符合设计要求。 2. 应进行盛水试验，试验压力应为储罐装满水后的静压力，试验前应将焊接接头的外表面清理干净，并使之干燥，试验时间不应小于 1 h，目测应无渗漏。 3. 内、外表面应按设计要求进行防腐处理，并应在盛水试验合格后进行
其他组件	1. 管线式比例混合器应安装在压力水的水平管道上或串接在消防水带上，并应靠近储罐或防护区，其吸液口与泡沫液储罐或泡沫液桶最低液面的高度不得大于 1.0 m。 2. 泡沫混合液立管上设置的控制阀，其安装高度宜为 1.1~1.5 m，并应有明显的启闭标志；当控制阀的安装高度大于 1.8 m 时，应设置操作平台或操作凳。 3. 室内泡沫消火栓的栓口方向宜向下或与设置泡沫消火栓的墙面成 90°，栓口离地面或操作基面的高度宜为 1.1 m，允许偏差为 ±20 mm，坐标的允许偏差为 20 mm

经典例题

1. 泡沫液储罐主要是用来储存泡沫灭火系统中各种类型的泡沫液，对此安装需要符合一定的要求，下列关于泡沫液储罐的说法，不正确的是(　　)。
A. 安装泡沫液储罐时，要考虑为日后操作、更换和维修泡沫液储罐等提供便利，泡沫液储罐周围要留有满足检修需要的通道，其宽度不能小于 0.7 m 且操作面不能小于 1.5 m
B. 现场制作的常压钢制泡沫液储罐需要进行严密性试验，试验压力为储罐装满水后的静压力，试验时间不能小于 30 min
C. 现场制作的常压钢制泡沫液储罐，泡沫液管道出液口不应高于泡沫液储罐最低液面 1 m
D. 泡沫液管道吸液口距泡沫液储罐底面不小于 0.3 m，宜做成喇叭形
2. 施工人员在对现场制作的常压钢制泡沫液储罐进行安装，下列做法不符合规范要求的是(　　)。
A. 泡沫液管道出液口不高于泡沫液储罐最低液面 1 m
B. 泡沫液管道吸液口距泡沫液储罐底面不小于 0.15 m，做成喇叭口形
C. 对储罐进行严密性试验，装满水后静置不少于 30 min
D. 在对内外表面进行防腐处理后进行严密性试验
3. 下列关于泡沫灭火系统管道、阀门安装的说法，正确的是(　　)。
A. 埋地管道采用焊接时，焊缝部位应在防腐处理前进行试压
B. 泡沫混合液管道上连接泡沫产生装置的控制阀应安装在防火堤内
C. 泡沫混合液管道上设置的自动排气阀应在系统试压、冲洗合格后水平安装
D. 液上喷射泡沫产生器沿罐周均匀布置时，其间距偏差不宜大于 100 mm
E. 液下喷射的高背压泡沫产生器应水平安装在防火堤内的泡沫混合液管道上
【答案】1. D　2. D　3. AD

考点 62　　泡沫灭火系统调试与验收

再遥远的梦想，也经不住你一如既往如每天吃饭般的坚持。

系统调试	主备电源切换	泡沫灭火系统的动力源和备用动力应进行切换试验，动力源和备用动力及电气设备运行应正常。 检查数量：全数检查。 检查方法：当为手动控制时，以手动的方式进行 1~2 次试验；当为自动控制时，以自动和手动的方式各进行 1~2 次试验
	主备泵切换	消防泵与备用泵应在设计负荷下进行转换运行试验，其主要性能应符合设计要求。 检查数量：全数检查。 检查方法：当为手动启动时，以手动的方式进行 1~2 次试验；当为自动启动时，以自动和手动的方式各进行 1~2 次试验，并用压力表、流量计、秒表计量
	混合比检测	泡沫比例混合器（装置）调试时，应与系统喷泡沫试验同时进行，其混合比不应低于所选泡沫液的混合比。 检查数量：全数检查。 检查方法：用手持电导率测量仪测量
	喷水试验	当为手动灭火系统时，应以手动控制的方式进行一次喷水试验；当为自动灭火系统时，应以手动和自动控制的方式各进行一次喷水试验，系统流量、泡沫产生装置的工作压力、比例混合装置的工作压力、系统的响应时间均应达到设计要求。 检查数量：当为手动灭火系统时，选择最远的防护区或储罐；当为自动灭火系统时，选择所需泡沫混合液流量最大和最远的两个防护区或储罐分别以手动和自动的方式进行试验
	低倍数喷泡沫试验	当为自动灭火系统时，应以自动控制的方式进行；喷射泡沫的时间不宜小于 1 min；实测泡沫混合液的流量、发泡倍数及到达最远防护区或储罐的时间应符合设计要求，混合比不应低于所选泡沫液的混合比。 检查数量：选择最近的防护区或储罐，进行一次试验
	中、高倍数喷泡沫试验	当为自动灭火系统时，应以自动控制的方式对防护区进行喷泡沫试验，喷射泡沫的时间不宜小于 30 s，实测泡沫供给速率及自接到火灾模拟信号至开始喷泡沫的时间应符合设计要求，混合比不应低于所选泡沫液的混合比。 检查数量：全数检查
验收	低倍数泡沫灭火系统	喷泡沫试验应合格。 检查数量：任选一个防护区或储罐，进行一次试验
	中、高倍数泡沫灭火系统	喷泡沫试验应合格。 检查数量：任选一个防护区，进行一次试验

经典例题

1. 根据《泡沫灭火系统施工及验收规范》（GB 50281—2006）规定，在系统调试时，泡沫灭火系统的动力源和备用动力应进行切换试验，动力源和备用动力及电气设备运行应正常，当为自动控制方式时，最少应进行(　　)次试验。

A. 2　　　　　　　B. 3　　　　　　　C. 4　　　　　　　D. 1

2. 下列关于泡沫灭火系统功能调试的说法，正确的是(　　)。

A. 当为手动灭火系统时，只以手动控制的方式试验，选择最远的防护区或储罐进行喷水试验

B. 当系统为自动灭火系统时，只以自动控制的方式试验，选择最大和最远两个防护区或储罐进行喷水试验

C. 低、中倍数泡沫灭火系统为自动灭火系统时，以自动控制的方式进行喷泡沫试验；喷射时间不少于 1 min

D. 对于高倍数泡沫系统，喷泡沫试验要选择最不利点的防护区或储罐进行，为了节约试验成本，进行一次试验即可

E. 在系统喷泡沫试验中，对于混合比的检测，蛋白、氟蛋白等折射指数高的泡沫液可用手持导电度测量仪测量，水成膜、抗溶水成膜等折射指数低的泡沫液可用手持折射仪测量

3. 某油罐区采用低倍数泡沫系统进行保护，下列选项中，在进行泡沫灭火系统功能验收时，对喷泡沫试验操作不正确的是(　　)。

A. 喷射泡沫的时间为 2 min

B. 以自动控制的方式进行试验

C. 测量自接到火灾模拟信号至开始喷泡沫的时间为 5 min

D. 实测泡沫混合液的混合比和泡沫混合液的发泡倍数

4. 某大型石油库储存原油的立式固定顶储罐设置了低倍数泡沫灭火系统，采用水成膜泡沫液，运行几年后，消防设施检测机构对该系统进行检测与评估，下列检测结果中，不符合现行国家消防技术标准的有(　　)。

A. 泡沫混合液的连续供给时间为 45 min

B. 泡沫混合液的发泡倍数为 12

C. 系统最不利点泡沫发生装置出泡沫的时间为 200 s

D. 泡沫混合液的供给强度为 4.7 L/(min·m²)

E. 泡沫消火栓安装的间距为 120 m

【答案】1. A　2. AC　3. C　4. DE

考点 63　泡沫产生器故障分析

 如果你厌倦了平庸和无聊，那就逼自己成为不一样的人，掌控自己的时间，找寻生活的乐趣，去做内心真正渴望的事情。

故障类型	故障原因	排除方法
泡沫产生器无法发泡或发泡不正常	1. 泡沫产生器吸气口被异物堵塞。 2. 泡沫混合液不满足要求，如泡沫液失效，混合比不满足要求	1. 加强对泡沫产生器的巡检，发现异物及时清理。 2. 加强对泡沫比例混合器（装置）和泡沫液的维护和检测
比例混合器锈死	使用后，未及时用清水冲洗，泡沫液长期腐蚀混合器致使锈死	加强检查，定期拆下保养，系统平时试验完毕后，一定要用清水冲洗干净
无囊式压力比例混合装置的泡沫液储罐进水	储罐进水的控制阀门选型不当或不合格，导致平时出现渗漏	严格阀门选型，采用合格产品，加强巡检，发现问题及时处理
囊式压力比例混合装置中因囊破裂而使系统瘫痪	1. 比例混合装置中的胶囊因老化，承压降低，导致系统运行时发生破裂。 2. 因胶囊受力设计不合理，灌装泡沫液方法不当而导致囊破裂	1. 对胶囊加强维护管理，定期更换。 2. 采用合格产品，按正确的方法进行灌装
平衡式比例混合装置的平衡阀无法工作	平衡阀的橡胶膜片由于承压过大被损坏	1. 选用耐压强度高的膜片。 2. 平时应加强维护管理

经典例题

1. 某石油罐区，在 2016 年安装的低倍数泡沫灭火系统验收合格后一直未曾使用，两年后进行喷泡沫试验，发现泡沫产生器发泡不正常，不是造成此问题的原因是(　　)。

A. 泡沫产生器的设计和选型存在问题

B. 泡沫液失效

C. 泡沫产生器吸气口被堵塞

D. 泡沫液混合比存在问题

2. 某平衡压力式泡沫灭火系统中，其平衡式比例混合装置的平衡阀无法工作，造成这一故障的最主要原因是(　　)。

A. 平衡阀的橡胶膜片由于承压过大被损坏

B. 储罐进水的控制阀门选型不当或不合格

C. 使用后未及时用清水冲洗

D. 泡沫产生器吸气口被异物堵塞

【答案】1. A　2. A

考点 64　干粉灭火系统组件安装

坚其志，苦其心，劳其力，事无大小，必有所成。

储存装置	1. 干粉储存容器应符合国家现行标准《固定式压力容器安全技术监察规程》的规定；驱动气体储瓶及其充装系数应符合国家现行标准《气瓶安全技术监察规程》的规定。 2. 干粉储存容器设计压力可取 1.6 MPa 或 2.5 MPa 压力级；其干粉灭火剂的装量系数不应大于 0.85；其增压时间不应大于 30 s
选择阀	1. 组合分配系统中，每个防护区或保护对象应设一个选择阀。 2. 选择阀应采用快开型阀门，其公称直径应与连接管道的公称直径相等。 3. 选择阀可采用电动、气动或液动驱动方式，并应有机械应急操作方式。阀的公称压力不应小于干粉储存容器的设计压力。 4. 系统启动时，选择阀应在输出容器阀动作之前打开
喷头	喷头的单孔直径不得小于 6 mm
管道及附件	1. 管道分支不应使用四通管件。 2. 管道可采用螺纹连接、沟槽（卡箍）连接、法兰连接或焊接。公称直径等于或小于 80 mm 的管道，宜采用螺纹连接；公称直径大于 80 mm 的管道，宜采用沟槽（卡箍）或法兰连接。 3. 管网中阀门之间的封闭管段应设置泄压装置，其泄压动作压力取工作压力的（115±5)%。 4. 在通向防护区或保护对象的灭火系统主管道上，应设置压力信号器或流量信号器

经典例题

1. 对于储气瓶型干粉灭火系统，当采用全淹没灭火系统时，喷头的最大安装高度不大于(　　) m，当采用局部应用系统时，喷头最大安装高度不大于(　　) m。

A. 7；6　　　　　　B. 8；7　　　　　　C. 8；6　　　　　　D. 7；5

2. 某场所设置组合分配式干粉灭火系统，消防技术服务机构对其进行检查，下列检查结果中，不符合相应规范要求的是(　　)。

A. 选择阀的位置靠近干粉储存容器设置，安装高度为 1.6 m

B. 驱动气体采用氮气，驱动压力小于干粉储存容器的最高工作压力

C. 系统启动时，选择阀和输出容器阀同时动作

D. 干粉储存容器符合《固定式压力容器安全技术监察规程》的规定

【答案】 1. B　2. C

考点 65　干粉灭火系统调试

生活不是等待风暴过去，而是学会在雨中翩翩起舞。

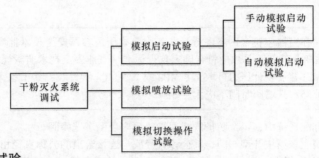

一、模拟启动试验

手动模拟 启动试验	1. 按下手动启动按钮，观察相关动作信号及联动设备动作是否正常（如发出声、光报警，启动输出端的负载响应，关闭通风空调、防火阀等）。 2. 手动启动压力信号反馈装置，观察相关防护区门外的气体喷放指示灯是否正常
自动模拟 启动试验	1. 将灭火控制器的启动输出端与灭火系统相应防护区驱动装置连接。驱动装置与阀门的动作机构脱离。也可用一个启动电压、电流与驱动装置的启动电压、电流相同的负载代替。 2. 人工模拟火警使防护区内任意一个火灾探测器动作，观察单一火警信号输出后，相关报警设备动作是否正常。 3. 人工模拟火警使该防护区内另一个火灾探测器动作，观察复合火警信号输出后，相关动作信号及联动设备动作是否正常（如发出声、光报警，启动输出端的负载响应，关闭通风空调、防火阀等）
模拟启动 试验结果	1. 延迟时间与设定时间相符，响应时间满足要求。 2. 有关声、光报警信号正确。 3. 联动设备动作正确。 4. 驱动装置动作可靠

二、模拟喷放试验

试验条件	1. 拟喷放试验采用干粉灭火剂和自动启动方式，干粉用量不少于设计用量的30%。 2. 当现场条件不允许喷放干粉灭火剂时，可采用惰性气体；采用的试验气瓶需与干粉灭火系统驱动气体储瓶的型号规格、阀门结构、充装压力、连接与控制方式一致。 3. 模拟喷放试验宜采用自动启动方式

续表

| 试验结果 | 1. 应满足模拟启动试验结果要求。
2. 储存容器间内的设备和对应防护区或保护对象的灭火剂输送管道应无明显晃动和机械性损坏。
3. 试验气体能喷入被试防护区内或保护对象上，且能从每个喷嘴喷出 |

三、模拟切换操作试验

| 试验方法 | 1. 将系统使用状态从主用量灭火剂储存容器切换为备用量灭火剂储存容器的使用状态。
2. 进行模拟喷放试验 |
| 结果要求 | 试验结果符合模拟喷放试验结果的规定 |

经典例题

1. 某建筑内干粉灭火系统施工结束后，调试人员对其进行调试，在模拟喷放试验时，干粉灭火剂的喷放量不应少于设计用量的(　　　)。

A. 5%　　　　　　B. 10%　　　　　　C. 20%　　　　　　D. 30%

2. 下列关于干粉灭火系统的模拟喷放试验，错误的是(　　　)。

A. 模拟喷放试验采用干粉灭火剂和自动启动的方式

B. 当现场条件不允许喷放干粉灭火剂时，可以采用压缩空气模拟喷放

C. 采用的试验气瓶需与干粉灭火系统驱动气体储瓶的型号规格、阀门结构、充装压力、连接与控制方式一致

D. 当容器内达到设计喷放压力并满足设定延时后，开启释放装置

E. 干粉灭火系统防护区的内部开口面积不应大于内表面面积的 3%

【答案】1. D　2. BE

考点66　灭火器选型

 奔跑不单是一种能力，更是一种态度，决定你人生高度的态度。

A 类火灾	水基型（水雾、泡沫）灭火器、ABC 干粉灭火器
B 类火灾	水基型（水雾、泡沫）灭火器、BC 类或 ABC 类干粉灭火器、洁净气体灭火器
C 类火灾	干粉灭火器、水基型（水雾）灭火器、洁净气体灭火器、二氧化碳灭火器
D 类火灾	7150 灭火器、干沙、土或铸铁屑粉末
E 类火灾	干粉、水基型（水雾）灭火器扑救

经典例题

1. 某星级酒店，建筑高度为 68 m，地下 1 层、2 层为设备用房和汽车库，地上 1 层为接待大厅，2~4 层为公共活动用房，5~20 层为客房。在配置灭火器时，配置方案如下，其中符合规范的是(　　)

A. 一楼酒店大堂采用 MF/ABC4 型灭火器

B. 二层健身房设置灭火器的保护半径为 20 m

C. 地下一层配电室内采用 MF/ABC4 型灭火器

D. 地下车库设置灭火器的保护半径为 20 m

E. 20 层酒店客房走道设置 MF/ABC2 型灭火器

2. 扑救木材、棉麻火灾可选用(　　)灭火器。

A. 水　　　　　　　B. 泡沫　　　　　　C. 磷酸铵盐干粉　　D. 洁净气体

E. 二氧化碳

【答案】1. CDE　　2. ABC

考点 67　　灭火器布置

 生活就像海洋，只有意志坚强的人才能到达彼岸。

手提式 灭火器	1. 灭火器箱不应被遮挡、上锁或拴系。 2. 开门型灭火器箱的箱门开启角度不应小于 160°，翻盖型灭火器箱的翻盖开启角度不应小于 100°。 3. 嵌墙式灭火器箱及挂钩、托架的安装高度应满足手提式灭火器顶部离地面距离不大于 1.50 m，底部离地面距离不小于 0.08 m 的规定。 4. 当灭火器设置在潮湿性或腐蚀性的场所时，应采取防湿或防腐蚀措施
配置验收	1. 灭火器的类型、规格、灭火级别和配置数量应符合建筑灭火器配置设计要求。 歌舞娱乐放映游艺场所，甲乙类火灾危险性场所，文物保护单位，全数检查。其余随机抽查 20%，并不得少于 3 个。 2. 灭火器的产品质量必须符合国家有关产品标准的要求。 3. 在同一灭火器配置单元内，采用不同类型灭火器时，其灭火剂应能相容。 4. 灭火器的保护距离应符合规定，灭火器的设置应保证配置场所的任一点都在灭火器设置点的保护范围内

经典例题

1. 某网吧建筑面积为 500 m²，设置在一高层建筑的第三层。消防救援机构在对该网吧进行检查时，发现下列情况，其中不符合相应规范要求的有(　　)。

A. 网吧内设置了类型规格为 MF/ABC4 的灭火器

B. 设置在挂钩上的灭火器，底部与地面之间的距离为 0.05 m

C. 从灭火器的检查记录表上发现外观检查每月进行一次

D. 翻盖型灭火器箱的翻盖开启角度为 120°

E. 灭火器箱的箱体正面设置了指示灭火器位置的发光标志

2. 消防救援机构对某商场内配置的灭火器进行检查，下列检查结果中，符合现行国家工程建设消防技术标准的是(　　)。

A. 一楼大厅设置了碳酸氢钠干粉灭火器

B. 手提式灭火器直接放置在二楼防烟楼梯间前室干燥的地面上

C. 地下一层汽车库内的手提式灭火器采用挂钩方式安装，灭火器顶部距地面的高度为 1.7 m

D. 所有的灭火器压力指示器指绿色区范围内

E. 翻盖型灭火器箱的翻盖开启角度均不小于 100°

【答案】 1. ABC　2. DE

考点 68　灭火器配置设计

勤奋可以弥补聪明的不足，但聪明无法弥补懒惰的缺陷。

$$Q = K \frac{S}{U}$$

式中　Q——计算单元的最小需配灭火级别（A 或 B）；

S——计算单元的保护面积，m²；

U——A 类或 B 类火灾场所单位灭火级别最大保护面积，m²/A 或 m²/B；

K——修正系数

	计 算 单 元	K
最小需配灭火级别	未设室内消火栓系统和灭火系统	1.0
	设有室内消火栓系统	0.9
	设有灭火系统	0.7
	设有室内消火栓系统和灭火系统	0.5
	可燃物露天堆场 甲、乙、丙类液体储罐区 可燃气体储罐区	0.3
	注：歌舞娱乐放映游艺场所、网吧、商场、寺庙以及地下场所等的计算单元的最小需配灭火级别应在公式计算结果的基础上增加 30%	

续表

危险等级	严重危险级	中危险级	轻危险级
单具灭火器最小配置灭火级别	3A	2A	1A
单位灭火级别最大保护面积/(m²/A)	50	75	100
单具灭火器最小配置灭火级别	89B	55B	21B
单位灭火级别最大保护面积/(m²/B)	0.5	1.0	1.5

灭火器的最低配置基准

危险等级	火灾种类	手提式灭火器	推车式灭火器
严重危险级	A 类	15	30
中危险级		20	40
轻危险级		25	50
严重危险级	B/C 类	9	18
中危险级		12	24
轻危险级		15	30

最大保护距离/m，灭火器型式

经典例题

1. 某多层民用建筑的地下二层为柴油发电机房，建筑面积为 1 000 m²，该场所设有室内消火栓系统、自动喷水灭火系统、火灾自动报警系统及防排烟系统，则每具灭火器的最小配置灭火级别应为(　　)。

A. 2A

B. 89B

C. 3A

D. 55B

2. 下列某二类高层建筑写字楼按 A 类火灾场所设置灭火器的选择中，正确的是(　　)。

A. 设灭火级别为 2A 的手提式磷酸铵盐干粉灭火器，保护距离为 20 m

B. 设灭火级别为 1A 的手提式磷酸铵盐干粉灭火器，保护距离为 15 m

C. 设灭火级别为 2A 的手提式磷酸铵盐干粉灭火器，保护距离为 40 m

D. 设灭火级别为 2A 的手提式磷酸铵盐干粉灭火器，保护距离为 15 m

E. 设灭火级别为 1A 的手提式磷酸铵盐干粉灭火器，保护距离为 12 m

【答案】1. D　2. AD

考点 69　　灭火器检查与维护

不抱有一丝幻想，不放弃一点机会，不停止一日努力。

一般规定	每次送修的灭火器数量不得超过计算单元配置灭火器总数量的 1/4。
检查	1. 下列场所配置的灭火器，应按每半月进行一次检查： （1）候车（机、船）室、歌舞娱乐放映游艺等人员密集的公共场所。 （2）堆场、罐区、石油化工装置区、加油站、锅炉房、地下室等场所。 2. 其余场所每个月一次检查
维修	1. 存在机械损伤、明显锈蚀、灭火剂泄漏、被开启使用过或符合其他维修条件的灭火器应及时进行维修。 2. 手提式、推车式水基型灭火器出厂期满 3 年，首次维修以后每满 1 年。 3. 手提式、推车式干粉灭火器、洁净气体灭火器、二氧化碳灭火器出厂期满 5 年，首次维修以后每满 2 年
报废	1. 列入国家颁布的淘汰目录的。 2. 达到报废年限的（水基型灭火器出厂期满 6 年，干粉灭火器、洁净气体灭火器出厂期满 10 年，二氧化碳灭火器出厂期满 12 年）。 3. 出现严重损伤或者重大缺陷的

经典例题

1. 灭火器进行日常维修时，每次送修的灭火器数量不得超过计算单元配置灭火器总数量的（　　　）。

A. 1/2　　　　　　　　　　　　　　　B. 1/3

C. 1/4　　　　　　　　　　　　　　　D. 1/5

2. 下列有关灭火器维护管理说法，正确的是（　　　）。

A. 某图书馆阅览室，应每个月对配置的灭火器进行一次检查

B. 某加油站，应每半个月对配置的灭火器进行一次检查

C. 某住宅，应每半个月对配置的灭火器进行一次检查

D. 某网吧，应每个月对配置的灭火器进行一次检查

E. 某高铁站，应每半个月对配置的灭火器进行一次检查

3. 某消防技术服务机构于 2018 年 4 月对某单位的建筑灭火器进行检查，检查结果如下，

其中应进行报废处理的有(　　)。

    A. 出厂日期为 2007 年 3 月的类型规格为 MS/Q6 的灭火器

    B. 出厂日期为 2009 年 6 月的类型规格为 MF6 的灭火器

    C. 出厂日期为 2008 年 2 月的类型规格为 MTT10 的灭火器

    D. 规格为 MF/ABC5 的灭火器，生产日期和厂商名称无法识别

    E. 出厂日期为 2014 年 3 月的类型规格为 MP6 的灭火器，筒体有轻微机械损伤

4. 灭火器使用一定年限后，建筑使用管理单位需要对照灭火器生产企业随灭火器提供的维修手册，检查灭火器使用情况，符合报修条件和维修年限的，向具有法定资质的灭火器维修企业送修。某企业安全管理部门对该企业的一批灭火器进行检查，下列需要送修的有(　　)。

    A. 一批手提式水基型灭火器，出厂时间为 3 年半

    B. 一批推车式水基型灭火器，出厂时间为 6 年半

    C. 一批推车式干粉灭火器，出厂时间为 6 年半

    D. 一批手提式洁净气体灭火器，出厂时间为 10 年半

    E. 一批手提式二氧化碳灭火器，出厂时间为 11 年半

【答案】1. C　2. ABE　3. AD　4. ACE

考点 70　防排烟系统组件（设备）进场检查

奋斗没有终点，任何时候都是一个起点。

风管	有耐火极限要求的风管的本体、框架与固定材料、密封垫料等必须为不燃材料。 检查数量：按风管、材料加工批的数量抽查 10%，且不应少于 5 件
风管部件	1. 排烟防火阀、送风口、防烟阀、排烟阀或排烟口等必须符合有关消防产品标准的规定。 检查数量：按种类、批抽查 10%，且不得少于 2 个。 2. 防火阀、送风口和排烟阀或排烟口等的驱动装置，动作应可靠，在最大工作压力下工作正常。 检查数量：按批抽查 10%，且不得少于 1 件。 3. 防烟、排烟系统柔性短管的制作材料必须为不燃材料。 检查数量：全数检查

续表

风机	应符合产品标准和有关消防产品标准的规定。 检查数量：全数检查。 检查方法：核对、直观检查，查验产品的质量合格证明文件、符合国家市场准入要求的检验报告
自动排烟窗、活动挡烟垂壁及其电动驱动装置和控制装置	应符合设计要求，动作可靠。 检查数量：抽查 10%，且不得少于 1 件

经典例题

1. 防排烟系统施工安装前，对风管部件进行现场检验时，下列检查项目中，不属于现场检查项目的是(   )。

A. 风管

B. 电动防火阀

C. 排烟阀

D. 柔性短管

2. 下列关于防火阀和排烟防火阀的说法，不正确的是(   )。

A. 排烟防火阀平时呈开启状态，温度达到 280 ℃时自动关闭

B. 排烟防火阀安装在排烟风机入口处、排烟管上；防火阀安装在通风、空调系统的送、回风管路上

C. 安装在排烟风机入口的排烟防火阀与排烟风机连锁，当该排烟防火阀关闭时，排烟风机停止运转

D. 在消防控制室的手动控制盘上应能手动关闭防烟分区的排烟防火阀

3. 某施工单位对一批防排烟系统组件进行检查，下列检查比例说法符合规范的是(   )。

A. 对风管、材料加工批的数量应抽查 10%，且不少于 5 件

B. 对排烟防火阀、送风口、排烟阀应按种类抽查 20%，且不少于 2 个

C. 对风机应进行全数检查

D. 对活动挡烟垂壁及其电动驱动装置和控制装置，应按批抽查 30%，且不少于 1 件

E. 对自动排烟窗的驱动装置和控制装置，应抽查 30%，且不少于 1 件

【答案】1. A 2. D 3. AC

考点 71　防排烟系统调试

你若不想做，会找一个或无数个借口；你若想做，会想一个或无数个办法。

机械加压送风系统风速及余压的调试方法	1. 应选取送风系统末端所对应的送风最不利的三个连续楼层模拟起火层及其上下层，封闭避难层（间）仅需选取本层，调试送风系统使上述楼层的楼梯间、前室及封闭避难层（间）的风压值及疏散门的门洞断面风速值与设计值的偏差不大于10%。 2. 对楼梯间和前室的调试应单独分别进行，且互不影响。 3. 调试楼梯间和前室疏散门的门洞断面风速时，设计疏散门开启的楼层数量应符合规范的相关规定。 调试数量：全数调试
机械排烟系统风速和风量的调试方法	1. 应根据设计模式，开启排烟风机和相应的排烟阀或排烟口，调试排烟系统使排烟阀或排烟口处的风速值及排烟量值达到设计要求。 2. 开启排烟系统的同时，还应开启补风机和相应的补风口，调试补风系统使补风口处的风速值及补风量值达到设计要求。 3. 应测试每个风口风速，核算每个风口的风量及其防烟分区总风量。 调试数量：全数调试
机械加压送风系统的联动调试	1. 当任何一个常闭送风口开启时，相应的送风机均应能同时启动。 2. 与火灾自动报警系统联动调试时，当火灾自动报警探测器发出火警信号后，应在15 s内启动与设计要求一致的送风口、送风机，其状态信号应反馈到消防控制室。 调试数量：全数调试
机械排烟系统的联动调试	1. 当任何一个常闭排烟阀或排烟口开启时，排烟风机均应能联动启动。 2. 应与火灾自动报警系统联动调试。当火灾自动报警探测器发出火警信号后，机械排烟系统应启动有关部位的排烟阀或排烟口、排烟风机；启动的排烟阀或排烟口、排烟风机应与设计和规范要求一致，其状态信号应反馈到消防控制室。 3. 有补风要求的机械排烟场所，当火灾确认后，补风系统应启动。 4. 排烟系统与通风、空调系统合用，当火灾自动报警探测器发出火警信号后，由通风、空调系统转换为排烟系统的时间应符合要求。 调试数量：全数调试

经典例题

1. 某高层综合楼设有机械防排烟系统，下列有关系统组件的设置，不符合要求的是(　　)。

A. 防烟楼梯间加压送风而前室不送风，楼梯间与前室的隔墙上设有余压阀

B. 安装在机械排烟系统的管道上的排烟防火阀平时呈开启状态，当排烟管道内温度达到 280 ℃时关闭

C. 防烟楼梯间设置自垂百叶式送风口，加压时自行开启

D. 安装在机械排烟系统的风管的排烟口平时呈开启状态，当排烟管道内温度达到 280 ℃时关闭

2. 某一类高层建筑，建筑高度 65 m，每层设一个防火分区，两部防烟楼梯间，前室均设有机械加压送风系统。消防施工单位防排烟系统施工结束后，测试人员对该系统进行测试，下列调试结果中，不符合规范要求的是(　　)。

A. 手动打开 3 层前室常闭式送风口，送风口开启的信号能反馈到消防控制室

B. 模拟 6 层防火分区内发生火灾，6 层对应的前室常闭送风口联动开启，其余楼层送风口保持关闭状态

C. 手动打开 8 层某一房间的排烟口，排烟口开启的信号能反馈到消防控制室

D. 模拟 16 层某一防烟分区发生火灾，16 层内包括疏散走道的所有防烟分区内的排烟阀联动开启

E. 在消防控制室内消防联动控制器的手动控制盘上可以直接控制送风机、排烟风机的启动、停止

【答案】1. D　2. BD

考点 72　防排烟系统验收

不抱有一丝幻想，不放弃一点机会，不停止一日努力。

资料验收	1. 竣工验收申请报告。 2. 施工图、设计说明书、设计变更通知书和设计审核意见书、竣工图。 3. 工程质量事故处理报告。 4. 防烟、排烟系统施工过程质量检查记录。 5. 防烟、排烟系统工程质量控制资料检查记录
观感质量验收	检查数量：各系统按 30% 抽查
手动功能的验收	送风机、排烟风机、送风口、排烟阀或排烟口、活动挡烟垂壁、自动排烟窗。 检查数量：各系统按 30% 抽查
联动功能验收	检查数量：全数检查

续表

自然通风及自然排烟设施验收	1. 封闭楼梯间、防烟楼梯间、前室及消防电梯前室可开启外窗的布置方式和面积。 2. 避难层（间）可开启外窗或百叶窗的布置方式和面积。 3. 设置自然排烟场所的可开启外窗、排烟窗、可熔性采光带（窗）的布置方式和面积。 检查数量：各系统按30%抽查
机械防烟系统的验收方法	1. 选取送风系统末端所对应的送风最不利的三个连续楼层模拟起火层及其上下层，封闭避难层（间）仅需选取本层，测试前室及封闭避难层（间）的风压值及疏散门的门洞断面风速值，应分别符合规范的相关规定，且偏差不大于设计值的10%。 2. 对楼梯间和前室的测试应单独分别进行，且互不影响。 3. 测试楼梯间和前室疏散门的门洞断面风速时，应同时开启三个楼层的疏散门。 检查数量：全数检查
机械排烟系统的性能验收方法	1. 开启任一防烟分区的全部排烟口，风机启动后测试排烟口处的风速应符合设计要求且偏差不大于设计值的10%。 2. 设有补风系统的场所，还应测试补风口风速，风速、风量应符合设计要求且偏差不大于设计值的10%。 检查数量：全数检查

经典例题

1. 某综合楼，共25层，每层划分为一个防火分区和若干防烟分区，按国家标准设置了消防设施。消防技术服务机构在对某建筑内设置的排烟口进行检查，下列检查结果中，符合现行国家消防技术标准的是(　　)。

A. 防烟分区内最远点距离最近排烟口的水平距离为37.5 m

B. 测试排烟口的风速为8 m/s

C. 设置在走道侧墙上的排烟口距离防烟楼梯间门的距离为0.5 m

D. 排烟口和排烟管道设置在吊顶内部，与吊顶内部可燃物的距离为100 mm

E. 排烟口开启状态为常闭，并在附近设置了手动开启装置，距离地面1.3 m

2. 某商场共5层，每层划分为一个防火分区和三个防烟分区，商场内防烟排烟系统调试完成后进行验收，下列验收结果符合相关规范要求的有(　　)。

A. 活动挡烟垂壁下降到设计高度后能将状态信号反馈到消防控制室

B. 开启某防烟分区内的全部排烟口，测试排烟口的风速为12 m/s

C. 测试系统的机械补风口的风速为10 m/s

D. 模拟四层发生火灾，该商场楼梯间内全部的加压送风机在30 s内全部开启

E. 模拟五层某防烟分区内发生火灾，该防烟分区内的排烟口在 15 s 内全部开启

【答案】1. BE　2. AE

考点 73　　消防用电设备供配电防火

努力，不是为了感动谁，奋斗，不是为了超越谁，只是为了不留遗憾。

供配电系统设置	1. 启动装置检查：当消防用电负荷为一级时，自备发电机组应设置自动启动装置，并在主电源断电后 30 s 内供电。 2. 自动切换功能检查：消防控制室、消防水泵房、防排烟机房的消防用电设备及消防电梯等供电设备，应在最末一级配电箱处设置自动切换装置。水泵控制柜、风机控制柜等消防电气控制装置不应采用变频启动方式
消防用电设备供电线路的敷设	1. 当采用矿物绝缘电缆时，可直接采用明敷设或在吊顶内敷设。 2. 采用明敷设、吊顶内敷设或架空地板内敷设时，要穿金属导管或封闭式金属线槽保护，所穿金属导管或封闭式金属线槽要采用涂防火涂料等防火保护措施。 3. 当线路暗敷设时，要穿金属导管或难燃性刚性塑料导管保护，并要敷设在不燃烧结构内，保护层厚度不应小于 30 mm
消防用电设备供电线路需采取防火封堵措施的部位	1. 穿越不同的防火分区。 2. 沿竖井垂直敷设穿越楼板处。 3. 管线进出竖井处。 4. 电缆隧道、电缆沟、电缆间的隔墙处。 5. 穿越建筑物的外墙处。 6. 至建筑物的入口处，至配电间、控制室的沟道入口处。 7. 电缆引至配电箱、柜或控制屏、台的开孔部位

经典例题

1. 下列关于消防用电设备供配电系统的设置检查结果，不符合要求的是(　　　)。

A. 设有变电所的建筑，消防用电设备的供配电系统在变电所处开始自成系统

B. 应急电源配电装置与主电源配电装置并列布置，其分界处设置防火隔断

C. 自备发电设备采用自动启动方式，能保证在 30 s 内供电

D. 排烟风机控制柜采用变频启动方式，在其配电线路的最末一级配电箱处自动切换装置

2. 某大型商场设有消火栓系统、自动喷水灭火系统、防排烟系统和火灾自动报警系统等消防设施，消防技术服务机构对该建筑内的消防控制室、设备机房及消防电梯等的供电情况进行检查，下列检查结果不符合现行国家工程建设消防技术标准的是(　　)。

A. 消防控制室内布置了消防系统、安防系统的控制台

B. 排烟风机的自动切换装置设置在排烟机房内

C. 消防电梯的自动切换装置设置在消防控制室内

D. 消防水泵启动方式采用星三角启动

3. 消防用电设备的供电线路采用不同的电线电缆时，供电线路敷设的要求说法有误的是(　　)。

A. 当采用矿物绝缘电缆时，可直接采用明敷设或在吊顶内敷设

B. 当采用阻燃或耐火电缆并敷设在电气竖井内或电缆沟内时，可不穿导管保护

C. 采用明敷设、吊顶内敷设或架空地板内敷设时，要穿金属导管或封闭式金属线槽保护，所穿金属导管或封闭式金属线槽要采用涂防火涂料等防火保护措施

D. 当线路暗敷设时，要穿金属导管或难燃性刚性塑料导管保护，并要敷设在不燃烧结构内，保护层厚度不应小于 50 mm

【答案】1. D　2. C　3. D

考点 74　电气装置与设备防火

 聪明出于勤奋，天才在于积累，很少有什么突如其来的好运。

电气线路	1. 预防电气线路短路的措施：在线路上应按规定安装断路器或熔断器。 2. 预防电气线路接触电阻过大的措施：铜、铝线相接，宜采用铜铝过渡接头或在铜线接头处烫锡。 3. 屋内布线的设置要求：设计安装屋内线路时，正确选择导线类型
照明器具	1. 卤素灯、60 W 以上的白炽灯等高温照明灯具不应设置在火灾危险性场所。产生腐蚀性气体的蓄电池室等场所应采用密闭型灯具。 2. 超过 60 W 的白炽灯、卤素灯、荧光高压汞灯等照明灯具（包括镇流器）不应安装在可燃材料和可燃构件上，聚光灯的聚光点不应落在可燃物上。 3. 灯饰所用材料的燃烧性能等级不应低于 B_1 级

续表

电热器具	1. 超过 3 kW 的固定式电热器具应采用单独回路供电，电源线应装设短路、过载及接地故障保护装置。 2. 低于 3 kW 的可移动式电热器应放在不燃材料制作的工作台上，与周围可燃物应保持 0.3 m 以上的距离；电热器应采用专用插座，引出线应采用石棉、瓷管等耐高温绝缘套管保护

经典例题

1. 电气火灾是火灾事故发生的主要原因之一，而用电设施又是引起电气火灾事故的主要因素，在对电气设备安装情况进行的防火检查中，不符合相关防火要求的是(　　)。

A. 开关、插座、配电箱不得直接安装在低于 B_1 级的装修材料上

B. 开关、插座、配电箱等安装在 B_1 级以下的材料基座上时，必须采用具有良好隔热性能的难燃材料隔绝

C. 白炽灯、镇流器等不得直接设置在可燃装修材料或构件上

D. 灯饰所用材料的燃烧性能等级不得低于 B_1 级

2. 下列有关电气防火技术措施的说法，不正确的是(　　)。

A. 电动机应安装在牢固的基座上，与其他低压带电体、可燃物之间的距离不应小于 1.0 m

B. 超过 3 kW 的固定式电热器具应采用单独回路供电

C. 空调器具不应安装在可燃结构上，其设备与周边可燃物的距离不应小于 0.3 m

D. 电热器具周围 1 m 以内不应放置可燃物

E. 铜铝相接时，采用铜铝过渡接头或者在铝线部分烫锡

【答案】1. B　2. DE

考点 75　应急照明与疏散指示系统安装要求

没有太晚的开始，不如就从今天行动。

灯具选择	设置在距地面 8 m 及以下的灯具的电压等级及供电方式： 1. 应选择 A 型灯具； 2. 地面上设置的标志灯应选择集中电源 A 型灯具； 3. 未设置消防控制室的住宅建筑，疏散走道、楼梯间等场所可选择自带电源 B 型灯具

续表

标志灯具	1. 方向标志灯的标志面与疏散方向垂直时，灯具的设置间距不应大于 20 m；方向标志灯的标志面与疏散方向平行时，灯具的设置间距不应大于 10 m。 2. 保持视觉连续的方向标志灯应设置在疏散走道的中心位置，间距不应大于 3 m。 3. 安装在疏散走道、通道两侧的墙面或柱面上时，标志灯底边距地面的高度应小于 1 m。 4. 在楼梯间内朝向楼梯的正面墙上，标志灯底边距地面的高度宜为 2.2~2.5 m
照明灯具	1. 宜安装在顶棚上。 2. 安装在走道侧面墙上时，安装高度不应为距地面 1~2 m；在距地面 1 m 以下侧面墙上安装时，应保证光线照射在灯具的水平线以下。 3. 照明灯不应安装在地面上
应急照明控制器	1. 在消防控制室墙面上设置，设备主显示屏高度宜为 1.5~1.8 m；设备靠近门轴的侧面距墙不应小于 0.5 m；设备正面操作距离不应小于 1.2 m。 2. 电缆芯和导线，应留有不小于 200 mm 的余量

经典例题

1. 消防应急照明和疏散指示系统是用于建筑内人员安全疏散、逃生、避难和消防作业等应急行动的重要消防设施。下列不属于自带电源集中控制型系统组件的是(　　)。

A. 应急照明控制器

B. 应急照明分配电装置

C. 应急照明配电箱

D. 消防应急灯具

2. 某新建 6 层中学教学楼，在疏散通道上安装有应急照明与疏散指示系统，按国家标准设置了消防设施。下列检查项目中，不符合《消防应急照明和疏散指示系统技术标准》（GB 51309—2018）要求的是(　　)。

A. 走道上 B 型应急照明灯具安装在侧墙上，底边距地面 1.8 m

B. 应急电源盒与灯具间的连线采用压接或者焊接

C. 转角处标志灯与转角处边墙的距离为 1.5 m

D. 疏散走道上的方向标志灯，标志灯底边距地面 0.5 m

E. 楼层标志灯安装在楼梯间内朝向楼梯的正面墙上，标志灯底边距地面 2.2 m

【答案】1. B　2. AC

考点 76　　应急照明与疏散指示系统调试

 所谓运气，不过就是时机来了，而你正好有能力抓住。就如同这个考点，今年你正好复习了。

集中控制型系统（非火灾状态）	1. 系统功能调试前，集中电源的蓄电池组、灯具自带的蓄电池应连续充电 24 h。 2. 系统的正常工作模式应符合规定。 3. 切断集中电源、应急照明配电箱的主电源： ① 集中电源应转入蓄电池电源输出、应急照明配电箱应切断主电源输出； ② 应急照明控制器应开始主电源断电持续应急时间计时； ③ 集中电源、应急照明配电箱配接的非持续型照明灯的光源应应急点亮、持续型灯具的光源应由节电点亮模式转入应急点亮模式； ④ 恢复集中电源、应急照明配电箱的主电源供电，集中电源、应急照明配电箱配接灯具的光源应恢复原工作状态； ⑤ 使灯具持续应急点亮时间达到设计文件规定的时间，集中电源、应急照明配电箱配接灯具的光源应熄灭。 4. 切断正常照明配电箱的电源，该区域非持续型照明灯的光源应应急点亮、持续型灯具的光源应由节电点亮模式转入应急点亮模式；恢复正常照明应急照明配电箱的电源供电，该区域所有灯具的光源应恢复原工作状态
集中控制型系统（火灾状态）	1. 使火灾报警控制器发出火灾报警输出信号，对系统的自动应急启动功能进行检查并记录，系统的自动应急启动功能应符合下列规定： ① 应急照明控制器应发出系统自动应急启动信号，显示启动时间； ② 系统内所有的非持续型照明灯的光源应应急点亮、持续型灯具的光源应由节电点亮模式转入应急点亮模式，灯具光源应急点亮的响应时间应符合规定； ③ B 型集中电源应转入蓄电池电源输出、B 型应急照明配电箱应切断主电源输出； ④ A 型集中电源、A 型应急照明配电箱应保持主电源输出；切断集中电源的主电源，集中电源应自动转入蓄电池电源输出。 2. 手动操作应急照明控制器的一键启动按钮，对系统的手动应急启动功能进行检查并记录，系统的手动应急启动功能应符合下列规定： ① 应急照明控制器应发出手动应急启动信号，显示启动时间； ② 系统内所有的非持续型照明灯的光源应应急点亮、持续型灯具的光源应由节电点亮模式转入应急点亮模式； ③ 集中电源应转入蓄电池电源输出、应急照明配电箱应切断主电源的输出； ④ 照明灯设置部位地面水平最低照度、持续工作时间应符合规定

续表

非集中控制型系统（非火灾状态）	1. 系统功能调试前，集中电源的蓄电池组、灯具自带的蓄电池应连续充电 24 h。 2. 系统的正常工作模式： ① 集中电源应保持主电源输出、应急照明配电箱应保持主电源输出； ② 系统灯具的工作状态应符合设计文件的规定
非集中控制型系统（火灾状态）	1. 使火灾报警控制器发出火灾报警输出信号，对系统的自动应急启动功能进行检查并记录，系统的自动应急启动功能应符合下列规定： ① 灯具采用集中电源供电时，集中电源应转入蓄电池电源输出，其所配接的所有非持续型照明灯的光源应应急点亮、持续型灯具的光源应由节电点亮模式转入应急点亮模式，灯具光源应急点亮的响应时间应符合规定； ② 灯具采用自带蓄电池供电时，应急照明配电箱应切断主电源输出，其所配接的所有非持续型照明灯的光源应应急点亮、持续型灯具的光源应由节电点亮模式转入应急点亮模式，灯具光源应急点亮的响应时间应符合规定。 2. 系统的手动应急启动功能应符合下列规定： ① 灯具采用集中电源供电时，手动操作集中电源的应急启动控制按钮，集中电源应转入蓄电池电源输出，其所配接的所有非持续型照明灯的光源应应急点亮、持续型灯具的光源应由节电点亮模式转入应急点亮模式，且灯具光源应急点亮的响应时间应符合规定； ② 灯具采用自带蓄电池供电时，手动操作应急照明配电箱的应急启动控制按钮，应急照明配电箱应切断主电源输出，其所配接的所有非持续型照明灯的光源应应急点亮、持续型灯具的光源应由节电点亮模式转入应急点亮模式，且灯具光源应急点亮的响应时间应符合规定； ③ 照明灯设置部位地面水平最低照度、持续工作时间应符合规定

经典例题

1. 某施工单位对应急照明和疏散指示系统施工完毕后，对应急照明控制器进行调试。下列不属于对控制器主要功能进行检查的项目有（　　）

A. 主、备电源的自动转换功能

B. 故障报警功能

C. 消音功能

D. 负载功能

2. 消防技术服务机构对应急照明控制器进行检测时，应急照明控制器应有主、备用电源的工作状态指示，并能实现主、备用电源的自动转换，其备用电源应能保证应急照明控制器正常工作（　　）h。

A. 8　　　　　　　　　　B. 2　　　　　　　　　　C. 3　　　　　　　　　　D. 6

3. 某二类高层综合楼，建筑高度 48 m，建筑层数 16 层，采用集中控制型系统。应急照明和疏散指示系统施工完毕后，下列对火灾状态下的系统控制功能调试的说法，正确的是（　　）。

A. 调试前，应将应急照明控制器与火灾报警控制器、消防联动控制器相连，使应急照明控制器处于正常监视状态

B. 使火灾报警控制器发出火灾报警输出信号，应急照明控制器应发出系统自动应急启动信号，显示启动时间

C. 使火灾报警控制器发出火灾报警输出信号，系统内所有的非持续型照明灯的光源应应急点亮、持续型灯具的光源应由节电点亮模式转入应急点亮模式

D. 手动操作应急照明控制器的一键启动按钮，系统内所有的非持续型照明灯的光源应应急点亮、持续型灯具的光源应由应急点亮模式转入节电点亮模式

E. 手动操作应急照明控制器的一键启动按钮，集中电源应转入蓄电池电源输出、应急照明配电箱应切断主电源的输出

【答案】1. D　2. C　3. ABCE

考点 77　火灾自动报警系统布线

从没有白费的努力，也没有碰巧的成功。

布线要求	1. 火灾自动报警系统应单独布线，系统内不同电压等级、不同电流类别的线路，不应布在同一管内或线槽的同一槽孔内。 2. 管路超过下列长度时，应在便于接线处装设接线盒： （1）管子长度每超过 30 m，无弯曲时。 （2）管子长度每超过 20 m，有 1 个弯曲时。 （3）管子长度每超过 10 m，有 2 个弯曲时。 （4）管子长度每超过 8 m，有 3 个弯曲时。 3. 金属管子入盒，盒外侧应套锁母，内侧应装护口；在吊顶内敷设时，盒的内外侧均应套锁母。塑料管入盒应采取相应固定措施。 4. 明敷设各类管路和线槽时，应采用单独的卡具吊装或支撑物固定。吊装线槽或管路的吊杆直径不应小于 6 mm。
线路检测	1. 火灾自动报警系统导线敷设后，应用 500 V 兆欧表测量每个回路导线对地的绝缘电阻，且绝缘电阻值不应小于 20 MΩ。 2. 同一工程中的导线，应根据不同用途选择不同颜色加以区分，相同用途的导线颜色应一致。电源线正极应为红色，负极应为蓝色或黑色

经典例题

1. 火灾自动报警系统导线敷设后，应用 500 V 绝缘电阻表测量每个回路导线对地的绝缘电阻，且绝缘电阻值不应小于(　　)MΩ。

A. 10　　　　　　　　B. 15　　　　　　　　C. 18　　　　　　　　D. 20

2. 某消防技术服务机构对建筑内安装的火灾自动报警系统进行检查，下列关于线路安装质量的检查结果中，不符合现行国家消防技术标准要求的有(　　)。

A. 总线端子板上以压接方式连接 4 根导线

B. 报警总线采用阻燃耐火电线电缆

C. 控制器的主电源使用电源插头与消防电源连接

D. 引入控制器内的导线留有 150 mm 的余量

E. 联动控制线、供电线路采用耐火铜芯电线电缆

3. 火灾自动报警系统的布线应符合相关设计文件要求，下列对火灾自动报警系统布线的检查，符合规范要求的有(　　)。

A. 线槽内的布线应在建筑抹灰及地面工程结束后进行

B. 不同电压等级的线路不应布置在同一线槽的同一孔内

C. 可以将有接头但没有扭结的导线布置在线槽内

D. 当从线槽引出到控制设备的线路采用金属软管保护时，保护软管的长度不应大于 1 m

E. 线管的布置不允许跨越建筑的变形缝

【答案】 1. D　2. ACD　3. AB

考点 78　火灾探测器的安装

 只要认真对待生活，终有一天，你的每一份努力，都将绚烂成花。

点型感烟、感温火灾探测器	1. 探测器至墙壁、梁边的水平距离，不应小于 0.5 m。 2. 探测器周围水平距离 0.5 m 内，不应有遮挡物。 3. 探测器至空调送风口最近边的水平距离，不应小于 1.5 m；至多孔送风顶棚孔口的水平距离，不应小于 0.5 m。 4. 在宽度小于 3 m 的内走道顶棚上安装探测器时，宜居中安装。点型感温火灾探测器的安装间距，不应超过 10 m；点型感烟火灾探测器的安装间距，不应超过 15 m。探测器至端墙的距离，不应大于安装间距的一半。 5. 探测器宜水平安装，当确需倾斜安装时，倾斜角不应大于 45°
线型红外光束感烟火灾探测器	1. 当探测区域的高度不大于 20 m 时，光束轴线至顶棚的垂直距离宜为 0.3 ～ 1.0 m；当探测区域的高度大于 20 m 时，光束轴线距探测区域的地（楼）面高度不宜超过 20 m。 2. 发射器和接收器之间的探测区域长度不宜超过 100 m。 3. 相邻两组探测器光束轴线的水平距离不应大于 14 m。探测器光束轴线至侧墙水平距离不应大于 7 m，且不应小于 0.5 m
缆式线型感温火灾探测器	1. 在电缆桥架、变压器等设备上安装时，宜采用接触式布置。 2. 在各种带式输送装置上敷设时，宜敷设在装置的过热点附近

续表

线型差定温火灾探测器	1. 敷设在顶棚下方的，至顶棚距离宜为 0.1 m，相邻探测器之间水平距离不宜大于 5 m。 2. 探测器至墙壁距离宜为 1~1.5 m
可燃气体探测器	1. 探测气体密度小于空气密度的可燃气体探测器应设置在被保护空间的顶部。 2. 探测气体密度大于空气密度的可燃气体探测器应设置在被保护空间的下部。 3. 探测气体密度与空气密度相当时，可燃气体探测器可设置在被保护空间的中间部位或顶部。 4. 线型可燃气体探测器的保护区域长度不宜大于 60 m，两组探测器之间的轴线距离不应大于 14 m
探测器底座的安装	1. 探测器的底座应安装牢固，与导线连接必须可靠压接或焊接。 2. 探测器底座的连接导线，应留有不小于 150 mm 的余量，且在其端部应有明显的永久性标志

经典例题

1. 某写字楼火灾自动报警系统设计有感烟、感温火灾探测器，其中，三楼办公区域走廊宽度为 2.4 m，总长度为 50 m，下列关于该走廊感烟火灾探测器的安装要求，错误的是(　　)。

A. 如果需要倾斜安装，可以将探测器安装在倾斜面上，倾斜角度为 60°

B. 感烟探测器宜居中安装，探测器之间的距离为 15 m

C. 走道端墙附近两个探测器距离墙壁的距离经测量均为 0.7 m

D. 走廊的中间部位设有一个空调送风口，为了不影响感烟探测器的效果，将感烟探测器距空调送风口的距离设置为 1.6 m

2. 对可燃气体探测器的报警功能进行检查时，将可燃气体探测器施加达到响应浓度值的可燃气体标准样气，探测器应在(　　)s 内响应并保持。

A. 30 　　　　　　　　　　　　B. 60

C. 100 　　　　　　　　　　　D. 120

3. 对某建筑内安装的火灾探测器进行检查，下列检查结果中，不符合相关施工验收规范要求的是(　　)。

A. 点型感温火灾探测器距梁边的水平距离为 0.6 m

B. 点型感烟火灾探测器距空调送风口最近的水平距离为 1.6 m

C. 宽度为 2.7 m 的内走道顶棚上的点型感烟火灾探测器的间距为 16 m

D. 两组相邻线型红外光束感烟火灾探测器的水平距离为 15 m

E. 梁凸出顶棚高度为 650 mm，被梁隔断的梁间区域没装设探测器

【答案】1. A　2. A　3. CDE

考点79　　其他组件（设备）安装要求

　保持乐观的心态，走着走着，天就亮了，幸福也就跟着来了。

组件名称	安 装 要 求
控制器类设备	（1）设备面盘前的操作距离，单列布置时不应小于1.5 m，双列布置时不应小于2 m。 （2）在值班人员经常工作的一面，设备面盘至墙的距离不应小于3 m。 （3）设备面盘后的维修距离不宜小于1 m。 （4）设备面盘的排列长度大于4 m时，其两端应设置宽度不小于1 m的通道
手动火灾报警按钮	（1）手动火灾报警按钮，应安装在明显和便于操作的部位。 （2）当安装在墙上时，其底边距地（楼）面高度宜为1.3~1.5 m。 （3）手动火灾报警按钮的连接导线，应留有不小于150 mm的余量
模块	（1）同一报警区域内的模块宜集中安装在金属箱内。 （2）模块的连接导线，应留有不小于150 mm的余量，其端部应有明显标志
消防应急广播扬声器和火灾警报器	（1）消防应急广播扬声器和火灾警报器宜在报警区域内均匀安装。 （2）火灾光警报装置应安装在安全出口附近明显处，底边距地（楼）面高度在2.2 m以上。 （3）光警报器与消防应急疏散指示标志不宜在同一面墙上，安装在同一面墙上时，距离应大于1 m
消防专用电话	（1）消防专用电话、电话插孔、带电话插孔的手动报警按钮宜安装在明显、便于操作的位置。 （2）当在墙面上安装时，其底边距地（楼）面高度宜为1.3~1.5 m

经典例题

1. 消防技术服务机构对某建筑内管路采样吸气式感烟火灾探测器进行功能检查。下列检查结果中，不符合现行国家消防技术标准要求的有(　　　)。

A. 在A采样吸气式感烟火灾探测器采样管末端加入试验烟时，探测器在90 s后发出报警信号

B. 在B采样吸气式感烟火灾探测器采样管末端加入试验烟时，探测器在100 s后发出报警信号

C. 在C采样吸气式感烟火灾探测器采样管末端加入试验烟时，探测器在110 s后发出报警信号

D. 在D采样吸气式感烟火灾探测器采样管末端加入试验烟时，探测器在125 s后发出报警

信号

2. 某 5 层商场建筑高度为 18 m，每层划分为 3 个防火分区，每个防火分区划分为一个报警区域。对建筑内竣工的火灾自动报警系统进行检测，下列检测结果中，不符合现行国家工程建设消防技术标准的有(　　)。

A. 三层某个防火分区内设置 6 只手动火灾报警按钮，防火分区任一点距离最近手动火灾报警按钮之间的步行距离为 25~40 m

B. 模拟火灾，消防联动控制器控制建筑内所有的声光警报器启动

C. 楼梯口附近的墙上安装 3 台区域显示器，区域显示器底边距地面的高度为 1.1 m

D. 火灾光警报器与消防应急疏散指示标志安装在同一面墙上，间距为 1.5 m

E. 壁挂式广播扬声器的底边距离楼地面 2.5 m

3. 关于火灾报警控制器在消防控制室内的布置应符合下列(　　)的要求。

A. 设备面盘前的操作距离，单列布置时不应小于 2 m

B. 在值班人员经常工作的一面，设备面盘至墙的距离不应小于 3 m

C. 设备面盘后的维修距离不宜小于 1 m

D. 与建筑内其他弱电系统合用的消防控制室内，消防设备应集中设置

E. 设备面盘的排列长度大于 4 m 时，其两端应设置宽度不小于 2 m 的通道

【答案】1. D　2. AC　3. BCD

考点 80　火灾报警控制器与联动控制器调试

 此时此刻，在奔赴注消的路上，回头，有一路的汗水，低头，有坚定的脚步，抬头，有清晰的远方。

火灾报警控制器	1. 检查自检功能、操作级别、屏蔽功能、短路隔离保护功能、主备电源自动转换功能、消音功能、复位功能。 2. 配接部件连线故障报警功能：使控制器与探测器之间的连线断路和短路，控制器应在 100 s 内发出故障信号。 3. 备用电源连线故障报警功能：使控制器与备用电源之间的连线断路和短路，控制器应在 100 s 内发出故障信号。 4. 火警优先功能：当有火灾探测器火灾报警信号、手动火灾报警按钮报警信号输入时，控制器应在 10 s 内发出火灾报警声、光信号。任一故障均不应影响非故障部分的正常工作。 5. 二次报警功能：火灾报警声信号应能手动消除，当再有火灾报警信号输入时，应能再次启动。 6. 负载功能：使控制器不少于 10 个报警部位均处于报警状态，主电源容量应能保证连续正常工作 4 h，备用电源工作 30 min，监视状态下工作 8 h

续表

消防联动控制器	1. 检查自检功能、操作级别、屏蔽功能、总线隔离保护功能、主备电源自动转换功能、消音功能、复位功能、控制器自动和手动工作状态转换显示功能。 2. 配接部件连线故障报警功能：消防联动控制器与火灾报警控制器、触发器件、直接手动控制单元、输出/输入模块之间连接线断路、短路和影响功能的接地，消防联动控制器应能在 100 s 内发出故障信号。 3. 备用电源连线故障报警功能：给备用电源充电的充电器与备用电源间，备用电源与其负载间连接线的断路、短路，主电源欠压，消防联动控制器应能在 100 s 内发出故障信号。 4. 控制器的负载功能：使控制器不少于 50 个输入/输出模块均处于报警状态，主电源容量应能保证连续正常工作 8 h，备用电源工作 30 min，监视状态下工作 8 h

经典例题

1. 消防联动控制器在调试检查过程中要注意检查消防联动控制器的最大负载功能，根据《火灾自动报警系统施工及验收标准》（GB 50166—2019）的规定，检查消防联动控制器的最大负载功能时，当模块总数为 40 个时，应使（　　）个模块动作。

A. 50 　　　　　　　　　　　　　　 B. 10

C. 25 　　　　　　　　　　　　　　 D. 40

2. 对某场所设置的可燃气体报警控制器进行调试，切断可燃气体报警控制器的所有外部控制连线，将任一回路与控制器相连接后接通电源。断开控制器和探测器之间的连线，控制器发出故障信号，然后使非故障部位的探测器发出报警信号，控制器应在（　　）s 内发出报警信号。

A. 10 　　　　　　　　　　　　　　 B. 30

C. 60 　　　　　　　　　　　　　　 D. 100

3. 某办公楼火灾自动报警系统施工完毕后，施工单位对系统进行调试。下列关于该工程火灾自动报警控制器的调试，符合规范要求的有（　　）。

A. 调试人员在调试前切断了火灾报警控制器的所有外部控制连线

B. 使控制器和探测器的某一回路断路，控制器在 120 s 时发出故障信号

C. 使控制器与备用电源之间的连线断路，控制器在 95 s 时故障总指示灯点亮

D. 使某一总线回路上有 10 只的火灾探测器同时处于火灾报警状态，备用电源正常工作 0.5 h 后系统关机

E. 在故障总指示灯点亮状态下，使另外一个非故障回路的探测器发出火灾报警信号，控制器在 30 s 时发出火灾报警信号

【答案】1. D　2. A　3. ACD

考点 81　火灾自动报警系统检测设备数量要求

人生就像是一道多项选择题，困扰你的往往是众多的选择项，而不是题目本身。各种检测设备的抽样，就是一种选择。

检测数量	火灾自动报警系统需检测的设备
全检	火灾报警控制器、消防联动控制器、可燃气体报警控制器、电气火灾监控设备、消防设备电源监控器、图形显示装置、气体及干粉灭火控制器
	压力开关、电动阀、电磁阀、液位控制器、风机入口排烟防火阀；消防电话总机、分机；水泵、风机控制柜；水泵、风机的直接手动控制功能
5（个）台以下全检；超过 5（个）台抽检 20% 且不少于 5（个）台	布线；火灾警报、广播控制；防火卷帘、防火门控制；自动喷水灭火系统联动功能；加压送风系统联动控制；挡烟垂壁、排烟系统联动控制；应急照明与疏散指示系统、电梯、非消防电源、自动消防系统的联动控制功能
100 只以下检 20 只（各回路）；超过 100 只，抽检 10%～20%（各回路）且不少于 20 只	火灾探测器；手动报警按钮；声光警报器；模块
5 个（条）以下全检；超过 5 个（条），抽检 10%～20% 且不少于 5 个（条）	消防电话插孔、消防设备应急电源
抽检 5%～10%	消火栓按钮
抽检 30%～50%	水流指示器、信号阀；电动送风口、电动挡烟垂壁、排烟阀、防火阀

经典例题

1. 火灾自动报警系统竣工后，建设单位对该系统进行系统检测，下列做法错误的有(　　)。

A. 抽验了 10 台火灾报警控制器中的 5 台

B. 抽验了 30 只火灾探测器中的 10 只

C. 在消防控制室内操作室内消火栓泵启停 3 次

D. 压力开关、电动阀、电磁阀检查了安装数量的一半

E. 对所有广播分区进行选区广播，对共用扬声器进行强行切换

2. 下列关于火灾探测器和手动火灾报警按钮设备进行模拟火灾响应和故障信号检测数量，做法正确的有(　　)。

A. 实际安装数量 50 只，两个回路，抽检总数 20 只且每个回路抽检 10 只

B. 实际安装数量 180 只，两个回路，两个回路都应抽检且每个回路抽检 20 只

C. 实际安装数量 120 只，两个回路，抽检 30 只且每个回路抽检 15 只

D. 每个回路实际安装数量 150 只，抽检数量按本回路实际安装数量 15% 比例抽检

E. 每个回路实际安装数量 200 只，抽检数量按本回路实际安装数量 10% 比例抽检

3. 关于火灾自动报警系统验收时的说法，正确的是(　　)。

A. 可燃气体报警控制器应按实际安装数量全部检验

B. 按照 10%～20% 的比例抽验防排烟系统中的阀门

C. 按照 30%～50% 的比例抽验自喷系统水流指示器

D. 火灾应急广播设备，应按照 30%～50% 的比例抽检

E. 电梯应进行 3 次联动返回首层的功能试验

【答案】 1. ABD　2. BDE　3. AC

考点 82　自动喷水灭火系统联动设计

 以前总以为，人生最美好的是相遇。后来才明白，其实难得的是重逢。这个内容就是实务重点的重复。

系统名称	联动触发信号	联动控制信号	联动反馈信号
湿式和干式系统	报警阀压力开关的动作信号与该报警阀防护区域内任一火灾探测器或手动报警按钮的报警信号	启动喷淋泵	水流启动器动作信号、信号阀动作信号、压力开关动作信号、喷淋消防泵的启动信号

续表

系统名称		联动触发信号	联动控制信号	联动反馈信号
预作用系统 （单连锁）		同一报警区域内两只及以上独立的感烟火灾探测器或一只感烟火灾探测器与一只手动火灾报警按钮的报警信号	开启预作用阀组、开启快速排气阀前电动阀	水流指示器动作信号、信号阀动作信号、压力开关动作信号、喷淋消防泵的启动信号、快速排气阀前电动阀动作信号
		报警阀压力开关的动作信号与该报警阀防护区域内任一火灾探测器或手动报警按钮的报警信号	启动喷淋泵	
预作用系统 （双连锁）		由火灾自动报警系统任一火灾探测器或手动报警按钮的报警信号和充气管道上设置的压力开关两只信号	开启预作用阀组、开启快速排气阀前电动阀	水流指示器动作信号、信号阀动作信号、压力开关动作信号、喷淋消防泵的启动信号、有压气体管道气压状态信号、快速排气阀前电动阀动作信号
		报警阀压力开关的动作信号与该报警阀防护区域内任一火灾探测器或手动报警按钮的报警信号	启动喷淋泵	
雨淋系统		同一报警区内两只及以上独立的感温火灾探测器或一只感温火灾探测器与一只手动火灾报警按钮的报警信号	开启雨淋阀组	水流指示器动作信号、压力开关动作信号、雨淋阀组和雨淋消防泵的启停信号
		报警阀压力开关的动作信号与该报警阀防护区域内任一火灾探测器或手动报警按钮的报警信号	启动喷淋泵	
水幕系统	用于防火卷帘的保护（冷却水幕）	防火卷帘下落到楼板面的动作信号与本报警阀防护区域内的任一火灾探测器或手动火灾报警按钮的报警信号	开启水幕系统控制阀组	压力开关动作信号、水幕系统相关控制阀组和消防泵的启停信号
		报警阀压力开关的动作信号与该报警阀防护区域内任一火灾探测器或手动报警按钮的报警信号	启动喷淋泵	
	用于防火分隔（分隔水幕）	报警区域内两只独立的感温火灾探测器的火灾报警信号	开启水幕系统控制阀组	压力开关动作信号、水幕系统相关控制阀组和消防泵的启停信号
		报警阀压力开关的动作信号与该报警阀防护区域内任一火灾探测器或手动报警按钮的报警信号	启动喷淋泵	

经典例题

1. 某建筑设有火灾自动报警系统和湿式自动喷水灭火系统，使消防泵控制柜处于自动状态，检测消防泵联动控制功能，能启动消防泵的操作有(　　)。

A. 使消防联动控制器处于自动状态，连接压力开关与消防泵控制柜的控制连接线，在没有任何火灾报警信号的情况下，打开末端试水装置，压力开关动作

B. 使消防联动控制器处于手动状态，消防泵控制柜也处于手动状态，打开末端试水装置，压力开关动作

C. 使消防联动控制器处于自动状态，断开压力开关与消防泵控制柜的控制连接线，使末端试水装置所在防火分区内的一只感烟火灾探测器报警，打开末端试水装置，压力开关动作

D. 使消防联动控制器处于自动状态，消防泵控制柜处于手动状态，打开末端试水装置，压力开关动作

E. 使消防联动控制器处于自动状态，断开压力开关与消防泵控制柜的控制连接线，打开末端试水装置，压力开关动作，在消防联动控制器上手动操作启动消防泵

2. 在对建筑内设置的预作用灭火系统进行检测时，根据现行国家消防技术标准，下列关于开启预作用阀组的联动触发信号的说法中，正确的有（　　）。

A. 同一报警区域内两只及以上独立的感温火灾探测器的报警信号

B. 同一报警区域内两只及以上独立的感烟火灾探测器的报警信号

C. 同一报警区域内一只感烟火灾探测器与一只手动火灾报警按钮的报警信号

D. 同一报警区域内一只感烟火灾探测器与一只感温火灾报警的报警信号

E. 同一报警区域内一只感温火灾探测器与一只手动火灾报警按钮的报警信号

3. 下列关于自动喷水灭火系统的描述中，正确的是（　　）。

A. 水幕系统有挡烟阻火和冷却分隔物的作用

B. 防护冷却系统，采用闭式洒水喷头、湿式报警阀组，属于闭式系统

C. 预作用系统应设置充气设备

D. 采用火灾自动报警系统直接控制预作用系统在火灾报警系统动作后，转换为湿式系统

E. 采用火灾自动报警系统和充气管道上的压力开关控制的预作用系统，配水管道的充水时间不应大于 2 min

【答案】1. ACE　2. BC　3. ABD

考点 83　消火栓系统与气体灭火系统联动控制

困难，激发前进的力量；挫折，磨练奋斗的勇气；失败，指明成功的方向。

系统名称	联动触发信号	联动控制信号	联动反馈信号
消火栓系统	消火栓按钮动作信号与同一报警区域的两只火灾探测器，或一只火灾探测器和一只手动火灾报警信号	启动消火栓泵	消火栓泵启动信号
气体灭火系统	任一防护区域内设置的感烟火灾探测器、其他类型火灾探测器或手动火灾报警按钮的首次报警信号	启动设置在该防护区内的声光警报器	气体灭火控制器直接连接的火灾探测器的报警信号
	同一防护区域内与首次报警的火灾探测器或手动火灾报警按钮相邻的感温火灾探测器、火焰探测器或手动火灾报警按钮的报警信号	关闭防护区域的送、排风机及送排风阀门，停止通风和空气调节系统，关闭该防护区域的电动防火阀，启动防护区域的开口封闭装置，包括关闭门、窗，启动气体灭火装置，启动入口处表示气体喷洒的火灾光警报器	选择阀的动作信号，压力开关的动作信号

经典例题

1. 某高层综合楼，建筑高度 54 m，室内设有湿式消火栓系统，屋顶设置稳压系统。消防技术服务机构对该系统进行检查，当消防联动控制器和消防水泵控制柜均处于自动状态，下列操作方式能启动消防水泵的有（　　　）。

　　A. 手动按下消火栓按钮

　　B. 手动按下消防水泵控制柜上的启动按钮

　　C. 手动按下消防联动控制器手动控制盘上启动消防水泵的按钮

　　D. 使高位消防水箱的排水管放水，高位消防水箱出水管上的流量开关动作

　　E. 在消防水泵房内打开试验排水管，管网压力持续降低，出水干管上低压压力开关动作

2. 某高层写字楼，建筑高度 50 m，室内设有湿式消火栓系统和自动喷水灭火系统。消防技术服务机构对该系统进行检查，首先按下了报警区域内的一只消火栓按钮，然后触发了区域内另外一只感烟探测器和一只手动报警按钮，消火栓泵未能正常启动；打开屋顶试验消火栓，屋顶高位水箱流量开关动作，消防水泵正常启动。下列关于消火栓泵未能启动的原因描述正确的是（　　　）。

　　A. 联动控制盘未设定在自动状态

　　B. 消防水泵控制柜未设定在自动状态

　　C. 联动总线上输入模块故障

　　D. 联动总线上输出模块故障

　　E. 消防水泵控制柜电气线路故障

3. 某单层洁净厂房，平时工作人数为 50 人，设有中央空调系统，用防火墙划分为两个防火分区，厂房内设置七氟丙烷组合分配灭火系统保护，气体灭火控制器直接连接火灾探测器，下列关于该气体灭火系统启动联动控制的说法中，正确的有（　　　）。

　　A. 任一探测器动作之后，控制器即刻发出联动启动信号

　　B. 应联动关闭空调系统穿越防火墙处的防火阀

　　C. 应联动关闭防护区的泄压口

　　D. 应联动启动驱动气瓶上的电磁启动器

　　E. 气体灭火系统启动之前有不大于 30 s 的延迟喷射时间

4. 某信息机房设置 IG541 气体灭火系统进行保护，防护区内平时无人工作。下列有关该防护区系统设计及设备动作的说法，正确的有（　　　）。

　　A. 防护区内一只感烟火灾探测器和一只感温火灾探测器发出的报警信号可以作为系统的联动触发信号

　　B. 系统收到首个联动触发信号后，防护区入口处表示气体喷洒的火灾声光警报器动作

　　C. 系统收到后续联动触发信号后，系统联动关闭防护区的送、排风机，停止通风空气调节系统

　　D. 系统设置无延迟的喷射

　　E. 系统联动控制应可以关闭该防护区与相邻防护区内的门、窗

【答案】1. CDE　2. AD　3. BDE　4. AD

考点 84　　防排烟系统联动设计

人生目标确定容易实现难，但如果不去行动，那么连实现的可能也不会有。

系统名称	联动触发信号	联动控制信号	联动反馈信号
防烟系统	加压送风口所在防火分区的两只独立的火灾探测器或一只火灾探测器与一只手动火灾报警按钮的报警信号	开启送风口、启动加压送风机	送风机、排烟口、排烟窗或排烟阀的开启和关闭信号，防烟、排烟风机启停信号，电动防火阀关闭动作信号
	同一防烟分区内且位于电动挡烟垂壁附近的两只独立的感烟探测器的报警信号	降落电动挡烟垂壁	
排烟系统	同一防烟分区内的两只独立的火灾探测器报警信号或一只火灾探测器与一只手动火灾报警按钮的报警信号	开启排烟口、排烟窗或排烟阀，停止该防烟分区的空气调节系统	
	排烟口、排烟窗或排烟阀开启的动作信号与该防烟分区内任一火灾探测器或手动报警按钮的报警信号	启动排烟风机	

经典例题

1. 某一类高层民用建筑，建筑高度 65 m，建筑层数为 20 层。设有自动喷水灭火系统、火灾自动报警系统、防排烟系统等，在对防排烟系统进行联动调试时，使消防联动控制器处于自动状态，下列不能开启排烟风机的是（　　）。

A. 八层的某一防烟分区内的两只独立的火灾探测器的报警信号

B. 二层一防烟分区内的一只火灾探测器与相邻防烟分区内的一只手动火灾报警按钮的报警信号

C. 消防联动控制器收到火灾探测器的报警信号后联动开启排烟口，排烟口开启的动作信号

D. 在消防联动控制器手动控制盘上按下排烟风机的手动开启按钮

2. 关于防排烟系统的联动控制设计，符合规范要求的是（　　）。

A. 同一防火分区内两只独立的火灾探测器的信号作为排烟口开启的动作信号

B. 排烟口开启的动作信号作为风机启动的联动触发信号

C. 消防联动控制器应能直接控制送排风机的启停

D. 同一防火分区内两只独立的火灾探测器的信号作为常闭送风口开启的动作信号

E. 应由同一防火分区内两只独立的火灾探测器的信号作为电动挡烟垂壁下落的联动触发信号

3. 某单位拟新建图书馆，委托某设计单位进行图书馆防烟排烟系统的工程设计，下列关于加压送风机和排烟风机的启动方式的设计方案中，正确的有(　　　)。

A. 通过现场的风机控制柜直接手动启动

B. 同一防火分区内不同防烟分区的 2 只独立感烟探测器报警后，直接联动启动排烟风机

C. 同一防火分区内 2 只独立感烟探测器发烟，探测器报警后，联动启动楼梯间的加压送风机

D. 通过消防控制室的消防联动控制器的总线控制盘直接启动

E. 通过消防控制室的消防联动控制器的手动控制盘直接启动

【答案】1. B　2. BCD　3. ACDE

考点 85　其他系统联动设计

你的幸福，你若不答应，别人永远抢不走你的幸福。

系统名称	联动触发信号	联动控制信号	联动反馈信号
防火门系统	所在防火分区的两只独立的火灾探测器或一只火灾探测器与一只手动火灾报警按钮的报警信号	关闭常开防火门	疏散通道上各防火门的开启、关闭及故障状态信号
电梯	—	所有电梯停于首层或电梯转换层	电梯运行状态信息和停于首层或转换层的反馈信息

续表

系统名称	联动触发信号	联动控制信号	联动反馈信号
火灾警报和消防应急广播系统	同一报警区域内两只独立的火灾探测器或一只火灾探测器与一只手动火灾报警按钮的报警信号	确认火灾后启动建筑内所有的火灾声光警报器，启动消防应急广播	消防应急广播分区的工作状态
消防应急照明和疏散指示系统	同一报警区域内两只独立的火灾探测器或一只火灾探测器与一只手动火灾报警按钮的报警信号	确认火灾后，由发生火灾的报警区域开始，顺序启动全楼的消防应急照明和疏散指示系统	—

经典例题

1. 下列关于火灾自动报警系统和消防应急广播系统的联动控制设计的说法，正确的是(　　)。

A. 设置消防联动控制器的火灾自动报警系统，火灾声光警报器只能由消防联动控制器控制

B. 同一建筑内设置多个火灾声警报器时，火灾自动报警系统应能同时启动和停止所有火灾声警报器工作

C. 消防应急广播系统的联动控制信号应由火灾报警控制器发出，当确认火灾后，应同时向全楼进行广播

D. 集中报警系统可不设置消防应急广播

2. 某建筑高度为 48 m，使用功能为酒店，每层建筑面积 3 000 m²，按国家标准设置了消防设施。2019 年 5 月 18 日 23：20，消防控制室人员，确认位于三楼的一个杂物间起火，此时应执行的联动操作是(　　)。

A. 立即切断自动扶梯、排污泵、空调用电、康乐设施等非消防用电

B. 立即切断普通电梯、厨房设施等非消防用电

C. 立即切断全楼正常照明、生活给水泵、地下室排水泵等非消防用电

D. 开启三层安全技术防范系统的摄像机，监视并记录火灾现场的情况

E. 打开疏散通道上门禁系统控制的门和酒店门口的电动大门以及停车场出入口的挡杆

【答案】1. B　2. ADE

考点 86　　防火卷帘、防火门、防火窗的安装

就像一千次都不如实践一次，所有的努力和付出一定会有收获。

防火卷帘安装	（1）防火卷帘、防护罩等与楼板、梁和墙、柱之间的空隙，应采用防火封堵材料等封堵，封堵部位的耐火极限不应低于防火卷帘的耐火极限。 （2）防火卷帘控制器及手动按钮盒的安装应牢固可靠，其底边距地面高度宜为 1.3 ~ 1.5 m
防火门安装	（1）设置在变形缝附近的防火门，应安装在楼层数较多的一侧，且门扇开启后不应跨越变形缝。 （2）钢质防火门门框内应充填水泥砂浆。门框与墙体应用预埋钢件或膨胀螺栓等连接牢固，其固定点间距不宜大于 600 mm。 （3）除特殊情况外，防火门门扇的开启力不应大于 80 N
防火窗安装	（1）钢质防火窗窗框内应充填水泥砂浆。窗框与墙体应用预埋钢件或膨胀螺栓等连接牢固，其固定点间距不宜大于 600 mm。 （2）安装在活动式防火窗上的温控释放装置动作后，活动式防火窗应在 60 s 内自动关闭

经典例题

1. 某消防技术服务机构对某酒店疏散走道上的防火卷帘进行了检测。下列检测结果中，不符合现行国家标准要求的是(　　)。

A. 防火卷帘与楼板、梁、柱之间的空隙采用防火封堵材料封堵

B. 防火卷帘满足一只专用的感温火灾探测器动作后，自动下降至全闭

C. 手动按下防火卷帘下降按钮后，测得防火卷帘的下降速度为 3.8 m/min

D. 防火卷帘的温控释放装置动作后，防火卷帘自动下降至距地面 1.8 m 处

2. 某消防技术服务机构对双扇防火门进行检查时，应注意检查防火门的门扇之间缝隙，根据现行国家消防技术标准规范的规定，该间隙不应大于(　　)mm。

A. 3　　　　　　　　　B. 6　　　　　　　　　C. 9　　　　　　　　　D. 2

【答案】1. D　2. A

考点 87 消防管道试压冲洗专题

认真听课的每个瞬间都是经历，所有经历，都是收获。

管道试压冲洗要求
- 1. 管网安装完毕后，要对其进行强度试验、冲洗和严密性试验；
- 2. 强度试验和严密性试验宜用水进行；
- 3. 管网冲洗在试压合格后分段进行。冲洗顺序先室外，后室内；先地下，后地上；室内部分的冲洗应按配水干管、配水管、配水支管的顺序进行

一、消防给水及消火栓（消防给水与湿式消火栓）

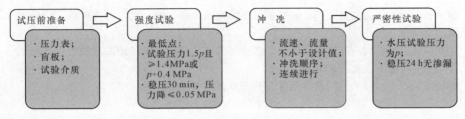

试压前准备
- 压力表；
- 盲板；
- 试验介质

强度试验
- 最低点：
- 试验压力1.5p且≥1.4MPa或p+0.4 MPa
- 稳压30 min，压力降≤0.05 MPa

冲洗
- 流速、流量不小于设计值；
- 冲洗顺序；
- 连续进行

严密性试验
- 水压试验压力为p；
- 稳压24 h无渗漏

二、消防给水及消火栓（干式消火栓）

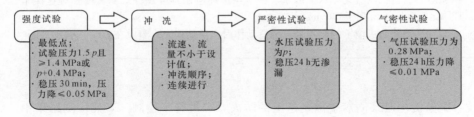

强度试验
- 最低点：
- 试验压力1.5 p且≥1.4 MPa或p+0.4 MPa；
- 稳压30 min，压力降≤0.05 MPa

冲洗
- 流速、流量不小于设计值；
- 冲洗顺序；
- 连续进行

严密性试验
- 水压试验压力为p；
- 稳压24 h无渗漏

气密性试验
- 气压试验压力为0.28 MPa；
- 稳压24 h压力降≤0.01 MPa

三、自动喷水灭火系统（湿式系统、雨淋系统）

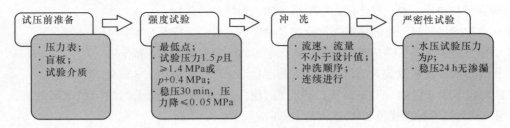

试压前准备
- 压力表；
- 盲板；
- 试验介质

强度试验
- 最低点；
- 试验压力1.5 p且≥1.4 MPa或p+0.4 MPa；
- 稳压30 min，压力降≤0.05 MPa

冲洗
- 流速、流量不小于设计值；
- 冲洗顺序；
- 连续进行

严密性试验
- 水压试验压力为p；
- 稳压24 h无渗漏

四、自动喷水灭火系统（干式系统、预作用系统）

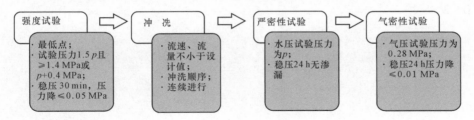

强度试验
- 最低点；
- 试验压力1.5 p且≥1.4 MPa或p+0.4 MPa；
- 稳压30 min，压力降≤0.05 MPa

冲洗
- 流速、流量不小于设计值；
- 冲洗顺序；
- 连续进行

严密性试验
- 水压试验压力为p；
- 稳压24 h无渗漏

气密性试验
- 气压试验压力为0.28 MPa；
- 稳压24 h压力降≤0.01 MPa

五、水喷雾灭火系统

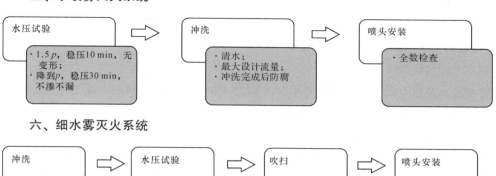

六、细水雾灭火系统

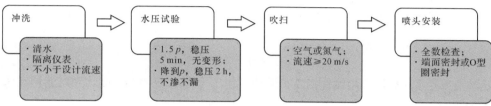

七、气体灭火系统灭火剂输送管道（方案一）

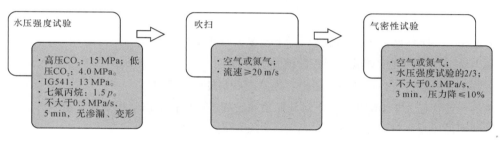

注：不具备水压强度试验时按方案二。

八、气体灭火系统灭火剂输送管道（方案二）

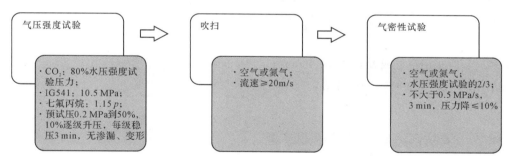

注：气压强度合格未拆卸管道可不做气密性试验

九、泡沫灭火系统

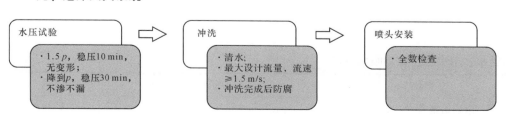

经典例题

1. 某建筑的消防给水管网在施工完成后进行试压和冲洗，对管网注水并缓慢升压，当达到试验压力后管网出现渗漏，下列说法中正确的是(　　)

A. 影响不大，可继续试压

B. 即使渗漏，若稳压 30 min 后压力降不大于 0.05 MPa，则判断管网水压强度试验合格

C. 降低压力，待渗漏现象消失后记录管网的压力

D. 停止试压，消除缺陷，然后重新进行试验

2. 水喷雾灭火系统管道安装完毕后应进行水压试验，试验压力应为设计压力的(　　)倍。

A. 1.1　　　　　　　　　　　　　B. 1.3

C. 1.5　　　　　　　　　　　　　D. 2.0

3. 某建筑消火栓系统管网采用镀锌钢管，设计工作压力为 0.88 MPa，则该系统管网在水压强度试验时的试验压力应为(　　)MPa。

A. 0.91　　　　　　　　　　　　B. 1.32

C. 1.40　　　　　　　　　　　　D. 1.50

4. 对某建筑消火栓系统管网进行冲洗，以下做法正确的是(　　)。

A. 管道冲洗应在管网强度试验、严密性试验后进行

B. 管道冲洗宜分段进行，按照先下后上、先室内后室外的顺序进行

C. 冲洗的管道管径大于 DN50 时，应对其死角和底部进行敲打，但不得损伤管道

D. 管道冲洗前应对管道防晃支架进行检查，必要时加固处理

5. 关于气体灭火系统中气体灭火剂输送管路的严密性试验，以下说法错误的是(　　)。

A. 管道进行水压强度试验后，必须进行气密性试验

B. 严密性试验压力为 1.5 倍的驱动气体储存压力

C. 进行气压强度试验后，未拆卸管道可不进行气压严密性试验

D. 试验时，宜采用空气或者氮气

【答案】 1.D　2.C　3.C　4.D　5.B

考点 88　消防系统管理维护周期专题

 周期检查这东西，时间很关键，认识得太早或太晚，都不行。

消防给水、消火栓、自动喷水系统

部位		工作内容	周期
水源	市政给水管网	压力和流量	每季

续表

部位		工作内容	周期
水源	河湖等地表水	枯水位、洪水位、枯水位流量或蓄水量	每年
	水井	常水位、最低水位、出流量	每年
	消防水池、高位水箱	水位	每月
	室外消防水池	温度	冬季每天
供水设施	电源	接通状态，电压	每日
	消防水泵	自动巡检记录	每周
		手动启动试运行	每月
		流量和压力	每季
	稳压泵	启停泵压力，启停次数	每日
	柴油机消防泵	启动电池、储油量	每日
	气压水罐	检查气压、水位、有效容积	每月
减压阀		放水	每月
		测试流量和压力	每年
阀门	雨淋阀的附属电磁阀	检查开启	每月
	电动阀或电磁阀	供电、启闭性能	每月
	系统所有控制阀门	铅封、锁链	每月
	室外阀门井控制阀	检查开启	每季
	水源控制阀、报警阀组	外观检查，开闭状态	每日
	末端试水阀、报警阀试水阀	放水试验，启动性能	每季
	倒流防止器	压差检测	每月
喷头		状态，清除异物，备用量	自喷每月，给水每季
消火栓		外观和漏水	每季
水泵接合器		状态	每月
		通水试验	每年
过滤器		排渣，完好状态	每年
储水设备		结构材料	每年
系统连锁试验		运行功能	每年
供水设备间		室温	冬季每天
水流指示器		试验报警	每月

记忆口诀

日检	月检	季检	年检
查电源	水池水位	管网水泵阀门井	减压阀　天然水
稳压启停低十五	气压水罐	流量压力季开启	每年流量压力不相忘
油泵储油　阀组开闭	水泵运转	栓漏水、试水阀	过滤器　接合器
冬季水源查水温	铅封锁链电磁阀	末端报警在四季	储水设备每年要刷漆
	减压放水		
	倒流压差		
	喷头水泵接合器		
	水流信息月反馈		

注：自动喷水灭火系统个别组件略有不同，注意比对。

水喷雾灭火系统

部位	工作内容	周期
水源控制阀、雨淋报警阀	外观检查	每日
储水设施	是否冰冻	冬季每天
消防水泵和备用动力	启动试验	每周
电磁阀	外观、启动试验	每月
手动控制阀	铅封、锁链	每月
水池、水箱、气压给水设备	水位、气压、不作他用措施	每月
水泵接合器	接口及附件	每月
喷头	外观	每月
放水试验	系统启动、报警功能及出水情况	每季
室外阀门井控制阀	开启状况	每季
储水设备	油漆	每年
水源	供水能力	每年

细水雾灭火系统

部位	工作内容	周期
控制阀	外观、启闭状态	每日
主备电源	接通状态、电压	每日
报警控制装置	巡检完好、控制面板显示信号状态	每日
系统各标识	标识清晰、完整及位置	每日
储水设备间	室温	冬季每天
系统组件	外观完好情况	每月
分区控制阀	动作试验	每月
系统所有控制阀门	位置、铅封、锁链	每月
储水箱、储水池、储气容器	储水水位及储气压力	每月

续表

部位	工作内容	周期
试水阀	放水试验	每月
喷头	外观、清除异物、备用量	每月
手动操作装置	保护罩、铅封	每月
泄放试验阀	放水试验、启动性能、报警联动	每季
瓶组系统控制阀	动作情况	每季
支吊架，连接件	外观和牢固程度	每季
水源	开启消防泵手动测试阀，测试供水能力	每年
储水箱、过滤器、管道组件	完好状态、排渣	每年
控制阀后管道	吹扫	每年
储水设备	清洗	每年
系统模拟联动功能试验	系统运行功能	每年

气体灭火系统

部位	工作内容	周期
低压二氧化碳	储存装置运行、设备状态	每日
	储存装置液位计、灭火剂损失<10%	每月
高压二氧化碳、七氟丙烷、IG541	全部系统组件外观、铭牌、保护罩、铅封、安全标志	每月
	灭火剂，驱动气体容器压力损失<10%	每月
预制灭火系统	设备状态、运行情况	每月
防护区	可燃物、开口	每季
管道	堵塞吹扫、支吊架固定	每季
连接管	老化、变形	每季
喷头	喷口无堵塞	每季
高压二氧化碳	逐个称重，灭火剂质量损失<10%	每季
防护区	模拟启动试验，模拟喷气试验	每年

记忆口诀

月检	季检	年检
组件外观	管道喷头防护区	喷气　启动　一年一
预制运行	老化变形要固定	
压力月检小于十	燃烧物质开四季	
	质量损失小于一（成）	

干粉灭火系统

部位	工作内容	周期
储存装置	外观	每日
灭火控制器	运行状态	每日
启动气瓶、驱动气瓶	压力	每日
储存装置部件	是否损伤，完好	每月
驱动气体储瓶充装量	称重检查	每月
防护区及储存间	各种组件、装置功能	每年
管网、支架、喷头		每年
模拟启动		每年

记忆口诀

储存外观 控制状态 气瓶压力每天看 系统组件 充装量 逐月称重	防护区、储存间 管网支架与喷头 模拟启动一年一（次）

泡沫灭火系统

部位	工作内容	周期
消防泵及备用动力	启动试验	每周
组件	外观	每月
泡沫炮	操作性能	每月
泡沫消火栓及阀门	开启、关闭	每月
中、低倍数泡沫混合液立管	除锈	每月
动力源、电气设备	状态完好	每月
水源、水位指示	正常	每月
管道	冲洗，除锈	每半年
系统试验	喷泡沫试验，冲洗	每两年

记忆口诀

泵启动，一月四（次）
水源水位、电气设备
组件外观操作阀
中低立管月除锈
全部除锈一年二（次）
功能试验两年一（次）

火灾自动报警系统

部位	工作内容	周期
火灾显示盘	火灾报警显示功能	每月
自动喷水灭火系统	消防泵、预作用阀组、排气阀前电动阀直接手动控制功能	
消防泵控制柜	手动控制功能	
风机控制柜	手动控制功能	
防烟系统与排烟系统	风机直接手动控制功能	
其余部位	火灾报警功能	每年
	联动控制功能	

记忆口诀

电动阀、电磁阀
水泵风机显示盘
手控报警每月查
其余功能一年一（次）

通风与防排烟系统

部位	工作内容	周期
防烟、排烟风机，活动挡烟垂壁，自动排烟窗	功能检测启动试验及供电线路检查	每季度
排烟防火阀、送风阀或送风口、排烟阀或排烟口	自动和手动启动试验一次	每半年
防烟、排烟系统	全部进行一次联动试验和性能检测	每年
无机玻璃钢风管	风管质量检查，检查面积应不少于风管面积的30%	

记忆口诀

风机垂壁排烟窗
供电启动在一季
各种阀口半年查
无机风管抽三成
系统试验一年一（次）

经典例题

1. 某办公楼建筑采用临时高压消防给水系统，屋顶设有高位消防水箱和增压稳压设施。下列关于系统维护管理，不正确的是(   )。

A. 每日对稳压泵的停泵启泵压力和启泵次数等进行检查并记录运行情况

B. 每月对气压水罐的压力和有效容积等进行一次检测

C. 每季度对消防水泵的出流量和压力进行一次试验

D. 每季度对电动阀和电磁阀的供电和启闭性能进行检测

2. 某工业园区，采用消防水泵直接在市政管网上吸水的供水方式，对于该系统的倒流防止器的维护管理，应每(   )对倒流防止器的压差进行检测。

A. 周   B. 月   C. 季度   D. 年

3. 对建筑内设置的防排烟系统进行周期性维护管理，下列属于年度检测项目的是(   )。

A. 手动或者自动启动风机，检查风机的启动性能

B. 防排烟系统的联动功能试验

C. 防火阀的启动和复位试验

D. 挡烟垂壁的启动和复位试验

4. 下列关于火灾自动报警系统周期性检查说法，错误的是(   )。

A. 每年自动和手动打开排烟阀，关闭电动防火阀和空调系统

B. 每季度对主备电源进行1~3次自动切换试验

C. 每年检查消防电梯的迫降功能

D. 每年进行强制切断非消防电源试验

5. 某配电室采用低压二氧化碳灭火系统进行保护，下列关于系统维护管理的要求，错误的是(   )。

A. 每天对系统全部组成组件进行外观检查

B. 每月检查配电室的开口情况，应符合设计规定

C. 每年对防护区进行一次模拟自动喷气试验

D. 每年检查主用量灭火器储存容器切换为备用量灭火器储存容器的模拟切换操作试验

E. 每季度对高压二氧化碳储存容器逐个进行称重检查

6. 下列关于泡沫灭火系统周期性检查的说法，正确的是(   )。

A. 每月对消防泵和备用动力以自动控制的方式进行一次启动试验

B. 每月对泡沫产生器、喷头、泡沫比例混合器、泡沫液储罐进行外观检查

C. 每月对自动控制设施及操作机构进行检查

D. 每半年对储罐上低、中倍数泡沫混合液立管清除锈渣，冲洗

E. 每年进行喷泡沫试验

【答案】1. D   2. B   3. B   4. B   5. AB   6. BC

第 3 篇
其他部分

总有一天，你会站在最亮的地方，
活成渴望的模样，记住各种时间

考点 89　消防监督管理时限

 总有一天，你会站在最亮的地方，活成渴望的模样，记住各种时间。

事　项	内　容
建设工程消防设计审查制度	（1）对于特殊建设工程，建设单位应当将消防设计文件报送住房和城乡建设主管部门审查，住房和城乡建设主管部门依法对审查的结果负责。其他建设工程，建设单位申请施工许可或者申请批准开工报告时，应当提供满足施工需要的消防设计图纸及技术资料。 （2）需要特殊消防设计的建设工程，消防设计审查验收主管部门应当自受理消防设计审查申请之日起 5 个工作日内，将申请材料报送省、自治区、直辖市人民政府住房和城乡建设主管部门组织专家评审。 （3）省、自治区、直辖市人民政府住房和城乡建设主管部门应当在收到申请材料之日起 10 个工作日内组织召开专家评审会，对建设单位提交的特殊消防设计技术资料进行评审。 （4）评审专家应当符合相关专业要求，总数不得少于 7 人，且独立出具评审意见。特殊消防设计技术资料经 3/4 以上评审专家同意即为评审通过，评审专家有不同意见的，应当注明。省、自治区、直辖市人民政府住房和城乡建设主管部门应当将专家评审意见，书面通知报请评审的消防设计审查验收主管部门，同时报国务院住房和城乡建设主管部门备案。 （5）消防设计审查验收主管部门应当自受理消防设计审查申请之日起 15 个工作日内出具书面审查意见。依照本规定需要组织专家评审的，专家评审时间不超过 20 个工作日。 （6）建设、设计、施工单位不得擅自修改经审查合格的消防设计文件。确需修改的，建设单位应当依照本规定重新申请消防设计审查
建设工程消防验收备案制度	（1）对特殊建设工程实行消防验收制度。特殊建设工程竣工验收后，建设单位应当向消防设计审查验收主管部门申请消防验收。 （2）消防设计审查验收主管部门应当自受理消防验收申请之日起 15 日内出具消防验收意见。 （3）对其他建设工程实行备案抽查制度。其他建设工程竣工验收合格之日起 5 个工作日内，建设单位应当报消防设计审查验收主管部门备案。 （4）建设单位收到检查不合格整改通知后，整改完成向消防设计审查验收主管部门申请复查。消防设计审查验收主管部门应当自收到书面申请之日起 7 个工作日内进行复查，并出具复查意见

续表

事 项	内 容
公众聚集场所使用、营业前的消防安全检查	（1）公众聚集场所投入使用、营业前消防安全检查实行告知承诺管理。公众聚集场所在投入使用、营业前，建设单位或者使用单位应当向场所所在地的县级以上地方人民政府消防救援机构申请消防安全检查。 （2）消防救援机构对申请人提交的材料进行审查；申请材料齐全、符合法定形式的，应当予以许可。消防救援机构应当根据消防技术标准和管理规定，及时对作出承诺的公众聚集场所进行核查。 （3）申请人选择不采用告知承诺方式办理的，消防救援机构应当自受理申请之日起10个工作日内，根据消防技术标准和管理规定，对该场所进行检查。经检查符合消防安全要求的，应当予以许可
消防安全重点单位"三项"报告备案制度	（1）消防安全责任人、管理人、专（兼）职消防管理员、消防控制室值班操作人员等，自确定或变更之日起5个工作日内，向当地消防救援机构报告备案。 （2）消防安全重点单位，对建筑消防设施每年至少进行一次功能检测。要将维护保养合同、记录、设备运行记录每月向当地消防救援机构报告备案。不具备维护保养和检测能力的消防安全重点单位应委托具有资质的机构进行维护保养和检测，机构自签订维护保养合同之日起5个工作日内向当地消防救援机构报告备案。 （3）消防安全重点单位应每月组织一次消防安全管理情况自我评估，自评估完成之日起5个工作日内将评估情况向当地消防救援机构备案，并向社会公开

经典例题

1. 某商场在使用、营业前向消防救援机构申请了消防安全检查，消防救援机构按照规定（   ）对该商场实施消防安全检查。

A. 自受理申请之日起 5 个工作日内

B. 自受理申请之日起 7 个工作日内

C. 自受理申请之日起 10 个工作日内

D. 自受理申请之日起 15 个工作日内

2. 消防安全重点单位依法确定的消防安全责任人、消防安全管理人、专（兼）职消防管理员、消防控制室值班操作人员等，自确定或变更之日起（   ）内，向当地消防救援机构报告备案。

A. 5 个工作日　　　　　　　　　　　B. 5 日

C. 7 个工作日　　　　　　　　　　　D. 7 日

3. 消防设计审查机关（   ）应当自受理消防设计审查申请之日起（   ）个工作日内出具书面审查意见。

A. 住房和城乡建设主管部门；15

B. 消防救援机构；20

C. 住房和城乡建设主管部门；20

D. 消防救援机构；30

【答案】1. C　2. A　3. A

考点 90　《中华人民共和国消防法》规定的法律责任

消防工作的母法，你说能不重要吗？

处罚方式	罚款金额(元)或拘留时限	违 法 事 项
1.罚款	三万元以上三十万元以下	《中华人民共和国消防法》（以下简称《消防法》）第五十八条：有下列行为之一的，由住房和城乡建设主管部门、消防救援机构按照各自职权责令停止施工、停止使用或者停产停业，并处三万元以上三十万元以下罚款： （1）依法应当进行消防设计审查的建设工程，未经依法审查或者审查不合格，擅自施工的； （2）依法应当进行消防验收的建设工程，未经消防验收或者消防验收不合格，擅自投入使用的； （3）其他建设工程验收后经依法抽查不合格，不停止使用的； （4）公众聚集场所未经消防救援机构许可，擅自投入使用、营业的，或者经核查发现场所使用、营业情况与承诺内容不符的
	一万元以上十万元以下	《消防法》第五十九条：有下列行为之一的，由住房和城乡建设主管部门责令改正或者停止施工（责令改正或者停止施工），并处一万元以上十万元以下罚款： （1）建设单位要求建筑设计单位或者建筑施工企业降低消防技术标准设计、施工的； （2）建筑设计单位不按照消防技术标准强制性要求进行消防设计的； （3）建筑施工企业不按照消防设计文件和消防技术标准施工，降低消防施工质量的； （4）工程监理单位与建设单位或者建筑施工企业串通，弄虚作假，降低消防施工质量的
	一万元以上五万元以下	《消防法》第六十九条：消防设施维护保养检测、消防安全评估等消防技术服务机构，不具备从业条件从事消防技术服务活动或者出具虚假文件的，由消防救援机构责令改正，处五万元以上十万元以下罚款，并对直接负责的主管人员和其他直接责任人员处一万元以上五万元以下罚款；不按照国家标准、行业标准开展消防技术服务活动的，责令改正，处五万元以下罚款，并对直接负责的主管人员和其他直接责任人员处一万元以下罚款；有违法所得的，并处没收违法所得；给他人造成损失的，依法承担赔偿责任；情节严重的，依法责令停止执业或者吊销相应资格；造成重大损失的，由相关部门吊销营业执照，并对有关责任人员采取终身市场禁入措施
	五千元以上五万元以下	《消防法》第六十条：单位违反本法规定，有下列行为之一的，责令改正，处五千元以上五万元以下罚款： （1）消防设施、器材或者消防安全标志的配置、设置不符合国家标准、行业标准，或者未保持完好有效的； （2）损坏、挪用或者擅自拆除、停用消防设施、器材的； （3）占用、堵塞、封闭疏散通道、安全出口或者有其他妨碍安全疏散行为的； （4）埋压、圈占、遮挡消火栓或者占用防火间距的； （5）占用、堵塞、封闭消防车通道，妨碍消防车通行的； （6）人员密集场所在门窗上设置影响逃生和灭火救援的障碍物的； （7）对火灾隐患经消防救援机构通知后不及时采取措施消除的

处罚方式	罚款金额(元)或拘留时限	违 法 事 项
1.罚款	五千元以上五万元以下	《消防法》第六十一条：生产、储存、经营易燃易爆危险品的场所与居住场所设置在同一建筑物内，或者未与居住场所保持安全距离的，责令停产停业，并处五千元以上五万元以下罚款
		《消防法》第六十五条：人员密集场所使用不合格的消防产品或者国家明令淘汰的消防产品的，责令限期改正；逾期不改正的，处五千元以上五万元以下罚款，并对其直接负责的主管人员和其他直接责任人员处五百元以上二千元以下罚款；情节严重的，责令停产停业
	五千元以下	《消防法》第六十六条：电器产品、燃气用具的安装、使用及其线路、管路的设计、敷设、维护保养、检测不符合消防技术标准和管理规定的，责令限期改正；逾期不改正的，责令停止使用，可以并处一千元以上五千元以下罚款
		《消防法》第五十八条：建设单位未依照本法规定在验收后报住房和城乡建设主管部门备案的，由住房和城乡建设主管部门责令改正，处五千元以下罚款
2.拘留	5 日以下	《消防法》第六十三条：违反本法规定，有下列行为之一的，处警告或者五百元以下罚款；情节严重的，处五日以下拘留： (1) 违反消防安全规定进入生产、储存易燃易爆危险品场所的； (2) 违反规定使用明火作业或者在具有火灾、爆炸危险的场所吸烟、使用明火的
	5 日以上10 日以下	《消防法》第六十八条：人员密集场所发生火灾，该场所的现场工作人员不履行组织、引导在场人员疏散的义务，情节严重，尚不构成犯罪的，处五日以上十日以下拘留
	10 日以上15 日以下	《消防法》第六十四条：违反本法规定，有下列行为之一，尚不构成犯罪的，处十日以上十五日以下拘留，可以并处五百元以下罚款；情节较轻的，处警告或者五百元以下罚款： (1) 指使或者强令他人违反消防安全规定，冒险作业的； (2) 过失引起火灾的； (3) 在火灾发生后阻拦报警，或者负有报告职责的人员不及时报警的； (4) 扰乱火灾现场秩序，或者拒不执行火灾现场指挥员指挥，影响灭火救援的； (5) 故意破坏或者伪造火灾现场的； (6) 擅自拆封或者使用被消防救援机构查封的场所、部位的

▌经典例题 ························

1. 某建筑消防设施尚未完工，某消防技术服务机构便出具了消防设施检测合格报告。根据《中华人民共和国消防法》，下列处罚决定中，正确的是(   )。

A. 对单位处五万元以上十万元以下罚款

B. 对直接负责的主管人员处一千元以上五千元以下罚款

C. 对直接负责的主管人员处十日拘留

D. 一经发现弄虚作假行为，便由原许可机关吊销相应资质、资格

2. 住房和城乡建设主管部门在对某工程项目进行验收时发现设计文件不符合消防技术标准强制性要求，如消防技术标准中规定的防火墙被防火隔墙替代。对此，住房和城乡建设主管部门可对设计单位进行(　　)处罚。

A. 一万元以上十万元以下 　　　　　B. 五千元以上五万元以下

C. 五万元以上十万元以下 　　　　　D. 三万元以上三十万以下

3. 某宾馆使用不合格的消防产品或者国家明令淘汰的消防产品的，消防监管部门责令限期改正，逾期不改正的，处(　　)惩罚。

A. 对单位处五千元以上五万元以下罚款

B. 对单位处五千元以上二万元以下罚款

C. 对直接负责的主管人员处五百元以上二千元以下罚款

D. 对直接负责的主管人员处五百元以上五千元以下罚款

E. 情节较轻的，责令停产停业，免除罚款

【答案】1. A　2. A　3. AC

考点91　《中华人民共和国刑法》规定的法律责任

　消防七宗罪，分清楚了，方知执业红线。

罪名	定义	立案标准	刑罚
失火罪	由于行为人的过失引起火灾，造成严重后果，危害公共安全的行为	1. 导致死亡1人以上，或者重伤3人以上的； 2. 导致公共财产或者他人财产直接经济损失50万元以上的（针对失火罪）；造成直接经济损失100万元以上的（除失火罪外其他罪责）； 3. 造成10户以上家庭的房屋以及其他基本生活资料烧毁的（针对失火罪）； 4. 造成森林火灾，过火有林地面积2公顷以上或	处3年以上7年以下有期徒刑；情节较轻的，处3年以下有期徒刑或者拘役
消防责任事故罪	违反消防管理法规，经消防监督机构通知采取改正措施而拒绝执行，造成严重后果，危害公共安全的行为		处3年以下有期徒刑或者拘役；情节特别恶劣的，处3年以上7年以下有期徒刑
重大责任事故罪	在生产、作业中违反有关安全管理的规定，因而发生重大伤亡事故或者造成其他严重后果的行为		

续表

罪名	定义	立案标准	刑罚
重大劳动安全事故罪	安全生产设施或者安全生产条件不符合国家规定，因而发生重大伤亡事故或者造成其他严重后果的行为	者过火疏林地、灌木林地、未成林地、苗圃地面积 4 公顷以上的（针对失火罪）； 5. 其他造成严重后果的情形	处 3 年以下有期徒刑或者拘役；情节特别恶劣的，处 3 年以上 7 年以下有期徒刑
大型群众性活动重大安全事故罪	举办大型群众性活动违反安全管理规定，因而发生重大伤亡事故或者造成其他严重后果的行为		
强令违章冒险作业罪	强令他人违章冒险作业，因而发生重大伤亡事故或者造成其他严重后果的行为		处 5 年以下有期徒刑或者拘役；情节特别恶劣的，处 5 年以上有期徒刑
工程重大安全事故罪	建设单位、设计单位、施工单位、工程监理单位违反国家规定，降低工程质量标准，造成重大安全事故的行为		处 5 年以下有期徒刑或者拘役，并处罚金；后果特别严重的，处 5 年以上 10 年以下有期徒刑，并处罚金

经典例题

1. 根据《中华人民共和国刑法》的有关规定，下列事故中应按重大责任事故罪予以立案追诉的是(　　)。

A. 违反消防管理法规，经消防监督机构通知采取改正措施而拒绝执行，导致发生死亡 2 人的火灾事故

B. 在生产、作业中违反有关安全管理的规定，导致发生重伤 4 人的火灾事故

C. 在生产、作业中违反有关安全管理的规定，造成直接经济损失 70 万元的火灾事故

D. 安全生产设施不符合国家规定，导致发生死亡 2 人的火灾事故

2. 重大劳动安全事故罪，是指安全生产设施或者安全生产条件不符合国家规定，因而发生重大伤亡事故或者造成其他严重后果的行为，对造成这种后果的主管人员和其他直接责任人员，情节特别恶劣的应处(　　)有期徒刑。

A. 三年以下

B. 三年以上七年以下

C. 五年以下

D. 五年以上十年以下

3. 2011 年 11 月 15 日上海静安区胶州路公寓大楼发生火灾。原因是电焊工不慎引起火灾，造成 58 人死亡，经查，消防主管部门曾对该大楼就消防隐患下达过整改通知书，但该大楼物业管理单位拒绝执行。该起事故中，电焊工的行为可定性为(　　)。

A. 失火罪

B. 重大责任事故罪

C. 消防责任事故罪

D. 重大劳动安全事故罪

【答案】 1. B　2. B　3. B

考点 92　消防安全管理场所相关概念

任何人的成功都无法一蹴而就，每一阶段的抵达，都离不开一步一个脚印的积累。

场所	定　义
歌舞娱乐放映游艺场所	主要是指歌厅、舞厅、录像厅、夜总会、卡拉 OK 厅和具有卡拉 OK 功能的餐厅或包房、各类游艺厅（含电子游艺厅）、桑拿浴室（不包括洗浴部分）的休息室和具有桑拿服务功能的客房、网吧等场所，不包括电影院和剧场的观众厅
公共娱乐场所	具有文化娱乐、健身休闲功能并向公众开放的室内场所，包括影剧院、录像厅、礼堂等演出、放映场所，舞厅、卡拉 OK 厅等歌舞娱乐场所，具有娱乐功能的夜总会、音乐茶座、酒吧和餐饮场所，游艺、游乐场所和保龄球馆、旱冰场、桑拿等娱乐、健身、休闲场所和互联网上网服务营业场所
公众聚集场所	面对公众开放，具有商业经营性质的室内场所，包括宾馆、饭店、商场、集贸市场、客运车站候车室、客运码头候船厅、民用机场航站楼、体育场馆、会堂以及公共娱乐场所等
人员密集场所	人员密集场所包括但不限于下列场所： (1) 公众聚集场所。 (2) 医院的门诊楼、病房楼；学校的教学楼、图书馆、食堂，集体宿舍，养老院，福利院，托儿所，幼儿园。 (3) 公共图书馆的阅览室、公共展览馆、博物馆的展示厅。 (4) 劳动密集型企业的生产加工车间和员工集体宿舍。 (5) 旅游、宗教活动场所

续表

场所	定　　义
特殊建设工程	（1）建筑总面积>20 000 m² 的体育场馆、会堂，公共展览馆、博物馆的展示厅。 （2）建筑总面积>15 000 m² 的民用机场航站楼、客运车站候车室、客运码头候船厅。 （3）建筑总面积>10 000 m² 的宾馆、饭店、商场、市场。 （4）建筑总面积>2 500 m² 的影剧院，公共图书馆的阅览室，营业性室内健身、休闲场馆，医院的门诊楼，大学的教学楼、图书馆、食堂，劳动密集型企业的生产加工车间，寺庙、教堂。 （5）建筑总面积>1 000 m² 的托儿所、幼儿园的儿童用房，儿童游乐厅等室内儿童活动场所，养老院、福利院，医院、疗养院的病房楼，中小学校的教学楼、图书馆、食堂，学校的集体宿舍，劳动密集型企业的员工集体宿舍。 （6）建筑总面积>500 m² 的歌舞厅、录像厅、放映厅、卡拉 OK 厅、夜总会、游艺厅、桑拿浴室、网吧、酒吧，具有娱乐功能的餐馆、茶馆、咖啡厅。 （7）国家机关办公楼、电力调度楼、电信楼、邮政楼、防灾指挥调度楼、广播电视楼、档案楼。 （8）上述规定以外的单体建筑面积>40 000 m² 或者建筑高度>50 m 的公共建筑。 （9）国家标准规定的一类高层住宅建筑。 （10）城市轨道交通、隧道工程，大型发电、变配电工程。 （11）生产、储存、装卸易燃易爆危险物品的工厂、仓库和专用车站、码头，易燃易爆气体和液体的充装站、供应站、调压站
易燃易爆危险品场所	生产、储存、经营易燃易爆危险品的厂房和装置、库房、储罐（区）、商店、专用车站和码头，可燃气体储存（储配）站、充装站、调压站、供应站，加油加气站等
重要场所	发生火灾可能造成重大社会、政治影响和经济损失的场所，如国家机关，城市供水、供电、供气和供暖的调度中心，广播、电视、邮政和电信建筑，大、中型发电厂（站），110 kV 及以上的变配电站，省级及以上博物馆、档案馆及国家文物保护单位，重要科研单位中的关键建筑设施，城市地铁与重要的城市交通隧道等

经典例题

1. 下列(　　)场所在使用或者开业前不需要经过消防安全检查。

A. 歌舞厅　　　　B. 医院　　　　　C. 宾馆　　　　　D. 商场

2. 建设单位应当将特殊建设工程的消防设计文件报送住房和城乡建设主管部门消防机构审核。下列场所中，属于特殊建设工程的是(　　　)。

A. 建筑总面积 2 000 m² 的影剧院

B. 建筑总面积 500 m² 的歌舞厅

C. 建筑总面积 1 100 m² 的小学教学楼

D. 建筑总面积 2 500 m² 的图书馆

3. 下列场所中，不属于歌舞娱乐、放映、游艺场所的有(　　)。

A. 录像厅　　　　　B. 电影院　　　　　C. 卡拉 OK 厅　　　　D. 剧场

E. 桑拿浴室的休息室

【答案】1. B　2. C　3. BD

考点 93　消防安全管理频次

生活，从不亏待每一个努力向上的人。

内容	主体	频次
建筑消防设施全面检测	单位	每年一次
防火检查	机关、团体、事业单位	每季度一次
	其他单位	每月一次
防火巡查	消防安全重点单位	每日
	公众聚集场所	每二小时一次
消防安全培训	消防安全重点单位	每年一次
	公众聚集场所	每半年一次
灭火和应急疏散预案演练	消防安全重点单位	每半年一次
	其他单位	每年一次

经典例题

1. 根据《机关、团体、企业、事业单位消防安全管理规定》的规定，消防安全重点单位对每名员工应当至少每(　　)进行一次消防安全培训。

A. 年　　　　　　　　　　　　　B. 半年

C. 季度　　　　　　　　　　　　D. 月

2. 社会各单位应制订灭火和应急疏散预案，张贴逃生疏散路线图。除消防安全重点单位以外的其他单位至少每(　　)年组织一次灭火、逃生疏散演练。

A. 半　　　　　　　　　　　　　B. 一

C. 二　　　　　　　　　　　　　D. 三

3.《机关、团体、企业、事业单位消防安全管理规定》规定，机关、团体、事业单位应当至少每(　　)进行一次防火检查，其他单位应当至少每月进行一次防火检查。

A. 两个月　　　　　　　　　　　B. 季度

C. 半年　　　　　　　　　　　　D. 年

4. 下列(　　)单位应至少每月进行一次防火检查，且营业期间至少每 2 个小时进行一次防火巡查。

A. 某综合商场，建筑面积 9 000 m²

B. 被列为省级重点文物保护单位并开发用于旅游的砖木结构寺庙

C. 市政府办公楼，建筑面积 12 000 m²

D. 服装生产车间，员工 120 人

E. 夜总会，面积 1 000 m²

【答案】1. A　2. B　3. B　4. AE

考点 94　　注册消防工程师执业相关规定

总有一天，那个一点一点可见的未来，会在你心里，也在你的脚下慢慢清晰。

	一级注册消防工程师 （全国范围执业）	二级注册消防工程师 （省、自治区、直辖市范围执业）
注册消防工 程师执业 范围	消防技术咨询与消防安全评估	除 100 m 以上公共建筑、大型的人员密集场所、大型的危险化学品单位外的火灾高危单位消防安全评估
	消防安全管理与消防技术培训	除 250 m 以上公共建筑、大型的危险化学品单位外的消防安全管理
	消防设施维护保养检测（含灭火器维修）	单体建筑面积 4 万平方米以下建筑的消防设施维护保养检测（含灭火器维修）
	消防安全监测与检查	消防安全监测与检查
	火灾事故技术分析	—
注册消防工 程师注册有 效期内服务 项目	1. 受聘于消防技术服务机构的注册消防工程师，每个注册有效期应当至少参与完成 3 个消防技术服务项目； 2. 受聘于消防安全重点单位的注册消防工程师，一个年度内应当至少签署 1 个消防安全技术文件	

续表

注册消防工程师的权利与义务	权利	（1）使用注册消防工程师称谓
		（2）保管和使用注册证和执业印章
		（3）在规定的范围内开展执业活动
		（4）对违反相关法律、法规和国家标准、行业标准的行为提出劝告，拒绝签署违反国家标准、行业标准的消防安全技术文件
		（5）参加继续教育
		（6）依法维护本人的合法执业权利
	义务	（1）遵守和执行法律、法规和国家标准、行业标准
		（2）接受继续教育，不断提高消防安全技术能力
		（3）保证执业活动质量，承担相应的法律责任
		（4）保守知悉的国家秘密和聘用单位的商业、技术秘密
注册消防工程师违法罚款规定	一万元以上三万元以下	（1）聘用单位为申请人提供虚假注册申请材料的
		（2）未经注册擅自以注册消防工程师名义执业，或者被依法注销注册后继续执业的
	一万元以上两万元以下	（1）以个人名义承接执业业务、开展执业活动的
		（2）变造、倒卖、出租、出借或者以其他形式转让资格证书、注册证、执业印章的
		（3）超出本人执业范围或者聘用单位业务范围开展执业活动的
	一千元以上一万元以下	（1）注册消防工程师有需要变更注册的情形，未经注册审批部门准予变更注册而继续执业的
		（2）注册消防工程师聘用单位出具的消防安全技术文件，未经注册消防工程师签名或者加盖执业印章的
		（3）注册消防工程师未按照国家标准、行业标准开展执业活动，减少执业活动项目内容、数量，或者执业活动质量不符合国家标准、行业标准的
	一万元以下	申请人以欺骗、贿赂等不正当手段取得注册消防工程师资格注册的
注册消防工程师每年接受继续教育		1. 对象：年龄未超过70周岁，且已经取得《中华人民共和国注册消防工程师资格证书》人员。 2. 学时：累计不少于20学时。其中，消防法律法规和职业道德不少于4学时，消防技术标准不少于12学时，消防安全管理不少于4个学时。 3. 教学形式：注册消防工程师继续教育主要采取网络教学形式。省级消防救援机构可以采取实操培训、集中面授等多种形式开展补充教学

经典例题

1. 某受聘于消防安全重点单位的注册消防工程师，一个年度内应当至少签署(　　)个消防安全技术文件。

A. 1　　　　　　B. 2　　　　　　C. 3　　　　　　D. 5

2.《注册消防工程师管理规定》对一级注册消防工程师和二级注册消防工程师的执业范围进行了规定，下列不属于二级注册消防工程师执业范围的是(　　)。

A. 消防安全评估

B. 消防安全管理

C. 消防安全监测与检查

D. 火灾事故技术分析

3. 注册消防工程师每年接受继续教育的时间，说法正确的是(　　)。

A. 总学时不少于 20 学时，其中，消防法律法规和职业道德不少于 2 学时，消防技术标准不少于 16 学时，消防安全管理不少于 2 个学时

B. 总学时不少于 20 学时，其中，消防法律法规和职业道德不少于 4 学时，消防技术标准不少于 12 学时，消防安全管理不少于 4 个学时

C. 总学时不少于 30 学时，其中，消防法律法规和职业道德不少于 6 学时，消防技术标准不少于 18 学时，消防安全管理不少于 6 个学时

D. 总学时不少于 30 学时，其中，消防法律法规和职业道德不少于 4 学时，消防技术标准不少于 20 学时，消防安全管理不少于 6 个学时

4. 根据《注册消防工程师管理规定》，下列说法正确的是(　　)。

A. 聘用单位为申请人提供虚假注册申请材料的，对聘用单位处一万元以上三万元以下罚款

B. 申请人以欺骗、贿赂等不正当手段取得注册消防工程师资格注册的，应当撤销其注册，并处三万元以下罚款

C. 注册消防工程师有需要变更注册的情形，未经注册审批部门准予变更注册而继续执业的，责令改正，处五千元以上一万元以下罚款

D. 注册消防工程师未按照国家标准、行业标准开展执业活动，减少执业活动项目内容、数量的，责令改正，处一万元以上两万元以下罚款

【答案】1. A　2. D　3. B　4. A

考点 95　　其他消防工作部门规章

 慢慢来，别着急，生活终将为你备好所有的答案。

公共娱乐场所消防安全管理规定	公共娱乐场所内注意事项： 1. 严禁带入和存放易燃易爆物品。 2. 严禁营业时进行设备检修、电气焊、油漆粉刷等施工、维修作业。 3. 演出、放映场所的观众厅内禁止吸烟和明火照明。 4. 营业时，不得超过额定人数等。 5. 公共娱乐场所应当依法办理消防设计审查、竣工验收和消防安全检查，其消防安全由经营者负责
火灾事故调查规定	1. 由火灾发生地消防救援机构管辖。 2. 简易调查程序由一名火灾调查人员调查；一般调查程序不得少于两名。 3. 当事人对火灾事故认定有异议的，可以自火灾事故认定书送达之日起 15 日内，向上一级消防救援机构提出书面复核申请
消防监督检查规定	1. 消防救援机构和公安派出所依法对单位遵守消防法律、法规情况进行消防监督检查。有固定生产经营场所且具有一定规模的个体工商户，纳入消防监督检查范围。 2. 消防救援机构依法对机关、团体、企业、事业等单位进行消防监督检查，并将消防安全重点单位作为监督抽查的重点。 3. 公安派出所可以对居民住宅区的物业服务企业、居民委员会、村民委员会履行消防安全职责的情况和上级公安机关确定的单位实施日常消防监督检查
消防产品监督管理规定	1. 消防产品必须符合国家标准；没有国家标准的，必须符合行业标准。禁止生产不合格以及国家明令淘汰的消防产品。 2. 产品质量监督部门、工商行政管理部门、消防救援机构应当按照各自职责加强对消防产品质量的监督检查。 3. 消防产品市场准入： ① 强制性产品认证制度：依法实行强制性产品认证的消防产品，由具有法定资质的认证机构按照国家标准、行业标准的强制性要求认证合格后，方可生产、销售、使用。 ② 消防产品技术鉴定制度：新研制的尚未制定国家标准、行业标准的消防产品，经消防产品技术鉴定机构技术鉴定符合消防安全要求的，方可生产、销售、使用

经典例题

1. 下列关于消防产品说法不正确的是(　　　)。

A. 消防产品必须符合国家标准，没有国家标准的必须符合行业标准

B. 不能使用不合格的消防产品或国家明令淘汰的消防产品

C. 实行强制性产品认证的消防产品目录，由国务院产品质量监督部门会同国务院相关部门制定并公布

D. 新研制的尚未制定标准的消防产品，有相关部门出具的型式检验报告后方可生产、销售、使用

2. 下列关于消防安全的部门规章中，说法正确的是(　　)。

A. 个人创办消防安全专业培训机构，面向社会从事消防安全专业培训的，应当经省级消防救援机构依法批准

B. 公共娱乐场所在营业时，不得超过额定人数

C. 公安派出所依法对机关、团体、企业、事业等单位进行消防监督检查，并将消防安全重点单位作为监督抽查的重点

D. 当事人对火灾事故认定有异议的，可以自火灾事故认定书送达之日起 10 个工作日内，向上一级消防救援机构提出书面复核申请

【答案】1. D　2. B

考点 96　　注册消防工程师职业道德

　　雕塑自己的过程，必定伴随着疼痛与辛苦，可那一锤一凿的自我敲打，终究能让我们收获一个更好的自己。

职业道德的根本原则	维护公共安全、诚实守信
职业道德的基本规范	爱岗敬业（职业道德的基础和核心）、依法执业（职业的基本内容）、客观公正（行业的本质要求）、公平竞争（行业发展的动力）、提高技能（必须履行的义务）、保守秘密（行业纪律）、奉献社会（最高层次的要求）
职业道德修养的内容	政治理论修养、业务知识修养、人生观修养、职业道德品质修养
职业道德修养的途径和方法	自我反思，向榜样学习，坚持"慎独"，提高道德选择能力

经典例题

1. (　　)不仅是注册消防工程师步入行业的"通行证"，体现着道德操守和人格力量，也是具体行业立足的基础。

A. 维护公共安全　　　　　　　　B. 诚实守信

C. 公平竞争　　　　　　　　　　D. 客观公正

2. 注册消防工程师职业道德的基础和核心是(　　)。

A. 保守秘密　　　　　　　　　　B. 依法执业

C. 奉献社会　　　　　　　　　　D. 爱岗敬业

【答案】1. B　2. D

考点 97　区域火灾风险与建筑火灾风险评估方法

把努力变成一种常态，你会看到新的自己和世界。

	区域火灾风险评估	建筑火灾风险评估
1. 评估原则	系统性、实用性、可操作性	系统性、通用性、科学性、综合性
2. 评估流程	信息采集→风险识别→评估指标系统建立→风险分析与计算→确定评估结论→风险控制	
3. 评估内容	分析评估对象范围内可能存在的火灾危险源，合理划分评估单元，建立全面的评估指标体系→对评估单元进行定性及定量分级，并结合专家意见建立权重系统→对评估对象的火灾风险做出客观公正的评估结论→提出合理可行的消防安全对策及规划建议	
4. 评估指标体系一级指标	火灾危险源、区域基础信息、消防救援能力、火灾预警防控、社会面防控能力	火灾危险源、建筑防火特性、内部消防管理、消防保卫力量

5. 风险等级划分	风险等级	名称	量化范围	风险等级特征描述
	I 级	低风险	(85, 100]	几乎不可能发生火灾，火灾风险性低，火灾风险处于可接受的水平，风险控制重在维护和管理
	II 级	中风险	(65, 85]	可能发生一般火灾，火灾风险性中等，火灾风险处于可控制的水平，在适当采取措施后可达到接受水平，风险控制重在局部整改和加强管理
	III 级	高风险	(25, 65]	可能发生较大火灾，火灾风险性较高，火灾风险处于较难控制的水平，应采取措施加强消防基础设施建设和完善消防管理水平
	IV 级	极高风险	[0, 25]	可能发生重大或特大火灾，火灾风险性极高，火灾风险处于很难控制的水平，应当采取全面的措施对建筑的设计、主动防火设施进行完善，加强对危险源的管控、增强消防管理和救援力量

6. 风险控制措施	风险规避、风险降低、风险转移、风险自留	风险消除、风险减少、风险转移

经典例题

1. 在区域火灾风险评估中，下列属于一级指标的是(　　)。

A. 灭火救援能力

B. 消防救援力量

C. 消防供水能力

D. 重大隐患排查整治情况

2. 根据《关于调整火灾等级标准的通知》中的火灾事故等级分级标准，将火灾风险等级分为极高风险、高风险、中风险、低风险。火灾事故导致 2 人死亡、40 人重伤、900 万元的直接经济损失，则该次事故火灾风险等级应划分为(　　)。

A. 极高风险　　　　B. 高风险　　　　C. 中风险　　　　D. 低风险

【答案】1. B　2. B

考点 98　人员密集场所消防安全评估方法

 没有经过实力的原始积累，给你运气你也抓不住。上天给予每个人的都一样，每个人的准备却不一样。

	前期准备	评估单元包括消防安全管理单元、建筑防火单元、安全疏散设施单元、消防设施单元等，以及各评估单元的基本评估内容
评估工作程序及步骤	现场检查	1. 现场检查以检查表法为基本方法，辅以资料核对、问卷调查、外观检查、功能测试等方法。 2. 资料核对时，应逐项检查资料原件，不应有选择地抽查部分项目。 3. 问卷调查对象不应少于 5 人，包括但不限于消防安全管理人员、自动消防设施操作人员、志愿消防队员及一般员工。 4. 抽查的基本原则：

抽查内容	抽查原则
防火间距、消防车道的设置及疏散楼梯的形式	全数检查
防火分区抽样位置	至少包括建筑的首层、顶层、标准层与地下层
安全疏散设施及消防设施	各设施、设备的抽样数量不少于 2 处，当总数不大于 2 处时，应全数检查。 当抽查到的设施设备有不合格检查项时，对该设施设备再抽样检查 4 处，不足 4 处时，全数检查

| 评估工作程序及步骤 | 评估判定 | 1. 检查项分为三类：
（1）直接判定项（A项）：消防安全评估中可直接判定评估结论等级为差的检查项。
（2）关键项（B项）：以强制性条款为依据的检查项，分为合格、部分不合格 B1、完全不合格 B2 三类。
（3）一般项（C项）：其他检查项，分为合格、部分不合格 C1、完全不合格 C2 三类。
2. 检查项的单元合格率 R：

$$R = \left[1 - \frac{\frac{1}{2}N_1 + N_2}{N} \right] \times 100\%$$

式中　R——单元合格率；
　　　N——检查项的总折算项数，即 B 项项数与 C 项项数的一半之和；
　　　N_1——折算后 B1 项的项数，即两个 C1 项相当于一个 B1 项；
　　　N_2——折算后 B2 项的项数，即两个 C2 项相当于一个 B2 项。
3. 评估结论分级标准：

表见下 |
| | | |

等级	分级标准
好	不存在 A 项，且每个评估单元的单元合格率 $R \geqslant 85\%$
一般	不存在 A 项，且每个评估单元的单元合格率 $R \geqslant 60\%$，且至少一个评估单元的单元合格率 $60\% \leqslant R < 85\%$
差	存在 A 项，或至少一个评估单元的单元合格率 $R < 60\%$

	报告编制	评价报告内容：消防安全评估项目概况、消防安全基本情况、消防安全评估方法及现场检查方法、消防安全评估内容、消防安全评估结论、消防安全对策、措施及建议

经典例题

1. 下列不属于人员密集场所消防安全评估的主要工作程序和步骤的是（　　）。

A. 前期准备　　　　　　　　　　　B. 现场抽查

C. 评估判定　　　　　　　　　　　D. 报告编制

2. 根据《人员密集场所消防安全评估导则》（GA/T 1369—2016）对某民用机场航站楼进行消防安全评估，共分为四个评估单元。下列根据检查项的单元合格率，说法正确的是（　　）。

A. 不存在 A 项，四个评估单元的合格率分别为 80%、90%、84%、93%，评估结果为好

B. 不存在 A 项，四个评估单元的合格率分别为 58%、70%、74%、90%，评估结果为一般

C. 不存在 A 项，四个评估单元的合格率分别为 58%、65%、87%、90%，评估结果为差

D. 存在 A 项，四个评估单元的合格率分别为 76%、79%、88%、90%，评估结果为一般

【答案】1. B　2. C

考点 99　　人员密集场所消防安全直接判定

每天早晨，敲醒自己的不是闹钟，而是梦想。

内容
直接判定项（A项） 1. 建筑物和公众聚集场所未依法办理消防行政许可或备案手续的。 2. 未依法确定消防安全管理人、自动消防系统操作人员的。 3. 疏散通道、安全出口数量不足或者严重堵塞，已不具备安全疏散条件的。 4. 未按规定设置自动消防系统的。 5. 建筑消防设施严重损坏，不再具备防火灭火功能的。 6. 人员密集场所违反消防安全规定，使用、储存易燃易爆危险品的。 7. 公众聚集场所违反消防技术标准，采用易燃、可燃材料装修，可能导致重大人员伤亡的。 8. 经住房和城乡建设主管部门、消防救援机构、公安派出所责令改正后，同一违法行为反复出现的。 9. 未依法建立专（兼）职消防队的。 10. 一年内发生一次较大以上（含）火灾或两次以上（含）一般火灾的

经典例题

人员密集场所消防安全评估判定标准的检查项分为三类，分别是直接判定项（A项）、关键项（B项）与一般项（C项），下列不属于直接判定项的是（　　）。

A. 消防技术标准规范要求设置防火墙的地方用简易隔板代替

B. 疏散通道、安全出口数量不足

C. 建筑消防设施严重损坏、不再具备防火灭火功能

D. 未按规定设置自动消防系统

【答案】A

考点 100　消防安全重点单位界定

不要羡慕那些总能撞大运的人，你必须很努力，才能遇上好运气。

单位	界定标准
消防安全重点单位的界定标准	
商场（市场）、宾馆（饭店）、体育场（馆）、会堂、公共娱乐场所等公众聚集场所	(1) 建筑面积≥1 000 m² 且经营可燃商品的商场（商店、市场）。 (2) 客房数≥50 间（旅馆、饭店）。 (3) 公共的体育场（馆）、会堂。 (4) 建筑面积≥200 m² 的公共娱乐场所
医院，养老院，寄宿制的学校、托儿所、幼儿园	(1) 住院床位≥50 张的医院。 (2) 老人住宿床位≥50 张的养老院。 (3) 学生住宿床位≥100 张的学校。 (4) 幼儿住宿床位≥50 张的托儿所、幼儿园
国家机关	(1) 县级以上的党委、人大、政府、政协。 (2) 人民检察院、人民法院。 (3) 中央和国务院各部委。 (4) 共青团中央、全国总工会、全国妇联的办事机关
广播、电视和邮政、通信枢纽	(1) 广播电台、电视台。 (2) 城镇的邮政和通信枢纽单位
客运车站、码头、民用机场	(1) 候车厅和候船厅的建筑面积≥500 m² 的客运车站和客运码头。 (2) 民用机场
公共图书馆、展览馆、博物馆、档案馆以及具有火灾危险性的文物保护单位	(1) 建筑面积≥2 000 m² 的公共图书馆、展览馆。 (2) 博物馆、档案馆。 (3) 具有火灾危险性的县级以上文物保护单位
发电厂（站）和电网经营企业	—
易燃易爆化学物品的生产、充装、储存、供应、销售单位	(1) 生产易燃易爆化学物品的工厂。 (2) 易燃易爆气体和液体的灌装站、调压站。 (3) 储存易燃易爆化学物品的专用仓库（堆场、储罐场所）。 (4) 易燃易爆化学物品的专业运输单位。 (5) 营业性汽车加油站、加气站，液化石油气供应站（换瓶站）。 (6) 经营易燃易爆化学物品的化工商店（其界定标准，以及其他需要界定的易燃易爆化学物品性质的单位及其标准，由省级消防救援机构根据实际情况确定）

续表

单位		界定标准
消防安全重点单位的界定标准	劳动密集型生产、加工企业	生产车间员工≥100人的服装、鞋帽、玩具等劳动密集型企业
	高层公共建筑，地下铁道，地下观光隧道，粮、棉、木材、百货等物资仓库和堆场，重点工程的施工现场	（1）高层公共建筑的办公楼（写字楼）、公寓楼等。 （2）城市地下铁道、地下观光隧道等地下公共建筑和城市重要的交通隧道。 （3）国家储备粮库、总储备量≥在 10 000 t 的其他粮库。 （4）总储量≥500 t 的棉库。 （5）总储量≥10 000 m³ 的木材堆场。 （6）总储存价值≥1 000 万元的可燃物品仓库和堆场。 （7）国家和省级等重点工程的施工现场

消防安全重点单位的界定程序	程序	内　　容
	申报	（1）重点工程的施工现场符合消防安全重点单位界定标准的，由施工单位负责申报备案。 （2）同一栋建筑物中各自独立的产权单位或者使用单位，符合消防安全重点单位界定标准的，应当各自独立申报备案；建筑物本身符合消防安全重点单位界定标准的，建筑物产权单位也要独立申报备案
	核定	消防救援机构对申报备案单位的情况进行核实审定
	告知	对已确定的消防安全重点单位，消防救援机构将采用《消防安全重点单位告知书》的形式，告知消防安全重点单位
	公告	消防救援机构于每年的第一季度对本辖区消防安全重点单位进行核查调整，向全社会公告

经典例题

1. 消防安全重点单位，是指发生火灾可能性较大以及发生火灾可能造成重大的人身伤亡或者财产重大损失的单位。下列单位属于消防安全重点单位的有（　　）。

A. 建筑面积为 1 500 m² 的公共图书馆　　B. 老人住宿床位为 60 张的养老院

C. 市人民政府　　　　　　　　　　　　D. 客房数为 50 间的旅馆

E. 建筑面积在 500 m² 的服装店

2. 下列（　　）应至少每半年对员工开展一次消防安全培训和一次消防演练。

A. 三甲医院　　　　　　　　　　　　　B. 四星级酒店，客房 300 间

C. 建筑面积 800 m² 的超市　　　　　　D. 建筑面积 30 000 m² 的高层办公楼

E. 座位数 3 000 个的公共体育馆

【答案】1. BCD　2. BE

考点 101　单位消防安全职责

 一分耕耘，一分收获，只有努力了，才能绽放出成功的花朵。

消防单位	消防安全职责
机关、团体、企业、事业等单位	（1）明确各级、各岗位消防安全责任人及其职责，制定本单位的消防安全制度、消防安全操作规程、灭火和应急疏散预案。定期组织开展灭火和应急疏散演练，进行消防工作检查考核，保证各项规章制度落实。 （2）保证防火检查巡查、消防设施器材维护保养、建筑消防设施检测、火灾隐患整改、专职或志愿消防队和微型消防站建设等消防工作所需资金的投入。 （3）按照相关标准配备消防设施、器材，设置消防安全标志，定期检验维修，对建筑消防设施每年至少进行一次全面检测，确保完好有效。设有消防控制室的，实行24 h值班制度，每班不少于2人，并持证上岗。 （4）保障疏散通道、安全出口、消防车通道畅通，保证防火防烟分区、防火间距符合消防技术标准。人员密集场所的门窗不得设置影响逃生和灭火救援的障碍物。保证建筑构件、建筑材料和室内装修装饰材料等符合消防技术标准。 （5）定期开展防火检查、巡查，及时消除火灾隐患。 （6）根据需要建立专职或志愿消防队、微型消防站，加强队伍建设，定期组织训练演练，加强消防装备配备和灭火药剂储备，建立与公安消防队联勤联动机制，提高扑救初起火灾能力。 （7）法律法规规定的其他消防安全职责
消防安全重点单位	（1）明确承担消防安全管理工作的机构和消防安全管理人并报知当地公安消防部门，组织实施本单位消防安全管理。消防安全管理人应当经过消防培训。 （2）建立消防档案，确定消防安全重点部位，设置防火标志，实行严格管理。 （3）安装、使用电器产品、燃气用具和敷设电气线路、管线必须符合相关标准和用电、用气安全管理规定，并定期维护保养、检测。 （4）组织员工进行岗前消防安全培训，定期组织消防安全培训和疏散演练。 （5）根据需要建立微型消防站，积极参与消防安全区域联防联控，提高自防自救能力。 （6）积极应用消防远程监控、电气火灾监测、物联网技术等技防物防措施
火灾高危单位（对容易造成群死群伤火灾的人员密集场所、易燃易爆单位和高层、地下公共建筑等单位）	（1）定期召开消防安全工作例会，研究本单位消防工作，处理涉及消防经费投入、消防设施设备购置、火灾隐患整改等重大问题。 （2）鼓励消防安全管理人取得注册消防工程师执业资格，消防安全责任人和特有工种人员须经消防安全培训；自动消防设施操作人员应取得消防设施操作员资格证书。 （3）专职消防队或微型消防站应当根据本单位火灾危险特性配备相应的消防装备器材，初步足够的灭火救援药剂和物资，定期组织消防业务学习和灭火技能训练。 （4）按照国家标准配备应急逃生设施设备和疏散引导器材。 （5）建立消防安全评估制度，由具有资质的机构定期开展评估，评估结果向社会公开。 （6）参加火灾公众责任保险

续表

消防单位	消防安全职责
多单位共用建筑的单位	（1）实行承包、租赁或者委托经营、管理时，产权单位应当提供符合消防安全要求的建筑物，当事人在订立的合同中依照有关规定明确各方的消防安全责任；消防车通道、涉及公共消防安全的疏散设施和其他建筑消防设施应当由产权单位或者委托管理的单位统一管理。 （2）由两个以上产权单位和使用单位的建筑物，各产权单位、使用单位对消防车通道、涉及公共消防安全的疏散设施和其他建筑消防设施应当明确管理责任，可以委托统一管理。 （3）举办集会、焰火晚会、灯会等具有火灾危险的大型活动的主办单位、承办单位以及提供场地的单位，应当在订立的合同中明确各方的消防安全责任。大型群众性活动的承办单位对承办活动的消防安全负责。 （4）建筑工程施工现场的消防安全由施工单位负责。实行施工总承包的，由总承包单位负责

经典例题

1. 下列属于消防安全重点单位特殊职责的是（　　）。

A. 明确各级、各岗位消防安全责任人及其职责，制定本单位的消防安全制度、消防安全操作规程、灭火和应急疏散预案

B. 对建筑消防设施每年至少进行一次全面检测

C. 实行每日防火巡查，并建立巡查记录

D. 落实消防安全责任制，制定本单位的消防安全制度、消防安全操作规程，制订灭火和应急疏散预案

2. 下列关于火灾高危单位职责的说法中，错误的是（　　）。

A. 定期召开消防安全工作例会，研究本单位消防工作，处理涉及消防经费投入、消防设施设备购置、火灾隐患整改等重大问题

B. 建立消防安全维保制度，由具有资质的机构定期开展维保，维保结果向社会公开

C. 专职消防队或者微型消防站应当根据本单位火灾危险特性配备相应的消防装备器材，储备足够的灭火救援药剂和物资，定期组织消防业务学习和灭火技能训练

D. 按照国家标准配备应急逃生设施设备和疏散引导器材

【答案】1. C　2. B

考点 102　　各类消防人员的消防安全职责

 决定今天的不是今天，而是昨天对人生的态度；决定明天的不是明天，而是今天对事业的作为。我们的今天由过去决定，我们的明天由今天决定。

消防安全责任人、消防安全管理人、专（兼）职消防管理人员的消防安全职责

	消防安全责任人职责	消防安全管理人职责	专（兼）职消防管理人员职责
1	贯彻执行消防法规，保障单位消防安全符合规定，掌握本单位的消防安全情况	组织实施对本单位消防设施、灭火器材和消防安全标志的维护保养，确保其完好有效，确保疏散通道和安全出口畅通	掌握消防法律法规，了解本单位消防安全状况，及时向上级报告；管理、维护消防设施、灭火器材和消防安全标志
2	将消防工作与本单位的生产、科研、经营、管理等活动统筹安排，批准实施年度消防工作计划	拟订年度消防工作计划，组织实施日常消防安全管理工作	提请确定消防安全重点单位，提出落实消防安全管理措施的建议
3	为本单位的消防安全提供必要的经费和组织保障	拟订消防安全工作的资金投入和组织保障方案	——
4	确定逐级消防安全责任，批准实施消防安全制度和保障消防安全的操作规程	组织制订消防安全制度和保障消防安全的操作规程并检查督促其落实	记录有关消防工作开展情况，完善消防档案
5	组织防火检查，督促落实火灾隐患整改，及时处理涉及消防安全的重大问题	组织实施防火检查和火灾隐患整改工作	实施日常防火检查、巡查，及时发现火灾隐患，落实火灾隐患整改措施
6	根据消防法规的规定建立专职消防队、志愿消防队	组织管理专职消防队和志愿消防队	——
7	组织制订符合本单位实际的灭火和应急疏散预案，并实施演练	在员工中组织开展消防知识、技能的宣传教育和培训，组织灭火和应急疏散预案的实施和演练	组织开展消防宣传，对全体员工进行教育和培训；编制灭火和应急疏散预案，组织演练

自动消防系统的操作人员、志愿消防队员、一般员工的消防安全职责

	自动消防系统的操作人员职责	志愿消防队员职责	一般员工职责
1	必须持证上岗，掌握自动消防系统的功能及操作规程	熟悉本单位灭火与应急疏散预案和本人在志愿消防队中的职责分工	明确各自消防安全责任，认真执行本单位的消防安全制度和消防安全操作规程。维护消防安全、预防火灾
2	每日测试主要消防设施功能，发现故障应在 24 h 内排除，不能排除的应逐级上报	参加消防业务培训及灭火和应急疏散演练，了解消防知识，掌握灭火与疏散技能，会使用灭火器材及消防设施	保护消防设施和器材，保障消防通道畅通；发现火灾、及时报警；参加有组织的灭火工作
3	核实、确认报警信息，及时排除误报和一般故障	做好本部门、本岗位日常防火安全工作，宣传消防安全常识，督促他人共同遵守，开展群众性自防自救工作	公共场所的现场工作人员，在发生火灾后应当立即组织、引导在场群众安全疏散
4	发生火灾时，按照灭火和应急疏散预案，及时报警和启动相关消防设施	发生火灾时须立即赶赴现场，服从现场指挥，积极参加扑救火灾、人员疏散、救助伤员、保护现场等工作	接受单位组织的消防安全培训，做到懂火灾的危险性和预防火灾措施、懂火灾扑救方法、懂火灾现场逃生方法；会报火警、会使用灭火器材和扑救初起火灾、会逃生自救

经典例题

1. 下列属于消防安全责任人消防安全职责的有（　　）。

A. 组织实施防火检查和火灾隐患整改工作

B. 拟订年度消防工作计划，组织实施日常消防安全管理工作

C. 根据消防法规的规定建立专职消防队、志愿消防队

D. 组织制订符合本单位实际的灭火和应急疏散预案，并实施演练

E. 为本单位的消防安全提供必要的经费和组织保障

2. 某购物中心属于消防安全重点单位，下列不属于该购物中心一般员工职责的有（　　）。

A. 保护消防设施和器材

B. 发生火灾时组织、引导人员安全疏散

C. 发生火灾、及时报警

D. 组织开展消防安全教育与培训

E. 发生火灾后，积极参加扑救火灾

【答案】1. CDE　2. DE

考点 103　消防安全重点部位

坚持下去，你会发现这个世界上没有谁能够打败你，除了你自己。

	部位特征	举例
1. 消防安全重点部位的确定	容易发生火灾的部位	如化工生产车间，油漆、烘烤、熬炼、木工和电焊气割操作间；化验室、汽车库、化学危险品仓库；易燃和可燃液体储罐，可燃和助燃气体钢瓶仓库和储罐，液化石油气瓶或储罐；氧气站、乙炔站、氢气站；易燃的建筑群等
	发生火灾后对消防安全有重大影响的部位	如与火灾扑救密切相关的变配电站（室）、消防控制室、消防水泵房等
	性质重要、发生事故影响全局的部位	如发电站，变配电站（室），通信设备机房，生产总控制室，电子计算机房，锅炉房，档案室，资料、贵重物品和重要历史文献的收藏室等
	财产集中的部位	如储存大量原料和成品的仓库及货场，使用或存放先进技术设备的实验室、车间、仓库等
	人员集中的部位	如单位内部的礼堂（俱乐部）、托儿所、集体宿舍、医院病房等
	管理措施	实施内容
2. 消防安全重点部位的管理	制度管理	根据各消防重点部位的性质、特点和火灾危险性，制定相应的防火安全制度及必要的防火措施，并落实到班组及个人
	立牌管理	（1）每个消防重点部位都必须设立"消防重点部位"指示牌、"禁止烟火"警告牌和消防安全管理牌。 （2）做到"消防重点部位明确、禁止烟火明确"（即"二明确"）。 （3）防火负责人落实、义务消防员落实、防火安全制度落实、消防器材落实、灭火预案落实（即"五落实"）
	教育管理	（1）采取新工人入厂、重点工种上岗前的必训教育。 （2）厂报、黑板报、播放录像、订阅资料的常规教育。 （3）举办义务消防员、重点工种工人消防培训班。 （4）进行应知应会教育：举办消防运动会，采取实战演练教育等形式
	档案管理	档案管理要做到"四个一"： （1）一制度（消防重点部位防火安全制度）。 （2）一表（重点部位工作人员登记表）。 （3）一图（消防重点部位基本情况照片成册图）。 （4）一计划（消防重点部位灭火施救计划）

续表

管理措施	实施内容
2. 消防安全重点部位的管理 日常管理	（1）"六查"即：单位组织每月查；所属部门每周查；班组每天查；专职消防员巡回查；部门之间互抽查；节日期间重点查。 （2）"六结合"即：检查与宣传相结合；检查与整改相结合；检查与复查相结合；检查与记录相结合；检查与考核相结合；检查与奖惩相结合
应急备战管理	各重点部位应制定灭火预案，组织管理人员及义务消防员结合实际开展灭火演练，做到"四熟练"，即：会熟练使用灭火器材；会熟练报告火警；会熟练疏散群众；会熟练扑灭初期火灾

经典例题

1. 下列属于消防安全重点单位"三项"报告备案制度内容的有(　　　)。

A. 消防应急预案制度报告备案

B. 消防设施维护保养报告备案

C. 消防安全自我评估报告备案

D. 消防安全管理人员报告备案

E. 单位消防安全培训制度报告备案

2. 消防重点部位确定以后，应从管理的民主性、系统性、科学性着手做好六个方面的管理，以保障单位的消防安全，下列属于消防安全重点部位管理内容的有(　　　)。

A. 制度管理　　　　B. 立牌管理　　　　C. 日常管理　　　　D. 设施管理

E. 档案管理

3. 下列场所中，不属于消防安全重点部位的是(　　　)。

A. 某办公楼的消防控制中心

B. 某集团办公楼的档案室

C. 某写字楼的消防水泵房

D. 小区自行车停车棚

【答案】1. BCD　2. ABCE　3. D

考点 104　　重大火灾隐患直接判定

逼自己一把，很多事并不需要多高的智商，仅仅需要你的一份坚持，一个认真的态度，一颗迎难而上的决心，就如同记忆火灾隐患。

	直接判定内容
重大火灾隐患直接判定	（1）生产、储存和装卸易燃易爆危险品的工厂、仓库和专用车站、码头、储罐区，未设置在城市的边缘或相对独立的安全地带
	（2）生产、储存、经营易燃易爆危险品的场所与人员密集场所、居住场所设置在同一建筑物内，或与人员密集场所、居住场所的防火间距小于规定值的 75%
	（3）城市建成区内的加油站、天然气或液化石油气加气站、加油加气合建站的储量达到或超过一级站的规定
	（4）甲、乙类生产场所和仓库设置在建筑的地下室或半地下室
	（5）公共娱乐场所、商店、地下人员密集场所的安全出口数量不足或其总净宽度小于规定值的 80%
	（6）旅馆、公共娱乐场所、商店、地下人员密集场所未按规定设置自动喷水灭火系统或火灾自动报警系统
	（7）易燃可燃液体、可燃气体储罐（区）未按规定设置固定灭火、冷却、可燃气体浓度报警、火灾报警设施
	（8）在人员密集场所违反消防安全规定使用、储存或销售易燃易爆危险品
	（9）托儿所、幼儿园的儿童用房以及老年人活动场所，所在楼层位置不符合规定
	（10）人员密集场所的居住场所采用彩钢夹芯板搭建，且彩钢夹芯板芯材的燃烧性能等级低于 A 级

经典例题

1. 重大火灾隐患的判定应根据实际情况选择直接判定或综合判定的方法。根据《重大火灾隐患判定方法》（GA 653—2006）的规定，下列可直接判定为重大火灾隐患的是（　　）。

A. 某网吧，设置在地下一层，建筑面积为 300 m²，设置 1 个安全出口

B. 某氨气压缩机房，设置在地下一层

C. 某 3 层商场，总建筑面积为 2 400 m²，未设置自动喷水灭火系统

D. 某柴油储罐区，设置低倍数泡沫灭火系统保护

E. 某住宅，建筑高度为 36 m，设置封闭楼梯间

2. 下列情况可直接判定为重大火灾隐患的是（　　）。

A. 生产易燃易爆化学物品的工厂未设置在城市的边缘

B. 丙类厂房内有火灾爆炸危险的部位未采取防火防爆措施

C. 一类高层公共建筑内未按规定设置疏散指示标志

D. 电影院内未按规定设置自动喷水灭火系统

E. 地下一层商场内设置的消火栓系统不能正常使用

【答案】 1. AB　2. AD

考点 105　重大火灾隐患综合判定

 因为我就是那么一个老掉牙的人，我相信梦想，我相信温暖，我相信理想，我相信这个会考。

	判定方向	判定内容
重大火灾隐患综合判定要素	7.1　总平面布置	7.1.1　未按规定要求设置消防车道或消防车道被堵塞、占用。 7.1.2　建筑之间的既有防火间距被占用或小于规定值的80%，明火和散发火花地点与易燃易爆生产厂房、装置设备之间的防火间距小于规定值。 7.1.3　在厂房、库房、商场中设置员工宿舍，或是在居住等民用建筑中从事生产、储存、经营等活动，且不符合规定。 7.1.4　地下车站的站厅乘客疏散区、站台及疏散通道内设置商业经营活动场所
	7.2　防火分隔	7.2.1　原有防火分区被改变并导致实际防火分区的建筑面积大于规定值的50%。 7.2.2　防火门、防火卷帘等防火分隔设施损坏的数量大于该防火分区相应防火分隔设施总数的50%。 7.2.3　丙、丁、戊类厂房内有火灾或爆炸危险的部位未采取防火分隔等防火防爆技术措施
	7.3　安全疏散设施及灭火救援条件	7.3.1　建筑内的避难走道、避难间、避难层的设置不符合规定，或避难走道、避难间、避难层被占用。 7.3.2　人员密集场所内疏散楼梯间的设置形式不符合规定。 7.3.3　除公共娱乐场所、商店、地下人员密集场所以外的其他场所或建筑物的安全出口数量或宽度不符合规定，或既有安全出口被封堵。 7.3.4　建筑物应设置独立的安全出口或疏散楼梯而未设置。 7.3.5　商店营业厅内的疏散距离大于规定值的125%。 7.3.6　高层建筑和地下建筑未按规定设置疏散指示标志、应急照明，或所设置设施的损坏率大于规定要求设置数量的30%；其他建筑未按规定设置疏散指示标志、应急照明，或所设置设施的损坏率大于规定要求设置数量的50%。 7.3.7　设有人员密集场所的高层建筑的封闭楼梯间或防烟楼梯间的门的损坏率超过其设置总数的20%，其他建筑的封闭楼梯间或防烟楼梯间的门的损坏率大于其设置总数的50%。

	判定方向	判定内容
重大火灾隐患综合判定要素	7.3 安全疏散设施及灭火救援条件	7.3.8 人员密集场所内疏散走道、疏散楼梯间、前室的室内装修材料的燃烧性能不符合 GB 50222 的规定。 7.3.9 人员密集场所的疏散走道、楼梯间、疏散门或安全出口设置栅栏、卷帘门。 7.3.10 人员密集场所的外窗被封堵或被广告牌等遮挡。 7.3.11 高层建筑的消防车道、救援场地设置不符合要求或被占用，影响火灾扑救。 7.3.12 消防电梯无法正常运行
	7.4 消防给水及灭火设施	7.4.1 未按规定设置消防水源，储存泡沫液等灭火剂。 7.4.2 未按规定设置室外消防给水系统，或已设置但不符合规定或不能正常使用。 7.4.3 未按规定设置室内消火栓系统，或已设置但不符合规定或不能正常使用。 7.4.4 除旅馆、公共娱乐场所、商店、地下人员密集场所外，其他场所未按规定设置自动喷水灭火系统。 7.4.5 未按规定设置除自动喷水灭火系统外的其他固定灭火设施。 7.4.6 已设置的自动喷水灭火系统或其他固定灭火设施不能正常使用或运行
	7.5 防烟排烟设施	人员密集场所、高层建筑和地下建筑未按规定设置防烟、排烟设施，或已设置但不能正常使用或运行
	7.6 消防供电	7.6.1 消防用电设备的供电负荷级别不符合规定。 7.6.2 消防用电设备未按规定采用专用的供电回路。 7.6.3 未按规定设置消防用电设备末端自动切换装置，或已设置但不符合规定或不能正常自动切换
	7.7 火灾自动报警系统	7.7.1 除旅馆、公共娱乐场所、商店、地下人员密集场所以外的其他场所未按规定设置火灾自动报警系统。 7.7.2 火灾自动报警系统不能正常运行。 7.7.3 防烟排烟系统、消防水泵以及其他自动消防设施不能正常联动控制
	7.8 消防安全管理	7.8.1 社会单位未按要求设置专职消防队。 7.8.2 消防控制室操作人员未持证上岗
	7.9 其他	7.9.1 生产、储存场所的建筑耐火等级与其生产、储存物品的火灾危险性类别不相匹配，违反规定。 7.9.2 生产、储存、装卸和经营易燃易爆危险品的场所或有粉尘爆炸危险场所未按规定设置防爆电气设备和泄压设施，或防爆电气设备和泄压设施失效

续表

重大火灾隐患综合判定要素	判定方向	判定内容
	7.9　其他	7.9.3　违反规定使用燃油、燃气设备，或燃油、燃气管道敷设和紧急切断装置不符合规定。 7.9.4　违反规定在可燃材料或可燃构件上直接敷设电气线路或安装电气设备，或采用不符合规定的消防配电线缆和其他供配电线缆。 7.9.5　违反规定在人员密集场所使用易燃、可燃材料装修、装饰

重大火灾隐患综合判定规则	场所	判定内容	判定项
	人员密集场所	① 重大火灾隐患综合判定要素 7.3.1~7.3.9 和 7.5、7.9.3	≥3 条
		② 全部重大火灾隐患综合判定要素	≥4 条
	易燃易爆化学物品场所	① 重大火灾隐患综合判定要素 7.1.1~7.1.3、7.4.5 和 7.4.6	≥3 条
		② 全部重大火灾隐患综合判定因素	≥4 条
	重要场所	全部重大火灾隐患综合判定要素	≥4 条
	其他场所	全部重大火灾隐患综合判定要素	≥6 条

注：此表内容见《重大火灾隐患判定方法》（GB 35181—2017）。

经典例题

1. 下列关于安全疏散设施及灭火救援条件的综合判定因素的说法，错误的是（　　　　）。

A. 商店营业厅内的疏散距离超过规定距离的 20%

B. 消防电梯无法正常运行

C. 高层建筑和地下建筑未按规定设置疏散指示标志、应急照明，或所设置设施的损坏率大于标准规定要求设置数量的 30%

D. 设有人员密集场所的高层建筑的封闭楼梯间、防烟楼梯间门的损坏率超过其设置总数的 20%

2. 下列不属于重大火灾综合判定要素的有（　　　　）。

A. 高层旅馆楼梯间共有 11 个门，损坏了 3 个

B. 高度 50 m 的办公室的消防电梯无法正常运行

C. 某网吧，设置在地下一层，面积 60 m²，设置了 1 个安全出口

D. 地下大于 50 m² 的房间没有按照规定设置排烟设施

【答案】1. A　2. C

考点 106　消防档案

人生没有那么多如果，别再本该努力拼搏的年纪选择安逸和懒惰。

消防档案的主要内容	消防安全基本情况	单位基本概况和消防安全重点部位情况；建筑物或者场所施工，使用或者开业前的消防设计审核、消防验收以及消防安全检查的文件、资料；消防管理组织机构和各级消防安全责任人；消防安全制度；消防设施、灭火器材情况；专职消防队、义务消防人员及其消防装备配备情况；与消防安全有关的重点工种人员情况；新增消防产品、防火材料的合格证明材料；灭火和应急疏散预案
	消防安全管理情况	消防救援机构依法填写制作的各类法律文书
		有关工作记录：消防设施定期检查记录、自动消防设施检查检测报告以及维修保养的记录；火灾隐患及其整改情况记录；防火检测、巡查记录；有关燃气、电气设备检测等记录；消防安全培训记录；灭火和应急疏散预案的演练记录；火灾情况记录；消防奖惩情况记录
消防档案的管理	保管、备查	消防档案由消防安全重点单位统一保管、备查，不得由承办机构或个人分散保存
	完整和安全	维护消防档案的完整和安全
	档案分类	消防档案要分成若干个类，类与类之间有一定的联系，有一定的层次和顺序，前后一致
	档案检索	为了提高消防档案检索效率，必须编制档案目录，建立一个完整的目录体系
消防档案的管理	档案销毁	消防设施施工安装、竣工验收以及验收技术检测等原始技术资料长期保存；消防控制室值班记录表和建筑消防设施巡查记录表的存档时间不少于 1 年；建筑消防设施检测记录表、建筑消防设施故障维修记录表、建筑消防设施维护保养计划表、建筑消防设施维护保养记录表的存档时间不少于 5 年

经典例题 ···

建筑消防设施档案应包含建筑消防设施基本情况和动态管理情况。下列档案中，属于动态管理情况的是（　　）

A. 系统调试记录　　　　　　　　　B. 系统使用说明书

C. 建筑消防设施系统图　　　　　　D. 维护保养计划表

【答案】D

考点 107　社会单位消防宣传与教育培训

你要做的是认清自己，找准自己的路，坚定地走下去，相信自己。

类型分类	内容及形式
单位消防安全教育培训	1. 对新上岗和进入新岗位的职工进行上岗前消防教育培训。 2. 对在岗的职工每年至少进行一次消防教育培训。 3. 消防安全重点单位每半年至少组织一次、其他单位每年至少组织一次灭火和应急疏散演练。 4. 单位对职工的消防安全教育培训应当将本单位的火灾危险性、防火灭火措施、消防设施及灭火器材的操作使用方法、人员疏散逃生知识等作为培训的重点
学校安全教育培训	1. 将消防安全知识纳入教学培训内容。 2. 在开学初、放寒（暑）假前、学生军训期间，对学生普遍开展专题消防教育培训。 3. 结合不同课程试验课的特点和要求，对学生进行有针对性的消防教育培训。 4. 组织学生到当地消防站参观体验。 5. 每学年至少组织学生开展一次应急疏散演练。 6. 对寄宿学生开展经常性的安全用火用电教育培训和应急疏散演练
社区、村民委员会	1. 利用文化活动站、学习室等场所，对居民、村民进行经常性防火和灭火技能的消防安全宣传教育。 2. 组织志愿消防队、治安联防队和灾害信息员、保安人员等开展防火和灭火技能的消防教育培训。 3. 在火灾多发季节、农业收获季节、重大节日和乡村民俗活动期间，有针对性地开展防火和灭火技能的消防教育培训。 社区居民委员会、村民委员会应当确定至少一名专（兼）职消防安全员，具体负责消防安全宣传教育工作
物业服务企业	每年至少组织一次本单位员工和居民参加的灭火和应急疏散演练
由两个以上单位管理或者使用的同一建筑物	负责公共消防安全管理的单位应当对建筑物内的单位和职工进行消防安全宣传教育，每年至少组织一次灭火和应急疏散演练
歌舞厅、影剧院、宾馆、饭店、商场、集贸市场、体育场馆、会堂、医院、客运车站、客运码头、民用机场、公共图书馆和公共展览馆等公共场所	1. 在安全出口、疏散通道和消防设施等处的醒目位置设置消防安全标志、标识等。 2. 根据需要编印场所消防安全宣传资料供公众取阅。 3. 利用单位广播、视频设备播放消防安全知识。 4. 养老院、福利院、救助站等单位，应当对服务对象开展经常性的用火用电和火场自救逃生安全教育

经典例题

1. 下列关于单位消防安全教育培训的说法，错误的是(　　　)。

A. 对新上岗和进入新岗位的职工进行上岗前消防教育培训

B. 对在岗的职工每年至少进行一次消防教育培训

C. 消防安全重点单位每年至少组织四次应急疏散演练

D. 除消防安全重点单位外，其他单位每年至少组织一次灭火和应急疏散演练

2. 单位对职工的消防教育培训应当将本单位的(　　　)作为培训的重点。

A. 消防重点单位三项报告备案制度

B. 消防应急预案

C. 消防安全制度

D. 火灾危险性

【答案】 1. C　2. D

考点 108　灭火和应急救援预案的分类

 努力了的才叫梦想，不努力的就是空想。你所付出的努力，都是这辈子最清晰的时光。

预案分级 （根据设定灾情的严重程度和场所的危险性）	一级预案	针对可能发生无人员伤亡或被困，燃烧面积小的普通建筑火灾的预案
	二级预案	针对可能发生 3 人以下伤亡或被困，燃烧面积大的普通建筑火灾，燃烧面积较小的高层建筑、地下建筑、人员密集场所、易燃易爆危险品场所、重要场所等特殊场所火灾的预案
	三级预案	针对可能发生 3 人以上 10 人以下伤亡或被困，燃烧面积小的高层建筑、地下建筑、人员密集场所、易燃易爆危险品场所、重要场所等特殊场所火灾的预案
	四级预案	针对可能发生 10 人以上 30 人以下伤亡或被困，燃烧面积较大的高层建筑、地下建筑、人员密集场所、易燃易爆危险品场所、重要场所等特殊场所火灾的预案
	五级预案	针对可能发生 30 人以上伤亡或被困，燃烧面积大的高层建筑、地下建筑、人员密集场所、易燃易爆危险品场所、重要场所等特殊场所火灾的预案
预案分类		按照单位规模大小、功能及业态划分、管理层次等要素，可分为总预案、分预案和专项预案三类

经典例题

　　根据《社会单位灭火和应急疏散预案编制及实施导则》（GB/T 38315—2019）规定，某一个可能发生 3 人以下伤亡或被困，燃烧面积大的普通办公场所建筑火灾，其场所的灭火和应急救援预案的级别最低为（　　　）。

A. 一级　　　　　　B. 二级　　　　　C. 三级　　　　　D. 四级

【答案】B

考点 109　　灭火和应急救援预案的内容

 　想要到达人生的巅峰，你只能忍住双脚的累，压下心中的复杂念头，简单地一步步地往前走。不放弃，前面的风景就不负你。

	1. 编制目的	—
预案的主要内容	2. 编制依据	—
	3. 适用范围	—
	4. 应急工作原则	—
	5. 单位基本情况	—
	6. 火灾情况设定	—
	7. 组织机构及职责	（1）预案应明确单位的指挥机构，消防安全责任人任总指挥，消防安全管理人任副总指挥，消防工作归口职能部门负责人参加并具体组织实施。 （2）预案应明确通信联络组、灭火行动组、疏散引导组、防护救护组、安全保卫组、后勤保障组等行动机构
	8. 应急响应	（1）一级预案应明确由单位值班带班负责人到场指挥，拨打"119"报告一级火警，组织单位志愿消防队和微型消防站值班人员到场处置，采取有效措施控制火灾扩大。 （2）二级预案应明确由消防安全管理人到场指挥，拨打"119"报告二级火警，调集单位志愿消防队、微型消防站和专业消防力量到场处置，组织疏散人员、扑救初起火灾、抢救伤员、保护财产，控制火势扩大蔓延。 （3）三级以上预案应明确由消防安全责任人到场指挥，拨打"119"报告相应等级火警，同时调集单位所有消防力量到场处置，组织疏散人员、扑救初起火灾、抢救伤员、保护财产，有效控制火灾蔓延扩大，请求周边区域联防单位到场支援
	9. 应急保障	包括通信与信息保障、应急队伍保障、物资装备保障、其他保障
	10. 应急响应结束	—
	11. 后期处置	—

经典例题

　　单位制订的各级预案应与辖区消防机构预案密切配合、无缝衔接，可根据现场火情变化及时变更火警等级，响应措施说法正确的是（　　　）。

　　A. 一级预案应由单位值班带班负责人到场指挥，拨打单位消防安全责任人电话，报告一级火警

　　B. 二级预案应由消防安全管理人到场指挥，拨打单位消防安全责任人电话，报告二级火警

　　C. 三级预案应由消防安全责任人到场指挥，拨打"119"报告三级等级火警

　　D. 四级预案应由单位所在地人民政府派人到现场指挥，拨打"119"报告四级等级火警

　　【答案】C

考点 110　　灭火和应急救援预案演练

 希望你每天的生活不是在演戏，而是按照你人生的预案在演练。

应急预案演练分类	按组织形式划分	分为桌面演练和实战演练
	按演练内容划分	分为单项演练和综合演练
	按演练目的与作用划分	分为检验性演练、示范性演练和研究性演练
预案的实施	对培训效果进行考核和评估，保存相关记录，培训周期不低于 1 年	
	消防安全重点单位应至少每半年组织一次演练，火灾高危单位应至少每季度组织一次演练，其他单位应至少每年组织一次演练。在火灾多发季节或有重大活动保卫任务的单位，应组织全要素综合演练。单位内的有关部门应结合实际适时组织专项演练，宜每月组织开展一次疏散演练	

经典例题

　　应急预案演练按组织形式、演练内容、演练目的与作用等不同分类方法可划分为不同的种类，下列属于按照组织形式划分的有（　　　）。

　　A. 桌面演练　　　　　　　　　　　　　　B. 单项演练

C. 检验性演练
　　　　　　　　　　　　D. 实战演练
E. 研究性演练
【答案】AD

考点 111　大型群众性活动消防安全管理

 想要到达人生的巅峰，你只能忍住双脚的累，　压下心中的复杂念头，简单地一步一步地往前走。　不放弃，前面的风景就不负你。

大型群众性活动定义	即法人或者其他组织面向社会公众举办的每场次预计参加人数达到 1 000 人以上的活动
安全责任人	大型群众性活动的承办者对其承办活动的安全负责，承办者的主要负责人为大型群众性活动的安全责任人
审批许可	（1）举办大型群众性活动，承办人应当在活动举办日的 20 日前依法向公安机关申请安全许可。公安机关收到申请材料应当依法做出受理或者不予受理的决定。对受理的申请，应当自受理之日起 7 日内进行审查，对活动场所进行查验，做出决定。 （2）大型群众性活动的预计参加人数在 1 000 人以上 5 000 人以下的，由县级人民政府公安机关实施安全许可；预计参加人数在 5 000 人以上的，由市级人民政府公安机关或者直辖市人民政府公安机关实施安全许可；跨省、自治区、直辖市举办大型群众性活动的，由国务院公安部门实施安全许可
消防安全职责	（1）制订灭火和应急疏散预案并组织演练，明确消防安全责任分工，确定消防安全管理人员，保持消防设施和消防器材配置齐全、完好有效，保证疏散通道、安全出口、疏散指示标志、应急照明和消防车通道符合消防技术标准和管理规定。 （2）活动场地的产权单位应当向大型群众性活动的承办单位提供符合消防安全要求的建筑物、场所和场地
消防安全工作	（1）主要分前期筹备、集中审批和现场保卫三个阶段，其消防安全管理包括防火巡查、防火检查以及制定灭火和应急疏散预案等内容。 （2）防火巡查：活动举办前 2 h 进行一次防火巡查；在活动举办过程中全程开展防火巡查；活动结束时应当对活动现场进行检查，消除遗留火种。 （3）防火检查：在活动前 12 h 内进行防火检查。 （4）灭火和应急疏散预案：在活动举办前至少进行一次演练

法律责任	（1）承办者擅自变更大型群众性活动的时间、地点、内容或者擅自扩大大型群众性活动的举办规模的，由公安机关处1万~5万元罚款。 （2）未经公安机关安全许可的大型群众性活动由公安机关予以取缔，对承办者处10万~30万元以下罚款。 （3）承办者或者大型群众性活动场所管理者违反规定致使发生重大伤亡事故、治安案件或者造成其他严重后果构成犯罪的，依法追究刑事责任；尚不构成犯罪的，对安全责任人和其他直接责任人员依法给予处分、治安管理处罚，对单位处1万~5万元以下罚款。 （4）在大型群众性活动举办过程中发生公共安全事故，安全责任人不立即启动应急救援预案或者不立即向公安机关报告的，由公安机关对安全责任人和其他直接责任人员处0.5万~5万元以下罚款

经典例题

下列不属于大型群众性活动消防安全管理工作内容的是（　　）。

A. 防火检查　　　　　　　　　B. 制订灭火和应急疏散预案

C. 防火巡查　　　　　　　　　D. 火灾情况记录

【答案】D

考点 112　大型商业综合体消防安全管理要求

愿你成为自己喜欢的样子，不抱怨、不将就，有野心、有光芒。

大型商业综合体		已建成并投入使用且建筑面积≥5万 m² 的商业综合体
安全疏散与避难逃生管理	疏散指示标志设置	建筑内应当采用灯光疏散指示标志，不得采用蓄光型指示标志替代灯光疏散指示标志，不得采用可变换方向的疏散指示标志
	可燃物要求	除休息座椅外，有顶棚的步行街上、中庭内、自动扶梯下方严禁设置店铺、摊位、游乐设施，严禁堆放可燃物
	人员数量控制	（1）举办展览、展销、演出等活动时，应当事先根据场所的疏散能力核定容纳人数，活动期间应当对人数进行控制，采取防止超员的措施。 （2）主要出入口、人员易聚集的部位应当安装客流监控设备，除公共娱乐场所、营业厅和展览厅外，各使用场所应当设置允许容纳使用人数的标识

续表

安全疏散与避难逃生管理	疏散通道设置	(1) 营业厅内主要疏散通道应当直通安全出口。 (2) 柜台和货架不得占用疏散通道的设计疏散宽度或阻挡疏散路线。 (3) 疏散通道的地面上应当设置明显的疏散指示标识。 (4) 营业厅内任一点至最近安全出口或疏散门的直线距离不得超过 37.5 m，且行走距离不得超过 45 m。 (5) 营业厅的安全疏散路线不得穿越仓储、办公等功能用房
	疏散引导设置	大型商业综合体各防火分区或楼层应当设置疏散引导箱，配备过滤式消防自救呼吸器、瓶装水、毛巾、哨子、发光指挥棒、疏散用手电筒等疏散引导用品，明确各防火分区或楼层区域的疏散引导员
消防安全重点部位管理	餐饮场所	(1) 餐饮场所宜集中布置在同一楼层或同一楼层的集中区域。 (2) 餐饮场所严禁使用液化石油气及甲、乙类液体燃料。 (3) 餐饮场所使用天然气作燃料时，应当采用管道供气。设置在地下且建筑面积大于 150 m² 或座位数大于 75 座的餐饮场所不得使用燃气。 (4) 不得在餐饮场所的用餐区域使用明火加工食品，开放式食品加工区应当采用电加热设施； (5) 厨房区域应当靠外墙布置，并应采用耐火极限不低于 2 小时的隔墙与其他部位分隔； (6) 厨房内应当设置可燃气体探测报警装置，排油烟罩及烹饪部位应当设置能够联动切断燃气输送管道的自动灭火装置，并能够将报警信号反馈至消防控制室； (7) 厨房的油烟管道应当至少每季度清洗一次
	其他重点部位	(1) 电影院在电影放映前，应当播放消防宣传片，告知观众防火注意事项、火灾逃生知识和路线。 (2) 宾馆的客房内应当配备应急手电筒、防烟面具等逃生器材及使用说明，客房内应当设置醒目、耐久的"请勿卧床吸烟"提示牌，客房内的窗帘和地毯应当采用阻燃制品； (3) 仓储场所不得采用金属夹芯板搭建，内部不得设置员工宿舍，物品入库前应当有专人负责检查，核对物品种类和性质，物品应分类分垛储存； (4) 柴油发电机房内的柴油发电机应当定期维护保养，每月至少启动试验一次，确保应急情况下正常使用

经典例题

根据《大型商业综合体消防安全管理规则（试行）》（应急消〔2019〕314 号）规定，大型商业综合体指的是（　　）。

A. 建筑面积不小于 5 万 m² 的商业综合体

B. 建筑面积不小于 4 万 m² 的商业综合体

C. 建筑面积不小于 5 万 m² 且不大于 10 万 m² 的商业综合体

D. 建筑面积不小于 4 万 m² 且不大于 8 万 m² 的商业综合体

【答案】A

考点 113　大型商业综合体消防安全管理的频次

爱就像蓝天白云，晴空万里，就像预定的频率准时来临。

防火巡查检查和火灾隐患整改	(1) 大型商业综合体的产权单位、使用单位和委托管理单位应当定期组织开展消防联合检查，每月应至少进行一次建筑消防设施单项检查，每半年应至少进行一次建筑消防设施联动检查。 (2) 大型商业综合体应当明确建筑消防设施和器材巡查部位和内容，每日进行防火巡查，其中旅馆、商店、餐饮店、公共娱乐场所、儿童活动场所等公众聚集场所在营业时间，应至少每 2 h 巡查一次，并结合实际组织夜间防火巡查。防火巡查应当采用电子巡更设备
消防安全宣传教育和培训	(1) 大型商业综合体产权单位、使用单位和委托管理单位的消防安全责任人、消防安全管理人以及消防安全工作归口管理部门的负责人应当至少每半年接受一次消防安全教育培训，培训内容应当至少包括建筑整体情况，单位人员组织架构、灭火和应急疏散指挥架构，单位消防安全管理制度、灭火和应急疏散预案等。 (2) 从业员工应当进行上岗前消防培训，在职期间应当至少每半年接受一次消防培训。 (3) 专职消防队员、志愿消防队员、保安人员应当掌握基本的消防安全知识和灭火基本技能，且至少每半年接受一次消防安全教育培训
灭火和应急疏散预案编制和演练	(1) 总建筑面积>10 万 m^2 的大型商业综合体，应当根据需要邀请专家团队对灭火和应急疏散预案进行评估、论证。 (2) 灭火和应急疏散预案应当至少包括下列内容：单位或建筑的基本情况、重点部位及火灾危险分析；明确火灾现场通信联络、灭火、疏散、救护、保卫等任务的负责人；火警处置程序；应急疏散的组织程序和措施；扑救初起火灾的程序和措施；通信联络、安全防护和人员救护的组织与调度程序和保障措施；灭火应急救援的准备。 (3) 大型商业综合体的产权单位、使用单位和委托管理单位应当根据灭火和应急疏散预案，至少每半年组织开展一次消防演练。 (4) 消防演练方案宜报告当地消防救援机构，接受相应的业务指导。总建筑面积>10万 m^2 的大型商业综合体，应当每年与当地消防救援机构联合开展消防演练

经典例题 ⋯⋯⋯⋯⋯⋯⋯⋯⋯⋯⋯⋯⋯⋯⋯⋯⋯⋯⋯⋯⋯⋯⋯⋯⋯⋯⋯⋯⋯⋯⋯⋯⋯

某大型商业综合体的下列消防安全做法，不符合《大型商业综合体消防安全管理规则（试行）》（应急消〔2019〕314号）规定的是（　　）。

A. 大型商业综合体的产权单位、使用单位和委托管理单位开展消防联合检查，每月进行一次建筑消防设施单项检查

B. 大型商业综合体的产权单位、使用单位和委托管理单位开展消防联合检查，每年进行一次建筑消防设施联动检查

C. 大型商业综合体明确建筑消防设施和器材巡查部位和内容，每日进行防火巡查

D. 对公众聚集场所在营业时间，每 1 h 巡查一次，防火巡查采用电子巡更设备

【答案】B

考点 114　大型商业综合体的专、兼职消防队伍建设和管理

拼命努力过，不留余力地争取过，这样的人才最伟大！

专、兼职消防队伍建设和管理	队伍建设	（1）建筑面积>50 万 m² 的大型商业综合体应当设置单位专职消防队。 （2）未建立单位专职消防队的大型商业综合体应当组建志愿消防队，并以"3 min 到场"扑救初起火灾为目标，依托志愿消防队建立微型消防站。微型消防站每班（组）灭火处置人员不应少于 6 人，且不得由消防控制室值班人员兼任
	队伍日常管理	（1）专职消防队和微型消防站应当制定并落实岗位培训、队伍管理、防火巡查、值守联动、考核评价等管理制度，确保值守人员 24 h 在岗在位，做好应急出动准备。 （2）专职消防队和微型消防站应当组织开展日常业务训练。训练内容包括体能训练、灭火器材和个人防护器材的使用等。微型消防站队员每月技能训练不少于半天，每年轮训不少于 4 d，岗位练兵累计不少于 7 d
	微型消防站设置	（1）微型消防站宜设置在建筑内便于操作消防车和便于队员出入部位的专用房间内，可与消防控制室合用。为大型商业综合体建筑整体服务的微型消防站用房应当设置在建筑的首层或地下一层，为特定功能场所服务的微型消防站可根据其服务场所位置进行设置。 （2）大型商业综合体的建筑面积≥20 万 m² 时，应当至少设置 2 个微型消防站。从各微型消防站站长中确定一名总站长，负责总体协调指挥

经典例题

下列商业综合体的说法，符合《大型商业综合体消防安全管理规则（试行）》（应急消〔2019〕314 号）规定的是（　　　）。

A. 建筑面积为 20 万 m² 的商业综合体应当设置单位专职消防队

B. 建筑面积为 10 万 m² 的商业综合体应当以"5 min 到场"扑救初起火灾为目标，依托志愿消防队建立微型消防站

C. 大型商业综合体的微型消防站队员每年轮训不少于 4 d，岗位练兵累计不少于 7 d

D. 大型商业综合体的微型消防站严禁与消防控制室合用

【答案】C

考点 115　人员密集场所的消防安全管理

　不要躺平，要激起奋斗；不能佛系，强国还要靠你。

消防组织		(1) 人员密集场所应根据需要建立志愿消防队，志愿消防队员的数量不应少于本场所从业人员数量的 30%。 (2) 属于消防安全重点单位的人员密集场所，应依托志愿消防队建立微型消防站
消防安全制度和管理	消防安全例会	人员密集场所应建立消防安全例会制度，消防安全例会应由消防安全责任人主持，消防安全管理人提出议程，有关人员参加，并应形成会议纪要或决议，每月不宜少于一次
	防火巡查、检查	(1) 人员密集场所应至少每月开展一次防火检查。 (2) 人员密集场所应每日进行防火巡查，并结合实际组织开展夜间防火巡查。防火巡查宜采用电子巡更设备
	消防宣传与培训	人员密集场所应至少每半年组织一次对每名员工的消防培训，对新上岗人员应进行上岗前的消防培训
	消防设施管理	(1) 属于消防安全重点单位的人员密集场所，每日应进行一次建筑消防设施、器材巡查；其他单位，每周应至少进行一次。 (2) 设置建筑消防设施的人员密集场所，每年应至少进行一次建筑消防设施联动检查，每月应至少进行一次建筑消防设施单项检查。 (3) 消防控制室接到火灾警报后，消防控制室值班人员应立即以最快方式进行确认。确认发生火灾后，应立即确认火灾报警联动控制开关处于自动状态，拨打"119"电话报警，同时向消防安全责任人或消防安全管理人报告，启动单位内部灭火和应急疏散预案。 (4) 消防控制室的值班人员应每 2 h 记录一次值班情况
	用火、动火安全管理	(1) 人员密集场所的动火审批应经消防安全责任人签字同意方可进行。 (2) 用火、动火安全管理应符合下列要求： ① 人员密集场所禁止在营业时间进行动火作业； ② 人员密集场所不应使用明火照明或取暖，如特殊情况需要时，应有专人看护； ③ 宾馆、餐饮场所、医院、学校的厨房烟道应至少每季度清洗一次
	易燃、易爆化学物品管理	人员密集场所需要使用易燃、易爆化学物品时，应根据需求限量使用，存储量不应超过一天的使用量

根据《人员密集场所消防安全管理》（GB/T 40248—2021）规定，下列人员密集场所的消防安全管理，说法错误的是（　　　）。

A. 人员密集场所应的消防安全例会应由消防安全管理人主持，消防安全责任人提出议程

B. 人员密集场所应建立消防安全例会制度，每月不宜少于一次

C. 属于消防安全重点单位的人员密集场所，每日应进行一次建筑消防设施、器材巡查

D. 设置建筑消防设施的人员密集场所，应至少进行一次建筑消防设施单项检查

【答案】A

考点 116　人员密集场所的灭火和应急疏散预案

 10月是激情与挑战并存的时节，让我们以踏实的态度，负重前行。

预案内容	（1）单位的基本情况，火灾危险分析。 （2）火灾现场通信联络、灭火、疏散、救护、保卫等应由专门机构或专人负责，并明确各职能小组的负责人、组成人员及各自职责。 （3）火警处置程序。 （4）应急疏散的组织程序和措施。 （5）扑救初起火灾的程序和措施。 （6）通信联络、安全防护和人员救护的组织与调度程序、保障措施
预案实施程序	确认发生火灾后，应立即启动灭火和应急疏散预案，并同时开展下列工作：① 向消防救援机构报火警；② 各职能小组执行预案中的相应职责；③ 组织和引导人员疏散，营救被困人员；④ 使用消火栓等消防器材、设施扑救初起火灾；⑤ 派专人接应消防车辆到达火灾现场；⑥ 保护火灾现场，维护现场秩序
预案的宣贯和完善	大型多功能公共建筑、地铁和建筑高度>100 m 的公共建筑等，应根据需要邀请有关专家对灭火和应急疏散预案进行评估、论证
消防演练	（1）宾馆、商场、公共娱乐场所，应至少每半年组织一次消防演练；其他场所，应至少每年组织一次 （2）大型多功能公共建筑、地铁和建筑高度>100 m 的公共建筑等，应适时与当地消防救援队伍组织联合消防演练

根据《人员密集场所消防安全管理》（GB/T 40248—2021）规定，下列不属于人员密集场所的灭火和应急疏散预案内容的是（　　　）。

A. 火灾危险分析　　　　　　　　　B. 火警处置程序

C. 通信联络的组织与调度程序　　　D. 安全管理措施

【答案】D

考点 117   高层民用建筑的消防安全管理

世界上唯一不变的，就是一切都在变。我们无法左右变革，只能走在变革的前面。

禁止措施	（1）高层民用建筑使用燃气应当采用管道供气方式。禁止在高层民用建筑地下部分使用液化石油气。 （2）禁止在高层民用建筑公共门厅、疏散走道、楼梯间、安全出口停放电动自行车或者为电动自行车充电
防火巡查与防火检查	（1）高层民用建筑应当进行每日防火巡查。其中，高层公共建筑内公众聚集场所在营业期间应当至少每2 h进行一次防火巡查。 （2）高层住宅建筑应当每月至少开展一次防火检查，高层公共建筑应当每半个月至少开展一次防火检查
消防安全评估	高层民用建筑的业主、使用人或者消防服务单位、统一管理人应当每年至少组织开展一次整栋建筑的消防安全评估
消防宣传教育	（1）高层公共建筑内的单位应当每半年至少对员工开展一次消防安全教育培训。 （2）高层住宅建筑的物业服务企业应当每年至少对居住人员进行一次消防安全教育培训，进行一次疏散演练
灭火疏散预案	（1）规模较大或者功能业态复杂，且有两个及以上业主、使用人或者多个职能部门的高层公共建筑，有关单位应当编制灭火和应急疏散总预案，各单位或者职能部门应当根据场所、功能分区、岗位实际编制专项灭火和应急疏散预案或者现场处置方案（以下统称分预案）。 （2）高层民用建筑应当每年至少进行一次全要素综合演练，建筑高度超过100 m的高层公共建筑应当每半年至少进行一次全要素综合演练。编制分预案的，有关单位和职能部门应当每季度至少进行一次综合演练或者专项灭火、疏散演练

【经典例题】

根据《高层民用建筑消防安全管理规定》（应急管理部令第5号）规定，下列关于高层民用建筑的说法，错误的是（   ）。

A. 高层住宅建筑应当每月至少开展一次防火检查，高层公共建筑应当每半个月至少开展一次防火检查

B. 建筑高度为150 m的高层公共建筑应当每半年至少进行一次全要素综合演练

C. 禁止在高层民用建筑公共门厅、疏散走道、楼梯间、安全出口停放电动自行车或者为电动自行车充电

D. 高层民用建筑的业主、使用人或者消防服务单位、统一管理人应当每两年至少组织开展一次整栋建筑的消防安全评估

【答案】D

考点 118　　施工现场的防火要求

再一次来到施工现场，我不想逼以前搬砖的生活。

防火间距	(1) 易燃易爆危险品库房与在建工程≥15 m。 (2) 可燃材料堆场及其加工场、固定动火作业场与在建工程≥10 m。 (3) 其他临时用房、临时设施与在建工程≥6 m
临时救援场地 设置要求	(1) 临时消防救援场地应在在建工程装饰装修阶段设置。 (2) 临时消防救援场地应设置在成组布置的临时用房及在建工程的长边一侧。 (3) 场地宽度应满足消防车正常操作要求且不应小于 6 m，与在建工程外脚手架的净距 2～6 m
在建工程临时 疏散通道的 防火要求	(1) 应采用不燃、难燃材料建造并与在建工程结构施工同步设置，耐火极限不应低于 0.5 h。 (2) 设置在地面上的临时疏散通道，其净宽度不应小于 1.5 m；利用在建工程施工完毕的水平结构、楼梯作临时疏散通道，其净宽度不应小于 1.0 m；用于疏散的爬梯及设置在脚手架上的临时疏散通道，其净宽度不应小于 0.6 m。 (3) 临时疏散通道为坡道且坡度大于 25°时，应修建楼梯或台阶踏步或设置防滑条。 (4) 防护栏杆高度不小于 1.2 m。 (5) 施工区和非施工区之间应采用不开设门、窗、洞口的耐火极限不低于 3.0 h 的不燃烧体隔墙进行防火分隔
脚手架、安全 网的防火要求	(1) 高层建筑和既有建筑改造工程的外脚手架、支模架的架体应采用不燃材料搭设。 (2) 下列安全防护网应采用阻燃型安全防护网：高层建筑外脚手架的安全防护网；既有建筑外墙改造时，其外脚手架的安全防护网；临时疏散通道的安全防护网
用火、用电、 用气管理	(1) 施工现场动火作业前，应由动火作业人提出动火作业申请。动火许可证签发人应前往现场查验并确认动火作业的防火措施落实后，方可签发动火许可证。动火操作人员具有相应资格，并持证上岗作业。焊接、切割、烘烤或加热等动火作业，应配备灭火器材，并设动火监护人进行现场监护，每个动火作业点均应设置一个监护人。 (2) 距配电屏 2 m 范围内不应堆放可燃物，5 m 范围内不应设置可能产生较多易燃、易爆气体、粉尘的作业区。普通灯具与易燃物距离不宜小于 300 mm；聚光灯、碘钨灯等高热灯具与易燃物距离不宜小于 500 mm。 (3) 气瓶应远离火源，距火源距离不应小于 10 m。空瓶和实瓶同库存放时，应分开放置，两者间距不应小于 1.5 m。氧气瓶与乙炔瓶的工作间距不应小于 5 m，气瓶与明火作业点的距离不应小于 10 m。 (4) 可燃材料露天存放时，应分类成垛堆放，垛高不应超过 2 m，单垛体积不应超过 50 m³，垛与垛之间的最小间距不应小于 2 m，且应采用不燃或难燃材料覆盖

经典例题

1. 下列关于临时消防救援场地的设置的说法，错误的是（　　　）。

A. 临时救援场地宽度应满足消防车正常操作要求，且不应小于 4 m

B. 临时消防救援场地应设置在成组布置的临时用房场地的长边一侧及在建工程的长边一侧

C. 临时救援场地与在建工程外脚手架的净距不宜小于 2 m，且不宜超过 6 m

D. 临时消防救援场地应在在建工程装饰装修阶段设置

2. 某在建工程，建筑高度为 75 m，根据《建设工程施工现场消防安全技术规范》（GB 50720—2011）的规定，其外脚手架应采用（　　　）安全防护网。

A. 难燃 　　　　　　　　　　　　B. 阻燃

C. 不燃 　　　　　　　　　　　　D. 以上都可以

【答案】1. A　2. B

考点 119　　施工现场的临时消防设施

 看完这 119 个考点，如果我们最终要离别，请让我此刻沉睡在你的海洋，三万里长空湛蓝如沉，这一刻你的天地便是我的全部。

设置原则		临时消防设施的设置与在建工程主体结构施工进度的差距不应超过 3 层		
灭火器设置		灭火器的配置数量应计算确定，且每个场所的灭火器数量不应少于 2 具		
		灭火器配置场所	固体火灾单具灭火器最小灭火级别	固体物质火灾最大保护半径/m
		易爆危险品存放及使用场所、固定动火作业场	3A	15
		临时动火作业点	2A	10
		办公用房、宿舍	1A	25
		其他场所	2A	20
临时消防给水系统设置	设置条件	室外消防给水系统		室内消防给水系统
		临时用房建筑总面积 $S_{总} > 1\,000$ m² 或在建工程单体体积 $V > 10\,000$ m³		建筑高度 $H > 24$ m 或单体体积 $V > 30\,000$ m³ 的在建工程

续表

		室外消防给水系统			室内消防给水系统	
临时消防给水系统设置	消防用水量	消防用水量		火灾延续时间	消防用水量	火灾延续时间
		临时用房面积之和	$1\,000\ m^2<$建筑总面积$\leqslant$ $5\,000\ m^2$：10 L/s	1 h	24 m<建筑高度$\leqslant$50 m 或 30 000 $m^3<$单体体积$\leqslant$ 50 000 m^3：10 L/s	1 h
			建筑总面积$>5\,000\ m^2$： 15 L/s			
		在建工程单体体积	10 000 $m^3<$单体体积$\leqslant$ 30 000 m^3：15 L/s	1 h	建筑高度>50 m 或单体 体积$>50\,000\ m^3$：15 L/s	
			单体体积$>30\,000\ m^3$： 20 L/s	2 h		

	室外消防给水系统	室内消防给水系统
设置要求	① 考虑给水系统的需要与施工系统的实际情况，一般临时给水管网宜布置成环状。 ② 临时室外消防给水干管的管径应依据施工现场临时消防用水量和干管内水流计算速度进行计算确定，且最小管径不应小于 DN100	① 消防竖管的设置位置应便于消防人员操作，其数量不应少于 2 根；当结构封顶时，应将消防竖管设置成环状。 ② 消防竖管的管径应计算确定，且不应小于 DN100

经典例题

1. 某施工现场临时动火作业点，只存在发生固体火灾的可能性，临时动火作业点按要求配备有多具手提式灭火器，则单具灭火器的最小灭火级别为（　　），单位灭火级别最大保护面积为（　　）m^2/A，单具灭火器的最大保护距离为（　　）m。

A. 2A；50；10　　　　　　　　　　B. 2A；75；15

C. 3A；50；10　　　　　　　　　　D. 3A；75；10

2. 下列有关施工现场临时室外消防-给水系统设置要求的说法，错误的是（　　）。

A. 临时用房单体体积大于 10 000 m^3 时，应设置临时室外消防给水系统

B. 临时用房的建筑面积之和为 6 000m^2 时，其火灾延续时间可为 1.0 h

C. 在建工程的体积大于 30 000 m^3 时，其火灾延续时间不应小于 2.0 h

D. 施工现场临时室外消防给水系统给水管网宜布置成环状

【答案】1. A　2. A

参 考 文 献

[1] 罗静. 消防安全案例分析一书通关[M]. 北京：机械工业出版社，2018.

[2] 罗静. 消防安全技术实务一书通关[M]. 北京：机械工业出版社，2018.

[3] 罗静. 消防安全技术综合能力一书通关[M]. 北京：机械工业出版社，2018.

[4] 中国建筑标准设计研究院.《火灾自动报警系统设计规范》图示[M]. 北京：中国计划出版社，2014.

[5] 中国京冶工程技术有限公司，应急管理部天津消防研究所，中国建筑标准设计研究院有限公司.《建筑设计防火规范》图示[M]. 北京：中国计划出版社，2018.

[6] 中国消防协会. 消防安全案例分析[M]. 北京：中国人事出版社，2019.

[7] 中国消防协会. 消防安全技术实务[M]. 北京：中国人事出版社，2019.

[8] 中国消防协会. 消防安全技术综合能力[M]. 北京：中国人事出版社，2019.